메가스터디 N제

영역 수학 Ⅰ | 4점 공략

190제

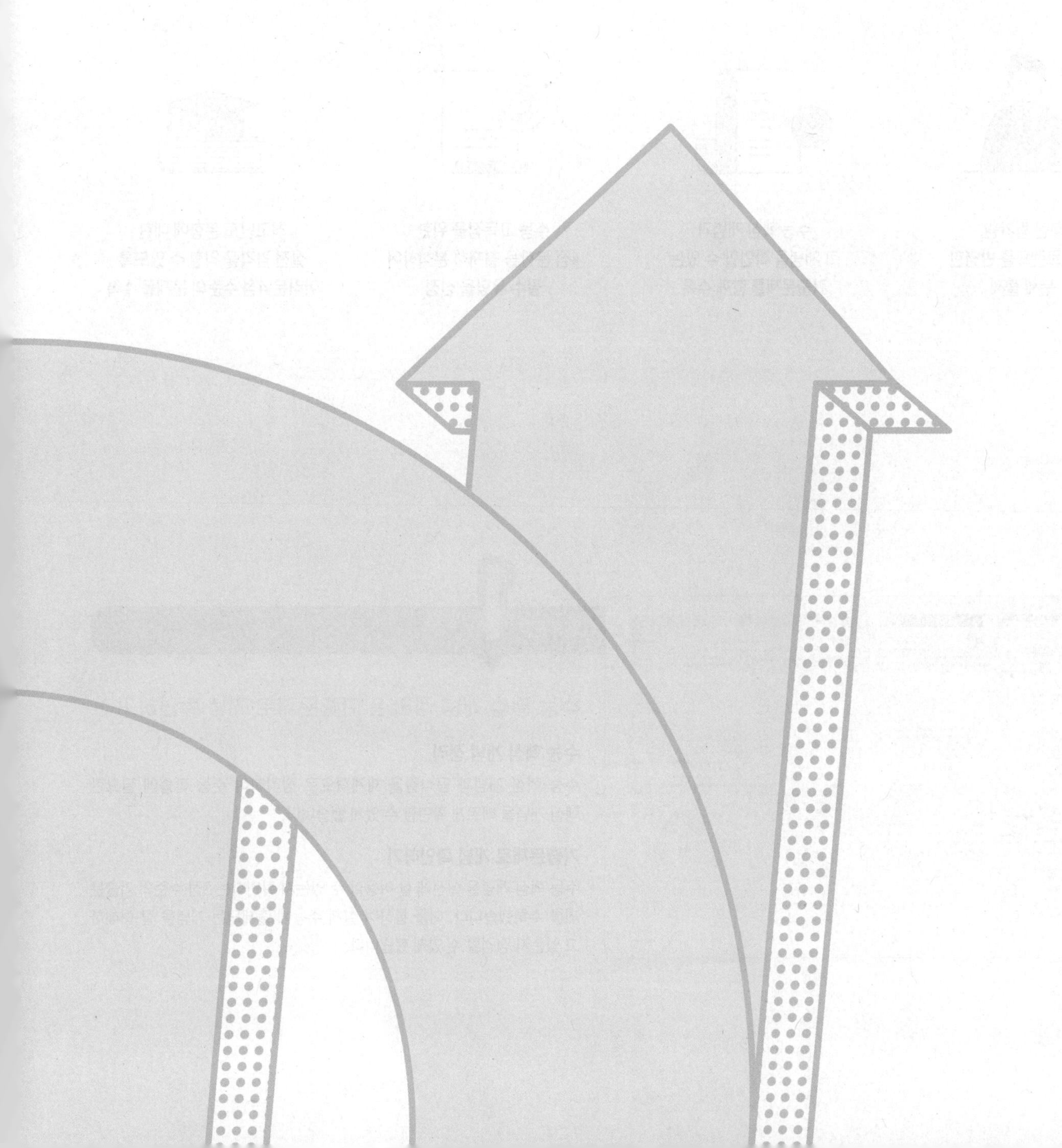

이 책의 **구성과 특징**

높아진 공통과목의
중요성만큼이나
높아진 공통과목의 난도

▶▶▶ 난도가 높아질수록 고득점을 위해서는 고난도 문항에 대한 충분한 연습이 필요합니다.
고난도 필수 유형도 반복 연습을 해야 최고 등급에 도달할 수 있는 힘이 생깁니다.
메가스터디 N제 4점 공략의 **STEP 1, 2, 3**의 단계를 차근차근 밟으면
고난도 문항을 해결할 수 있는 종합적 사고력을 기를 수 있습니다.

메가스터디 N제 **수학Ⅰ 4점 공략**은

최신 평가원,
수능 트렌드를 반영한
문제 출제

수능 핵심 개념과
그 개념을 확인할 수 있는
기출문제를 함께 수록

수능 고득점을 위한
4점 문항을 철저히 분석하여
필수 유형을 선정

최고난도 문항에 대한
실전 감각을 익힐 수 있도록
어려운 4점 수준의 문제를 수록

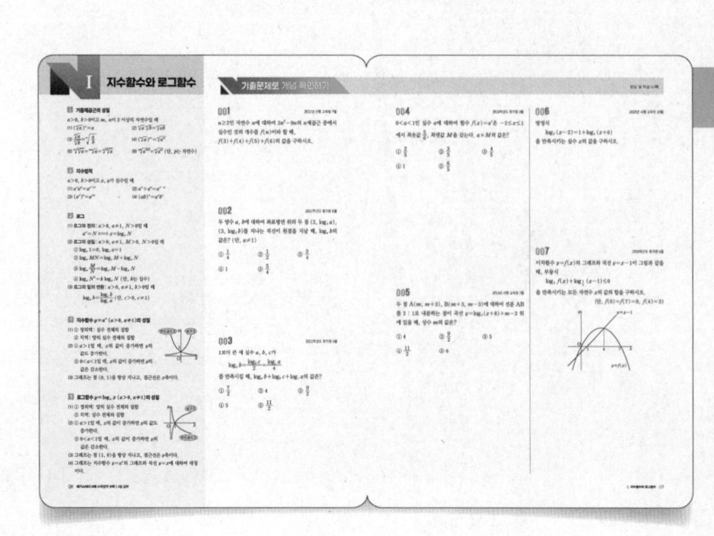

STEP 1

수능 필수 개념 정리 & 기출문제로 개념 확인하기

수능 핵심 개념 정리

수능 핵심 개념과 공식들을 체계적으로 정리하여 수능 학습에 필요한 핵심 개념을 빠르게 확인할 수 있게 했습니다.

기출문제로 개념 확인하기

수능 핵심 개념을 실전에 잘 이용할 수 있는지 확인하는 3점 수준의 기출문제를 수록했습니다. 이를 통하여 실제 수능에 출제되는 개념을 잘 이해하고 있는지 점검할 수 있게 했습니다.

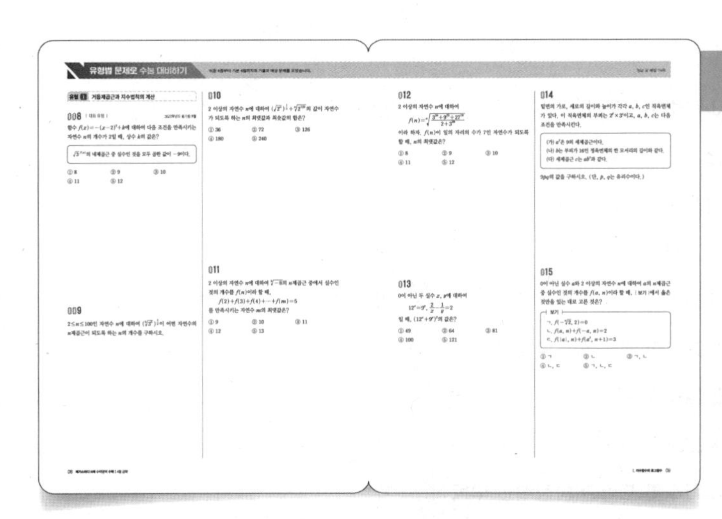

STEP 2

유형별 문제로 수능 대비하기

대표 유형

각 유형을 대표하는 기본 4점 수준의 수능, 평가원, 교육청 기출문제를 수록하여 고난도 유형에 대비하고 실전 감각을 키울 수 있게 했습니다.

예상 문제

출제 가능성이 높은 쉬운 4점 문항부터 기본 4점까지의 예상 문제를 수록하여 중상위권 도전의 기본이 되는 4점 문항을 빠르고 정확하게 푸는 연습이 가능하게 했습니다.

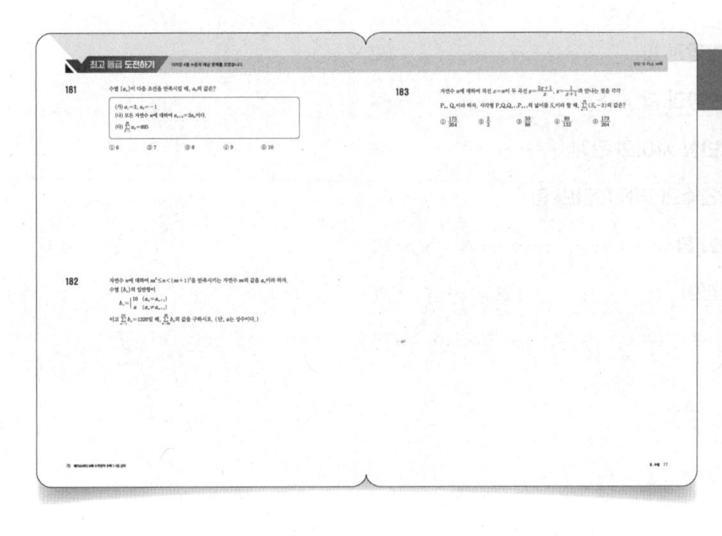

STEP 3

최고 등급 도전하기

최고 등급 도전 문제

최근 평가원, 수능의 트렌드는 초고난도 문항을 지양하면서도 변별력을 확보할 수 있는 문항을 출제하는 것입니다. 즉, 수능 1등급을 위해서는 변별력 확보를 위해 출제되는 고난도 문항들을 빠르고 정확하게 풀어내야 합니다.

1등급을 좌우하는 어려운 4점 문제만을 수록하여 최고 등급을 목표로 하는 학생들이 확실한 실력을 쌓을 수 있게 구성했습니다.

이 책의 **차례**

Ⅰ 지수함수와 로그함수

Ⅱ 삼각함수

Ⅲ 수열

지수함수와 로그함수

수능 출제 포커스

- 지수함수와 로그함수의 그래프와 이차함수 또는 도형의 방정식 단원이 연계되어 최댓값 또는 최솟값을 구하거나 규칙성을 찾아야 하는 문제가 출제될 수 있다. 지수함수와 로그함수의 성질은 물론 이차함수의 그래프와 도형의 성질 등을 정확히 알아두도록 한다.
- 지수함수와 로그함수가 서로 역함수 관계에 있음을 이용하여 해결하는 문제가 출제될 수 있다. 지수함수와 로그함수를 함께 다루는 경우 지수법칙과 로그의 성질 및 로그의 밑의 변환 공식이 함께 사용될 수 있으므로 기본적인 정의를 잘 알아두도록 한다.

기출 및 핵심 예상 문제수

기출문제	수능 대비 예상 문제	최고 등급 문제	합계
16	45	9	70

I 지수함수와 로그함수

1 거듭제곱근의 성질

$a>0$, $b>0$이고 m, n이 2 이상의 자연수일 때

(1) $(\sqrt[n]{a})^n=a$

(2) $\sqrt[n]{a}\sqrt[n]{b}=\sqrt[n]{ab}$

(3) $\dfrac{\sqrt[n]{a}}{\sqrt[n]{b}}=\sqrt[n]{\dfrac{a}{b}}$

(4) $(\sqrt[n]{a})^m=\sqrt[n]{a^m}$

(5) $\sqrt[m]{\sqrt[n]{a}}=\sqrt[mn]{a}=\sqrt[n]{\sqrt[m]{a}}$

(6) $\sqrt[np]{a^{mp}}=\sqrt[n]{a^m}$ (단, p는 자연수)

2 지수법칙

$a>0$, $b>0$이고 x, y가 실수일 때

(1) $a^xa^y=a^{x+y}$

(2) $a^x\div a^y=a^{x-y}$

(3) $(a^x)^y=a^{xy}$

(4) $(ab)^x=a^xb^x$

3 로그

(1) 로그의 정의: $a>0$, $a\neq1$, $N>0$일 때

$$a^x=N \Longleftrightarrow x=\log_a N$$

(2) 로그의 성질: $a>0$, $a\neq1$, $M>0$, $N>0$일 때

① $\log_a 1=0$, $\log_a a=1$

② $\log_a MN=\log_a M+\log_a N$

③ $\log_a \dfrac{M}{N}=\log_a M-\log_a N$

④ $\log_a N^k=k\log_a N$ (단, k는 실수)

(3) 로그의 밑의 변환: $a>0$, $a\neq1$, $b>0$일 때

$$\log_a b=\frac{\log_c b}{\log_c a} \text{ (단, } c>0,\ c\neq1)$$

4 지수함수 $y=a^x$ $(a>0,\ a\neq1)$의 성질

(1) ① 정의역: 실수 전체의 집합

② 치역: 양의 실수 전체의 집합

(2) ① $a>1$일 때, x의 값이 증가하면 y의 값도 증가한다.

② $0<a<1$일 때, x의 값이 증가하면 y의 값은 감소한다.

(3) 그래프는 점 $(0,\ 1)$을 항상 지나고, 점근선은 x축이다.

$0<a<1$ y $a>1$ 1 O x

5 로그함수 $y=\log_a x$ $(a>0,\ a\neq1)$의 성질

(1) ① 정의역: 양의 실수 전체의 집합

② 치역: 실수 전체의 집합

(2) ① $a>1$일 때, x의 값이 증가하면 y의 값도 증가한다.

② $0<a<1$일 때, x의 값이 증가하면 y의 값은 감소한다.

(3) 그래프는 점 $(1,\ 0)$을 항상 지나고, 점근선은 y축이다.

(4) 그래프는 지수함수 $y=a^x$의 그래프와 직선 $y=x$에 대하여 대칭이다.

y $a>1$ O 1 x $0<a<1$

기출문제로 개념 확인하기

001 2022년 시행 교육청 7월

$n\geq2$인 자연수 n에 대하여 $2n^2-9n$의 n제곱근 중에서 실수인 것의 개수를 $f(n)$이라 할 때, $f(3)+f(4)+f(5)+f(6)$의 값을 구하시오.

002 2021학년도 평가원 6월

두 양수 a, b에 대하여 좌표평면 위의 두 점 $(2,\ \log_4 a)$, $(3,\ \log_2 b)$를 지나는 직선이 원점을 지날 때, $\log_a b$의 값은? (단, $a\neq1$)

① $\dfrac{1}{4}$ ② $\dfrac{1}{2}$ ③ $\dfrac{3}{4}$ ④ 1 ⑤ $\dfrac{5}{4}$

003 2021학년도 평가원 9월

1보다 큰 세 실수 a, b, c가

$$\log_a b=\frac{\log_b c}{2}=\frac{\log_c a}{4}$$

를 만족시킬 때, $\log_a b+\log_b c+\log_c a$의 값은?

① $\dfrac{7}{2}$ ② 4 ③ $\dfrac{9}{2}$ ④ 5 ⑤ $\dfrac{11}{2}$

004

2018학년도 평가원 9월

$0<a<1$인 실수 a에 대하여 함수 $f(x)=a^x$은 $-2\leq x\leq 1$에서 최솟값 $\frac{5}{6}$, 최댓값 M을 갖는다. $a\times M$의 값은?

① $\frac{2}{5}$ ② $\frac{3}{5}$ ③ $\frac{4}{5}$

④ 1 ⑤ $\frac{6}{5}$

005

2023년 시행 교육청 3월

두 점 $\mathrm{A}(m, m+3)$, $\mathrm{B}(m+3, m-3)$에 대하여 선분 AB를 $2:1$로 내분하는 점이 곡선 $y=\log_4(x+8)+m-3$ 위에 있을 때, 상수 m의 값은?

① 4 ② $\frac{9}{2}$ ③ 5

④ $\frac{11}{2}$ ⑤ 6

006

2023년 시행 교육청 10월

방정식

$$\log_2(x-2)=1+\log_4(x+6)$$

을 만족시키는 실수 x의 값을 구하시오.

007

2020학년도 평가원 6월

이차함수 $y=f(x)$의 그래프와 직선 $y=x-1$이 그림과 같을 때, 부등식

$$\log_3 f(x)+\log_{\frac{1}{3}}(x-1)\leq 0$$

을 만족시키는 모든 자연수 x의 값의 합을 구하시오.

(단, $f(0)=f(7)=0$, $f(4)=3$)

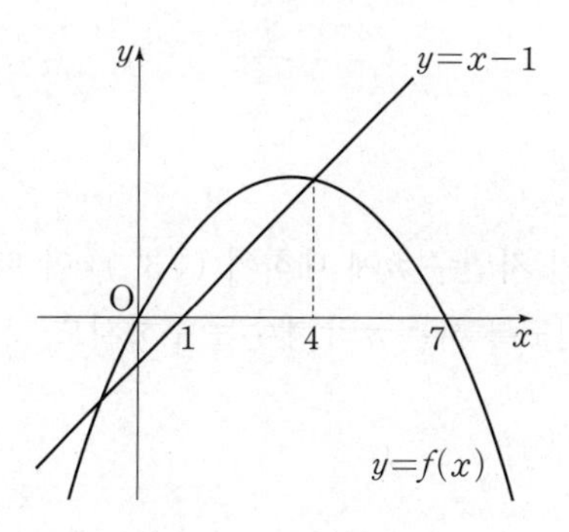

유형 1 거듭제곱근과 지수법칙의 계산

008 | 대표 유형 | 2023학년도 평가원 9월

함수 $f(x)=-(x-2)^2+k$에 대하여 다음 조건을 만족시키는 자연수 n의 개수가 2일 때, 상수 k의 값은?

> $\sqrt{3}^{f(n)}$의 네제곱근 중 실수인 것을 모두 곱한 값이 -9이다.

① 8 ② 9 ③ 10 ④ 11 ⑤ 12

009

$2\le n\le 100$인 자연수 n에 대하여 $(\sqrt[3]{3^5})^{\frac{1}{2}}$이 어떤 자연수의 n제곱근이 되도록 하는 n의 개수를 구하시오.

010

2 이상의 자연수 n에 대하여 $(\sqrt{2^n})^{\frac{1}{3}}+\sqrt[n]{2^{120}}$의 값이 자연수가 되도록 하는 n의 최댓값과 최솟값의 합은?

① 36 ② 72 ③ 126 ④ 180 ⑤ 240

011

2 이상의 자연수 n에 대하여 $\sqrt[3]{-8}$의 n제곱근 중에서 실수인 것의 개수를 $f(n)$이라 할 때,

$$f(2)+f(3)+f(4)+\cdots+f(m)=5$$

를 만족시키는 자연수 m의 최댓값은?

① 9 ② 10 ③ 11 ④ 12 ⑤ 13

012

2 이상의 자연수 n에 대하여

$$f(n)=\sqrt[n]{\frac{3^{30}+9^{25}+27^{10}}{2+3^{20}}}$$

이라 하자. $f(n)$이 일의 자리의 수가 7인 자연수가 되도록 할 때, n의 최댓값은?

① 8 ② 9 ③ 10 ④ 11 ⑤ 12

013

0이 아닌 두 실수 x, y에 대하여

$$12^x=9^y,\ \frac{2}{x}-\frac{1}{y}=2$$

일 때, $(12^x+9^y)^2$의 값은?

① 49 ② 64 ③ 81 ④ 100 ⑤ 121

014

밑면의 가로, 세로의 길이와 높이가 각각 a, b, c인 직육면체가 있다. 이 직육면체의 부피는 $2^p\times3^q$이고, a, b, c는 다음 조건을 만족시킨다.

(가) a^2은 9의 세제곱근이다.
(나) b는 부피가 16인 정육면체의 한 모서리의 길이와 같다.
(다) 세제곱근 c는 ab^2과 같다.

$9pq$의 값을 구하시오. (단, p, q는 유리수이다.)

015

0이 아닌 실수 a와 2 이상의 자연수 n에 대하여 a의 n제곱근 중 실수인 것의 개수를 $f(a, n)$이라 할 때, 보기 에서 옳은 것만을 있는 대로 고른 것은?

보기

ㄱ. $f(-\sqrt[n]{2}, 2)=0$
ㄴ. $f(a, n)+f(-a, n)=2$
ㄷ. $f(|a|, n)+f(a^2, n+1)=3$

① ㄱ ② ㄴ ③ ㄱ, ㄴ ④ ㄴ, ㄷ ⑤ ㄱ, ㄴ, ㄷ

유형 2 로그의 뜻과 성질

016 | 대표 유형 |

2019학년도 수능

2 이상의 자연수 n에 대하여 $5\log_n 2$의 값이 자연수가 되도록 하는 모든 n의 값의 합은?

① 34 ② 38 ③ 42 ④ 46 ⑤ 50

017

1이 아닌 양수 a에 대하여

$$f(x)=\log_a\left(1+\frac{1}{x+2}\right)^2$$

이라 할 때,

$$f(1)+f(2)+f(3)+\cdots+f(189)=12$$

를 만족시키는 a의 값은?

① $\frac{1}{2}$ ② $\frac{\sqrt{2}}{2}$ ③ $\sqrt{2}$ ④ 2 ⑤ $2\sqrt{2}$

018

$1<b<a<b^2<100$인 두 자연수 a, b에 대하여 $\log_b a$가 유리수가 되도록 하는 순서쌍 (a, b)의 개수는?

① 3 ② 4 ③ 5 ④ 6 ⑤ 7

019

다음 조건을 만족시키는 모든 실수 x의 값의 곱을 N이라 할 때, $\log N$의 값은?

(가) $1000\le x<10000$

(나) $\log x^2$과 $\log\frac{1}{x}$의 차가 정수이다.

① 7 ② 8 ③ 9 ④ 10 ⑤ 11

020

네 자연수 a, b, x, y가 다음 조건을 만족시킨다.

(가) $a=2^x$, $b=3^y$
(나) $\frac{\log_3 b}{\log_2 a}\left(1-\frac{1}{\log_2 a}\right)=1$

$a+b$의 값은?

① 20 ② 25 ③ 60
④ 85 ⑤ 90

021

두 양수 x, y가

$$\log_{16} x=\log_{20} y=\log_{25}(2x+y)$$

를 만족시킬 때, $\frac{x}{y}$의 값은?

① $\frac{1}{4}$ ② $\frac{3}{8}$ ③ $\frac{1}{2}$
④ $\frac{5}{8}$ ⑤ $\frac{3}{4}$

유형 3 로그의 밑의 변환

022

| 대표 유형 | 2022학년도 수능

두 상수 a, b $(1<a<b)$에 대하여 좌표평면 위의 두 점 $(a, \log_2 a)$, $(b, \log_2 b)$를 지나는 직선의 y절편과 두 점 $(a, \log_4 a)$, $(b, \log_4 b)$를 지나는 직선의 y절편이 같다. 함수 $f(x)=a^{bx}+b^{ax}$에 대하여 $f(1)=40$일 때, $f(2)$의 값은?

① 760 ② 800 ③ 840
④ 880 ⑤ 920

023

2 이상의 자연수 n에 대하여 $\frac{28}{\log_2 n+\frac{3}{\log_n 2}}$의 값이 자연수가 되도록 하는 모든 n의 값의 합은?

① 130 ② 132 ③ 134
④ 136 ⑤ 138

024

1보다 큰 세 실수 a, b, c에 대하여 $\log_a b : \log_c b = 2 : 3$일 때, $\frac{1}{2}\log_a c + \frac{1}{\log_c a}$의 값은?

① $\frac{1}{6}$ ② $\frac{1}{3}$ ③ 1
④ 2 ⑤ 3

025

1보다 큰 서로 다른 세 양수 a, b, c가 다음 조건을 만족시킨다.

(가) $\log_2 a - \log_2 b = \log_4 b - \log_4 c$
(나) $\log_2 a \times \log_2 c = (\log_2 b)^2$

$\log_a bc$의 값은?

① 2 ② 3 ③ 4
④ 5 ⑤ 6

026

1이 아닌 두 양수 a, b가 다음 조건을 만족시킬 때, a^2+b^2의 최솟값을 구하시오.

(가) $a\log_4 a = \log_2 b^2$
(나) $b\log_4 b = \log_2 a^2$

027

$0<x<1$, $0<y<1$을 만족시키는 서로 다른 두 실수 x, y에 대하여

$$\log_{x^2} y - \log_{y^2}(1-x) + \log_{y^4}(x-2x^2+x^3) = \frac{3}{4}$$

일 때, $\frac{y^2}{x}$의 값은?

① $\frac{1}{3}$ ② $\frac{1}{2}$ ③ 1
④ 2 ⑤ 3

유형 4 지수함수의 뜻과 그래프

028 | 대표 유형 | 2022학년도 수능

직선 $y=2x+k$가 두 함수

$$y=\left(\frac{2}{3}\right)^{x+3}+1,\ y=\left(\frac{2}{3}\right)^{x+1}+\frac{8}{3}$$

의 그래프와 만나는 점을 각각 P, Q라 하자. $\overline{PQ}=\sqrt{5}$일 때, 상수 k의 값은?

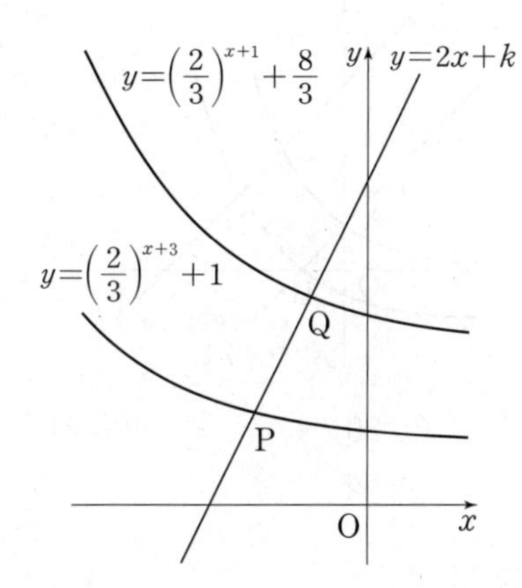

① $\frac{31}{6}$ ② $\frac{16}{3}$ ③ $\frac{11}{2}$
④ $\frac{17}{3}$ ⑤ $\frac{35}{6}$

029

함수 $f(x)=2^{ax+b}$이 다음 조건을 만족시킬 때, $f(5)$의 값을 구하시오. (단, a, b는 상수이다.)

> (가) $f(3)=4$
> (나) 임의의 두 실수 p, q에 대하여
> $f(p+q)=16f(p)f(q)$이다.

030

좌표평면 위의 두 함수 $f(x)=2^{-x+6}-3$, $g(x)=3^{x+n}-3$의 그래프가 만나는 점이 제1사분면에 있도록 하는 정수 n의 개수는?

① 4 ② 5 ③ 6
④ 7 ⑤ 8

031

곡선 $y=2^x-1$과 직선 $y=x$는 점 (1, 1)에서 만난다. 곡선 $y=2^x-1$ 위의 두 점 P, Q의 x좌표를 각각 a, b $(0<a<b)$라 할 때, |보기|에서 옳은 것만을 있는 대로 고른 것은?

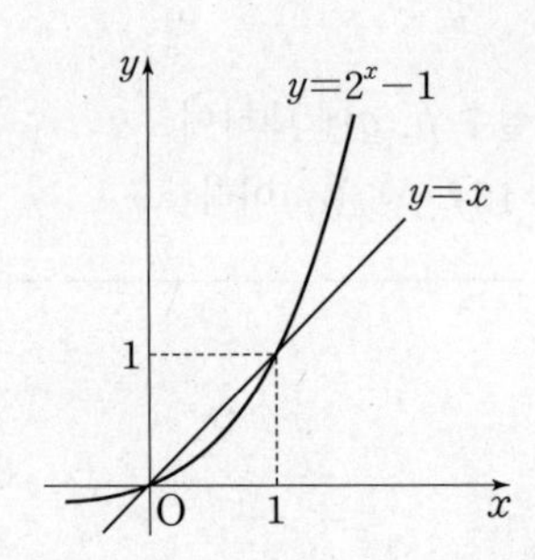

보기

ㄱ. $2^a b-b<2^b a-a$

ㄴ. $0<a<1$이면 $2^a-1<a$이다.

ㄷ. $0<a<1<b$이면 $2^b-2^a<b-a$이다.

① ㄱ ② ㄴ ③ ㄱ, ㄴ
④ ㄱ, ㄷ ⑤ ㄱ, ㄴ, ㄷ

032

그림과 같이 직선 $y=-x+1$이 두 함수 $y=2^x$, $y=2^{x-1}-1$의 그래프와 만나는 점을 각각 A, B라 하고, 직선 $y=-x+k$가 두 함수 $y=2^x$, $y=2^{x-1}-1$의 그래프와 만나는 점을 각각 C, D라 하자. 두 함수 $y=2^x$, $y=2^{x-1}-1$의 그래프와 두 선분 AB, CD로 둘러싸인 부분의 넓이가 20일 때, 상수 k의 값은? (단, $k>1$)

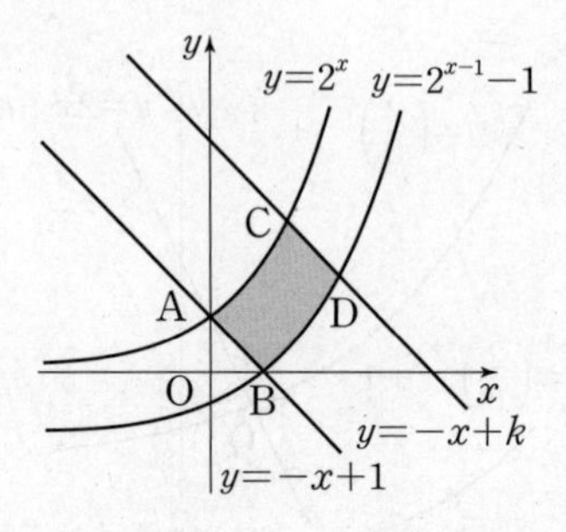

① 19 ② 20 ③ 21
④ 22 ⑤ 23

033

1보다 큰 실수 a에 대하여 그림과 같이 곡선 $y=a^x$과 직선 $y=x$가 두 점 P, Q에서 만난다. 선분 PQ의 중점을 R라 하고 점 P에서 x축에 내린 수선의 발을 S, 점 R를 지나고 y축에 평행한 직선이 곡선 $y=a^x$과 만나는 점을 T라 하자. 점 T에서 x축과 y축에 내린 수선의 발을 각각 U, V라 하면 $2\overline{PS}=\overline{TU}$일 때, 사각형 OUTV의 넓이는? (단, 점 O는 원점이고, 점 P의 x좌표는 점 Q의 x좌표보다 작다.)

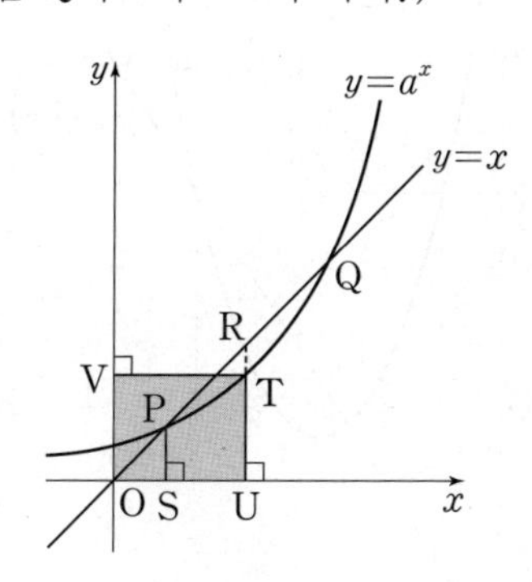

① $2^{\frac{7}{3}}$　　② $3\times2^{\frac{4}{3}}$　　③ $2^{\frac{10}{3}}$
④ $5\times2^{\frac{4}{3}}$　　⑤ $3\times2^{\frac{7}{3}}$

유형 5 지수함수의 최대·최소

034 | 대표 유형 |

2013년 시행 교육청 3월

두 함수 $f(x)$, $g(x)$를

$$f(x)=x^2-6x+3,\ g(x)=a^x\ (a>0,\ a\neq1)$$

이라 하자. $1\leq x\leq4$에서 함수 $(g\circ f)(x)$의 최댓값은 27, 최솟값은 m이다. m의 값은?

① $\frac{1}{27}$　　② $\frac{1}{3}$　　③ $\frac{\sqrt{3}}{3}$
④ 3　　⑤ $3\sqrt{3}$

035

$-1\leq x\leq2$에서 함수 $f(x)=2^{2x}\times a^{-x}$의 최댓값이 4가 되도록 하는 모든 양수 a의 값의 합은? (단, $a\neq4$)

① 10　　② 12　　③ 14
④ 16　　⑤ 18

036

함수 $y=4^{x+2}+4^{-x}+2^{x+3}+2^{-x+1}+1$은 $x=\alpha$에서 최솟값 β를 갖는다. $\alpha+\beta$의 값은?

① 16 ② 18 ③ 20
④ 22 ⑤ 24

037

1이 아닌 양수 a에 대하여 두 함수

$$f(x)=a^x-1,\ g(x)=\left(\frac{1}{a}\right)^{x+1}-1$$

이 다음 조건을 만족시킨다.

(가) $-1\le x\le 1$에서 함수 $f(x)$의 최댓값은 4이다.
(나) 두 함수 $y=f(x)$, $y=g(x)$의 그래프는 제2사분면에서 만난다.

$-1\le x\le 1$에서 함수 $g(x)$의 최댓값을 구하시오.

유형 6 지수에 미지수를 포함한 방정식과 부등식

038 | 대표 유형 |

2019학년도 수능

이차함수 $y=f(x)$의 그래프와 일차함수 $y=g(x)$의 그래프가 그림과 같을 때, 부등식

$$\left(\frac{1}{2}\right)^{f(x)g(x)}\ge\left(\frac{1}{8}\right)^{g(x)}$$

을 만족시키는 모든 자연수 x의 값의 합은?

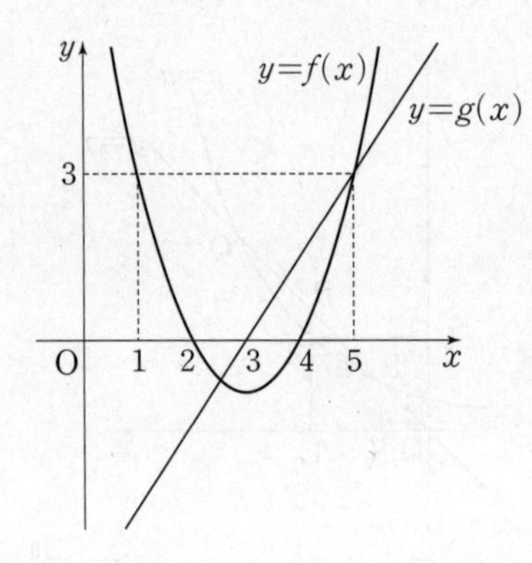

① 7 ② 9 ③ 11
④ 13 ⑤ 15

039

방정식 $4^{x+1}-6\times2^{x+1}+4=0$의 해를 $x=\alpha$라 할 때, $\dfrac{2^{2\alpha}-2^{-2\alpha}}{2^{3\alpha}-2^{-3\alpha}}$의 값은?

① $\frac{1}{8}$　② $\frac{1}{4}$　③ $\frac{3}{8}$
④ $\frac{1}{2}$　⑤ $\frac{5}{8}$

040

9의 세제곱근 중 실수인 것을 a라 하고, 3의 네제곱근 중 양수인 것을 b라 할 때, 방정식 $\left(\frac{1}{a}\right)^{x-1}=b^{2x+3}$의 해는?

① $-\frac{1}{14}$　② $-\frac{1}{7}$　③ $-\frac{3}{14}$
④ $-\frac{2}{7}$　⑤ $-\frac{5}{14}$

041

그림과 같이 이차함수 $y=f(x)$의 그래프와 직선 $y=x$의 교점의 x좌표는 -2, 3이다. 모든 실수 x에 대하여 $f(-x)=f(x)$가 성립할 때, 부등식 $\left(\frac{1}{2}\right)^{f(x)}>\left(\frac{1}{2}\right)^{-x}$을 만족시키는 모든 정수 x의 값의 합은?

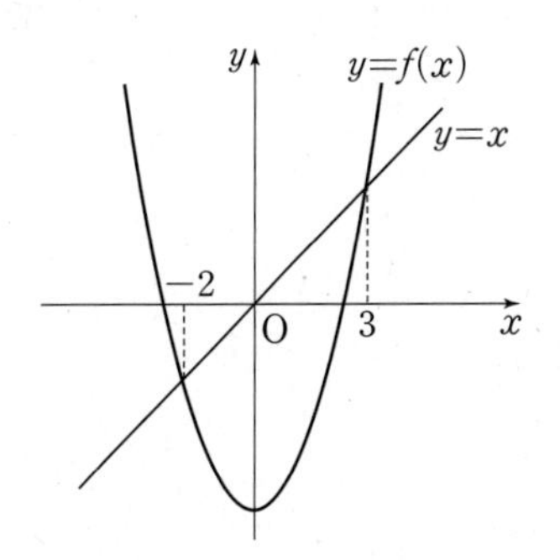

① -4　② -2　③ 1
④ 2　⑤ 4

042

양수 a에 대하여 그림과 같이 점 $\mathrm{A}(4,\ 0)$, $\mathrm{B}(0,\ a)$를 지나는 직선 $y=f(x)$에 대하여 부등식 $2^{f(-x)+1}\le16$을 만족시키는 x의 값의 범위가 $x\le5$일 때, 삼각형 OAB의 넓이는?
(단, O는 원점이다.)

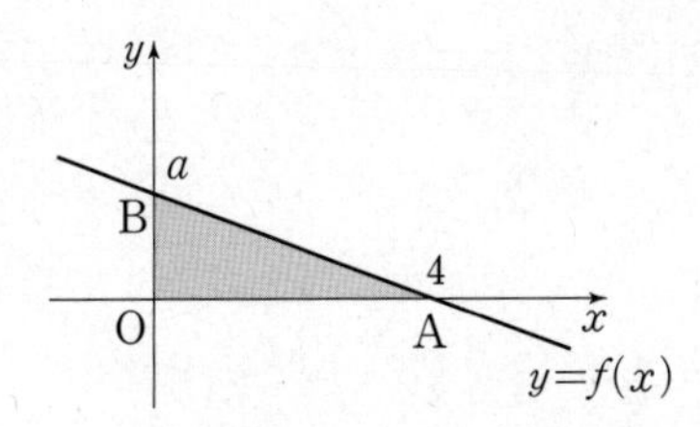

① $\frac{7}{3}$　② $\frac{8}{3}$　③ 3
④ $\frac{10}{3}$　⑤ $\frac{11}{3}$

043

0이 아닌 두 실수 k, m에 대하여 두 함수 $f(x)=-5^x+m$, $g(x)=k\times5^{-x}-2m$의 그래프가 서로 다른 두 점 A, B에서 만난다. 선분 AB의 중점의 좌표가 $(1,\ -6)$일 때, $k+m$의 값은?

① 35　② 36　③ 37　④ 38　⑤ 39

유형 7 로그함수의 뜻과 그래프

044 | 대표 유형 |

2022학년도 평가원 6월

$n\geq2$인 자연수 n에 대하여 두 곡선

$$y=\log_n x,\ y=-\log_n(x+3)+1$$

이 만나는 점의 x좌표가 1보다 크고 2보다 작도록 하는 모든 n의 값의 합은?

① 30　② 35　③ 40　④ 45　⑤ 50

045

지수함수 $y=2^x$의 그래프를 x축의 방향으로 p만큼 평행이동하면 함수 $y=f(x)$의 그래프와 일치하고, 로그함수 $y=\log_2 x$의 그래프를 y축의 방향으로 p만큼 평행이동하면 함수 $y=g(x)$의 그래프와 일치한다. 두 함수 $f(x)$, $g(x)$의 그래프가 두 점 A, B에서 만나고, $\overline{AB}=\sqrt{2}$일 때, p의 값은?

① $\frac{1}{2}$　② 1　③ $\frac{3}{2}$　④ 2　⑤ $\frac{5}{2}$

046

그림과 같이 곡선 $y=\log_a x$ $(a>1)$ 위의 제1사분면에서의 두 점 A, B에서 직선 $y=3x$에 내린 수선의 발을 각각 A′, B′이라 하자. $\overline{OB}:\overline{OA}=\overline{OB'}:\overline{OA'}=1:2$이고, 점 B′의 좌표가 $(1, 3)$일 때, a^{16}의 값은? (단, O는 원점이고, 곡선 $y=\log_a x$는 직선 $y=3x$와 만나지 않는다.)

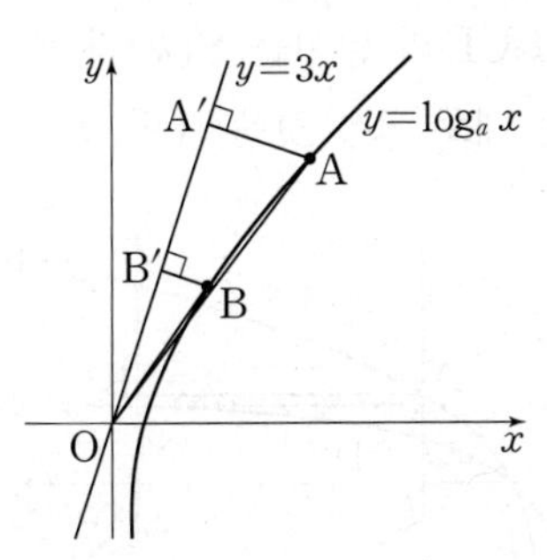

① 62 ② 64 ③ 66
④ 68 ⑤ 70

047

그림과 같이 좌표평면 위의 직선 $y=-x+3$이 두 함수

$y=\log_{\frac{1}{2}} x$, $y=\log_2 x$

의 그래프와 제1사분면에서 만나는 점을 각각 $P(x_1, y_1)$, $Q(x_2, y_2)$라 할 때, ｜보기｜에서 옳은 것만을 있는 대로 고른 것은?

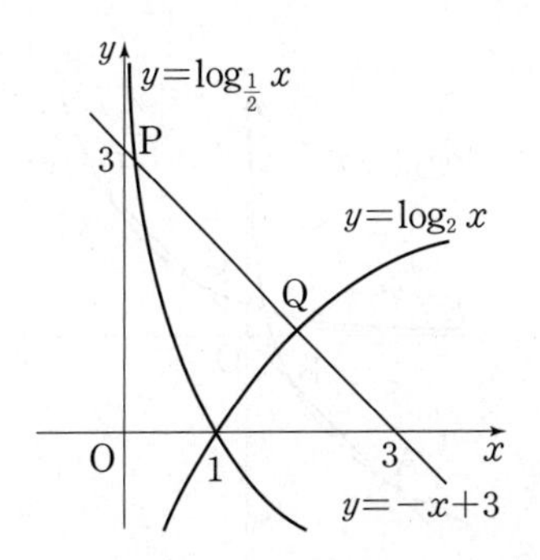

보기

ㄱ. $x_2<y_1$
ㄴ. $x_1(x_2-1)>y_2(y_1-1)$
ㄷ. $x_1+x_2<5$

① ㄱ ② ㄴ ③ ㄱ, ㄷ
④ ㄴ, ㄷ ⑤ ㄱ, ㄴ, ㄷ

048

그림과 같이 $a>1$인 실수 a에 대하여 직선 $y=x$와 곡선 $y=-\log_3(-x)-a$가 만나는 두 점 중 x좌표가 작은 점부터 순서대로 A, B라 하고, 직선 $y=x$와 곡선 $y=3^{x-a}$이 만나는 두 점 중 x좌표가 작은 점부터 순서대로 C, D라 하자. 네 점 A, B, C, D가 $\overline{AB}=\overline{BC}=\overline{CD}$를 만족시킬 때, 상수 a의 값은?

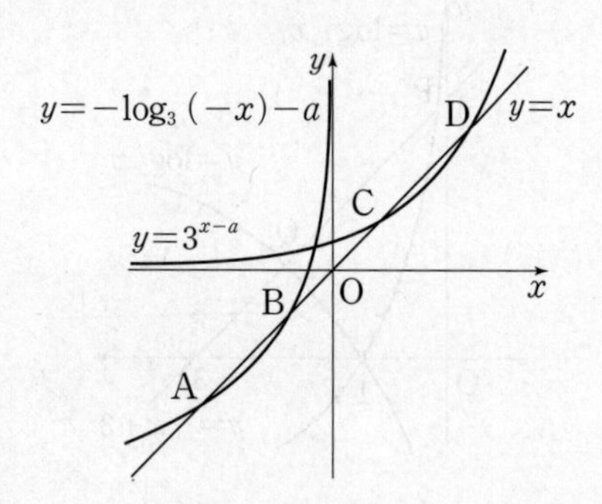

① $\log_3 2$　② $\log_3 2\sqrt{2}$　③ $\log_3 2\sqrt{3}$
④ $\log_3 3\sqrt{2}$　⑤ $\log_3 6$

049

그림과 같이 두 곡선 $y=\log_2 x$, $y=\log_4 x$에 대하여 직선 $x=k$와 곡선 $y=\log_2 x$가 만나는 점을 A, 점 A를 지나고 x축에 평행한 직선이 직선 $x=3k$와 만나는 점을 B라 하자. 또한, 직선 $x=3k$와 곡선 $y=\log_4 x$가 만나는 점을 C, 점 C를 지나고 x축에 평행한 직선이 직선 $x=k$와 만나는 점을 D라 하자. 사각형 ABCD의 넓이를 $S(k)$라 할 때, 보기에서 옳은 것만을 있는 대로 고른 것은? (단, $k>3$)

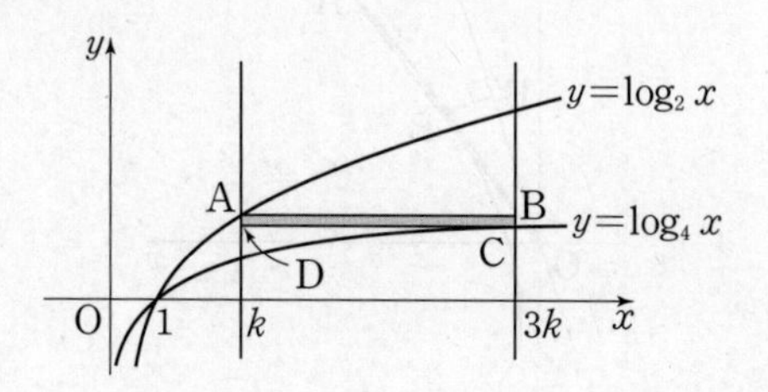

보기

ㄱ. $S(6)=6$

ㄴ. $k_1>k_2>3$이면 $S(k_1)>S(k_2)$

ㄷ. n이 자연수일 때, $S(k)=n$을 만족시키는 $k>3$인 k가 반드시 하나 존재한다.

① ㄱ　② ㄴ　③ ㄷ
④ ㄱ, ㄴ　⑤ ㄱ, ㄴ, ㄷ

050

그림과 같이 함수 $y=\log_2 x$의 그래프 위의 한 점 $A_1(a, \log_2 a)$를 지나고 x축에 평행한 직선이 함수 $y=\log_4 x$의 그래프와 만나는 점을 A_2, 점 A_2를 지나고 y축에 평행한 직선이 함수 $y=\log_2 x$의 그래프와 만나는 점을 A_3, 점 A_3을 지나고 x축에 평행한 직선이 함수 $y=\log_4 x$의 그래프와 만나는 점을 A_4, 점 A_4를 지나고 y축에 평행한 직선이 함수 $y=\log_2 x$의 그래프와 만나는 점을 A_5라 하자. 삼각형 $A_1A_2A_3$의 넓이를 S_1, 삼각형 $A_3A_4A_5$의 넓이를 S_2라 할 때, $8S_1=S_2$이다. a의 값은? (단, $a>1$)

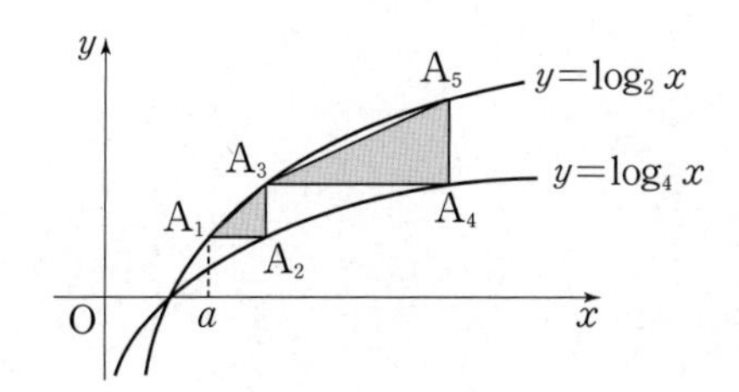

① $\frac{-1+\sqrt{15}}{2}$　② $\frac{3}{2}$　③ $\frac{-1+\sqrt{17}}{2}$
④ $\frac{-1+3\sqrt{2}}{2}$　⑤ $\frac{-1+\sqrt{19}}{2}$

유형 8 로그함수의 최대·최소

051 | 대표 유형 |

2021학년도 평가원 9월

$\angle A=90°$이고 $\overline{AB}=2\log_2 x$, $\overline{AC}=\log_4 \frac{16}{x}$인 삼각형 ABC의 넓이를 $S(x)$라 하자. $S(x)$가 $x=a$에서 최댓값 M을 가질 때, $a+M$의 값은? (단, $1<x<16$)

① 6　② 7　③ 8
④ 9　⑤ 10

052

1이 아닌 양수 a에 대하여 함수 $f(x)=\log_{\frac{1}{a}}(x^2-6x+134)$의 최댓값이 -3일 때, 상수 a의 값은?

① 3　② 4　③ 5
④ 6　⑤ 7

053

두 양수 x, y에 대하여 $2\log_2 x+\log_2 8y=5$일 때, $\log_2(4x^2+y)$의 최솟값은?

① 1 ② $\frac{3}{2}$ ③ 2
④ $\frac{5}{2}$ ⑤ 3

054

1보다 큰 양수 x에 대하여 함수 $f(x)=4x^{4-\log_2 x}$은 $x=a$일 때 최댓값 M을 갖는다. $a+M$의 값은?

① 60 ② 62 ③ 64
④ 66 ⑤ 68

유형 9 로그의 진수에 미지수를 포함한 방정식과 부등식

055 | 대표 유형 |

2022년 시행 교육청 10월

$a>1$인 실수 a에 대하여 두 곡선

$$y=-\log_2(-x),\ y=\log_2(x+2a)$$

가 만나는 두 점을 A, B라 하자. 선분 AB의 중점이 직선 $4x+3y+5=0$ 위에 있을 때, 선분 AB의 길이는?

① $\frac{3}{2}$ ② $\frac{7}{4}$ ③ 2
④ $\frac{9}{4}$ ⑤ $\frac{5}{2}$

056

x에 대한 방정식 $(\log_2 x)\left(\log_2 \frac{64}{x}\right)=\frac{m}{2}$이 실근을 갖도록 하는 모든 자연수 m의 개수를 구하시오.

057

방정식 $(\log_2 x)^2+3=k\log_2 x$의 서로 다른 두 근의 비가 1 : 4가 되도록 하는 모든 실수 k의 값의 합은?

① 0　② 2　③ 4
④ 6　⑤ 8

058

1이 아닌 양수 a에 대하여 부등식 $a^{1-x} \leq a^{x-5}$의 해가 $x \geq 3$일 때, 부등식 $\log_a (x+1) < \log_a (7-2x)$의 해는?

① $-3<x<1$　② $-1<x<2$　③ $1<x<3$
④ $x>-1$　⑤ $x<2$

059

좌표평면 위에 네 점 $A\left(1, -\frac{1}{2}\right)$, $B(1, 0)$, $C(2, 2)$, $D(26, 2)$가 있다. 1이 아닌 자연수 a에 대하여 곡선

$$y=\log_a(x+1)-1$$

이 두 선분 AB, CD와 모두 만나도록 하는 모든 자연수 a의 값의 합은?

① 5 ② 7 ③ 9
④ 11 ⑤ 14

060

좌표평면 위의 함수 $f(x)=\log_a bx$의 그래프는 두 점 $(1, 1)$, $(4, -1)$을 지난다. 부등식 $f(x^2)>f(8x)$를 만족시키는 정수 x의 개수는? (단, a, b는 상수이다.)

① 4 ② 5 ③ 6
④ 7 ⑤ 8

061

x에 대한 방정식 $(\log_3 x)^2-2\log_3 x+k=0$의 두 근이 모두 $\frac{1}{3}$과 9 사이에 있도록 하는 실수 k의 값의 범위는?

① $k>-2$ ② $-1\le k<0$
③ $0<k\le 1$ ④ $k\le 0$ 또는 $k\ge 2$
⑤ $k\ge 2$

062

그림과 같이 두 곡선 $y=2^{x-1}$, $y=2^{x+1}$이 y축과 만나는 점을 각각 A, B, 두 곡선 $y=2^{x-1}$, $y=2^{x+1}$이 직선 $x=k$와 만나는 점을 각각 C, D라 하고, 두 선분 AD, BC가 만나는 점을 P라 하자. 두 삼각형 APB, DPC의 넓이의 비가 1 : 64일 때, 점 P의 y좌표는? (단, $k>0$)

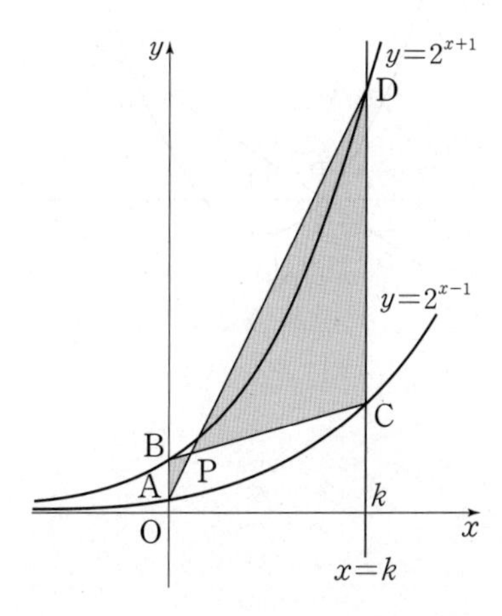

① $\frac{19}{9}$ ② $\frac{20}{9}$ ③ $\frac{7}{3}$ ④ $\frac{22}{9}$ ⑤ $\frac{23}{9}$

063 그림과 같이 일차함수 $y=f(x)$와 이차함수 $y=g(x)$의 그래프가 서로 다른 두 점 P, Q에서 만나고 두 점 P, Q의 x좌표는 각각 -1, 3이다. 부등식 $\left(\frac{1}{2}\right)^{f(x)} \leq \left(\frac{1}{2}\right)^{g(x)}$의 해와 부등식 $3^{2x^2+a} \leq 9^{bx}$의 해가 같을 때, 두 상수 a, b에 대하여 a^2+b^2의 값을 구하시오.

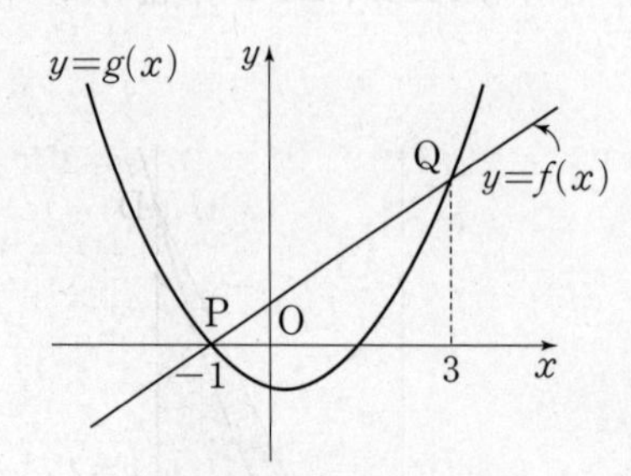

정답 및 해설 16쪽

064

자연수 n에 대하여 점 $A(n,\ 0)$을 지나고 y축에 평행한 직선이 곡선 $y=\log_2 x$와 만나는 점을 B라 하자. 점 B를 지나고 기울기가 -1인 직선이 곡선 $y=2^{x+1}+1$과 만나는 점을 C라 하자. 점 C를 지나고 y축에 평행한 직선이 x축과 만나는 점을 D라 할 때, $f(n)=\overline{AB}+\overline{CD}$라 하자. $f(n)$이 500보다 큰 자연수가 되도록 하는 n의 최솟값을 구하시오.

065

자연수 n에 대하여 x에 대한 방정식

$$x^{3n}-2\times x^{2n}-8\times x^{n}+16=0$$

의 모든 실근의 합은 0이고 모든 실근의 곱은 2보다 크도록 하는 모든 n의 값의 합을 구하시오.

066 1이 아닌 세 양수 a, b, c가 다음 조건을 만족시킨다.

(가) $\frac{3}{\log_{\sqrt{a}} 27}+\frac{3}{\log_{\sqrt[3]{b}} 9}+\frac{2}{\log_{\sqrt[4]{c}} 3}=6$

(나) $a\sqrt{a}$의 양수인 네제곱근과 b의 양수인 제곱근이 서로 같다.

(다) $-b$의 실수인 세제곱근과 c의 양수인 제곱근의 합이 0이다.

$\log_3 \frac{ab}{c}=\frac{q}{p}$일 때, $p+q$의 값을 구하시오. (단, p와 q는 서로소인 자연수이다.)

067

1보다 큰 양수 a에 대하여 그림과 같이 곡선 $y=a^x-5$와 직선 $y=2x$가 제1사분면에서 만나는 점을 A라 하고, 점 A를 지나고 기울기가 -1인 직선이 곡선 $y=\log_a(x+3)-2$와 만나는 점을 B라 하자. $\overline{OB}=\sqrt{65}$일 때, a^3의 값은? (단, O는 원점이다.)

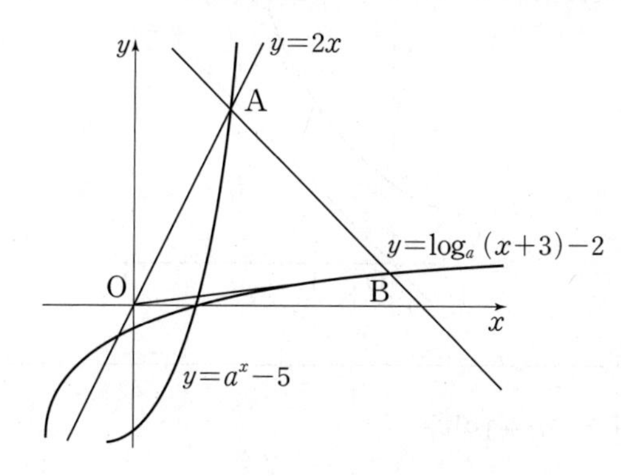

① 11 ② 12 ③ 13 ④ 14 ⑤ 15

068 그림과 같이 좌표평면 위에 함수 $f(x)=2^x$의 그래프와 직선 $y=x$가 있다. | 보기 |에서 옳은 것만을 있는 대로 고른 것은?

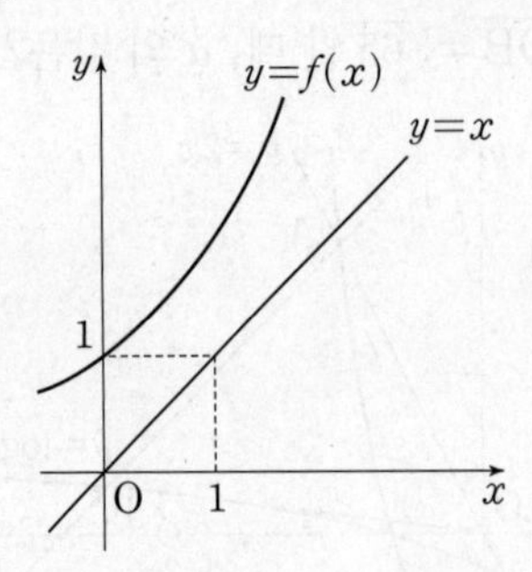

| 보기 |

ㄱ. $0<a<1$이면 $2^a<a+1$이다.

ㄴ. $0<a<b<\frac{1}{2}$이면 $4^a-4^b<2(a-b)$이다.

ㄷ. $1<a<b$이면 $2f^{-1}(a+b)<1+f^{-1}(a^2+b^2)$이다.

① ㄱ　② ㄱ, ㄴ　③ ㄱ, ㄷ　④ ㄴ, ㄷ　⑤ ㄱ, ㄴ, ㄷ

069 실수 k $(0<k<18)$에 대하여 직선 $x=k$가 두 곡선 $y=\log_3 x$, $y=-\log_3(18-x)$와 만나는 두 점 사이의 거리를 $f(k)$라 하자. 어떤 양수 a에 대하여 $f(k)=a$를 만족시키는 실수 k가 k_1, k_2, k_3의 3개뿐일 때, $a\times k_1\times k_2\times k_3$의 값은?

① $\frac{1}{9}$ ② $\frac{2}{9}$ ③ $\frac{1}{3}$ ④ $\frac{4}{9}$ ⑤ $\frac{5}{9}$

정답 및 해설 19쪽

070 그림과 같이 1보다 큰 양수 k에 대하여 곡선 $y=\log_k(x-1)$이 x축과 만나는 점을 A라 하고, 직선 $y=2$와 만나는 점을 B라 하자. 점 B를 지나고 기울기가 -1인 직선 l이 x축, y축과 만나는 점을 각각 C, D라 하자. 삼각형 ABD의 넓이와 삼각형 ACB의 넓이의 비가 $3:2$일 때, 다음 조건을 만족시키는 곡선 $y=f(x)$의 점근선의 방정식은?

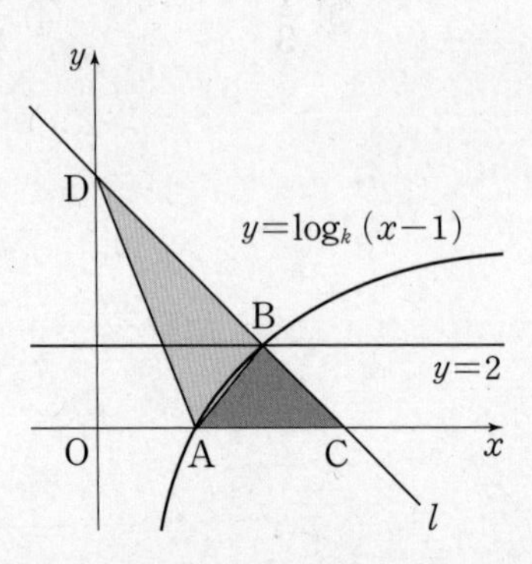

(가) 곡선 $y=\log_k(x-1)$을 평행이동 또는 x축에 대하여 대칭이동 또는 y축에 대하여 대칭이동 및 이들을 여러 번 결합한 이동을 통해 곡선 $y=f(x)$와 일치시킬 수 있다.
(나) 곡선 $y=f(x)$는 두 점 C, D를 지나고, $f(k^2)>3$이다.

① $x=\dfrac{120+10\sqrt{2}}{31}$ ② $x=\dfrac{130+10\sqrt{2}}{31}$ ③ $x=\dfrac{140+10\sqrt{2}}{31}$
④ $x=\dfrac{150+20\sqrt{2}}{31}$ ⑤ $x=\dfrac{160+20\sqrt{2}}{31}$

삼각함수

수능 출제 포커스

- 삼각함수의 정의와 성질을 이용하여 삼각함수가 포함된 방정식 또는 부등식의 해를 구하거나 이를 이용하여 미지수를 찾고 함숫값을 구하는 문제가 출제될 수 있다. 삼각함수는 주기함수이므로 이를 이용하여 삼각함수의 식을 변형할 수 있어야 하고, 삼각함수의 그래프에 대한 기본적인 성질을 모두 정리해 두어야 한다.
- 사인법칙과 코사인법칙을 함께 이용하여 푸는 도형 문제가 출제될 수 있다. 대변과 대각, 외접원의 반지름의 길이를 알 수 있으면 사인법칙을, 두 변과 사잇각을 알 수 있으면 코사인법칙을 이용할 수 있음을 기억해 두고, 중학교에서 학습한 다양한 도형의 성질을 확실히 정리해 두도록 한다.

기출 및 핵심 예상 문제수

기출문제	수능 대비 예상 문제	최고 등급 문제	합계
15	36	9	60

Ⅱ 삼각함수

1 일반각과 호도법

(1) 호도법과 육십분법: 1라디안$=\frac{180°}{\pi}$, $1°=\frac{\pi}{180}$라디안

(2) 부채꼴의 호의 길이와 넓이

반지름의 길이가 r, 중심각의 크기가 θ(라디안)인 부채꼴의 호의 길이를 l, 넓이를 S라 하면

$$l=r\theta,\ S=\frac{1}{2}r^2\theta=\frac{1}{2}rl$$

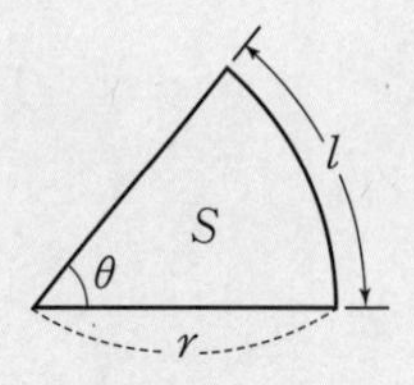

2 삼각함수

(1) $\overline{\mathrm{OP}}=r$인 점 $\mathrm{P}(x,\ y)$에 대하여 동경 OP가 x축의 양의 방향과 이루는 일반각의 크기를 θ라 할 때

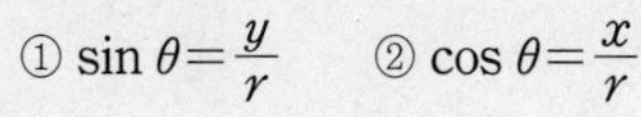

① $\sin\theta=\frac{y}{r}$ ② $\cos\theta=\frac{x}{r}$

③ $\tan\theta=\frac{y}{x}$ (단, $x\neq0$)

(2) 삼각함수 사이의 관계

① $\tan\theta=\frac{\sin\theta}{\cos\theta}$ ② $\sin^2\theta+\cos^2\theta=1$

3 삼각함수의 그래프의 성질

	$y=\sin x$	$y=\cos x$	$y=\tan x$
정의역	실수 전체의 집합	실수 전체의 집합	$x=n\pi+\frac{\pi}{2}$ (n은 정수)를 제외한 실수 전체의 집합
치역	$\{y\mid-1\le y\le1\}$	$\{y\mid-1\le y\le1\}$	실수 전체의 집합
주기	2π	2π	π
최댓값	1	1	존재하지 않는다.
최솟값	-1	-1	존재하지 않는다.
그래프의 대칭성	원점에 대하여 대칭	y축에 대하여 대칭	원점에 대하여 대칭

참고 함수 $y=\tan x$의 그래프의 점근선은 직선 $x=n\pi+\frac{\pi}{2}$ (n은 정수)이다.

4 사인법칙

삼각형 ABC의 외접원의 반지름의 길이를 R라 하면

$$\frac{a}{\sin A}=\frac{b}{\sin B}=\frac{c}{\sin C}=2R$$

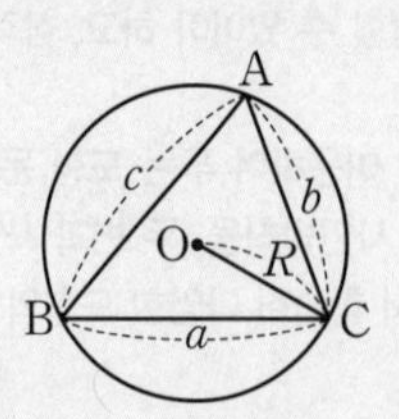

5 코사인법칙

(1) $a^2=b^2+c^2-2bc\cos A$ (2) $b^2=c^2+a^2-2ca\cos B$

(3) $c^2=a^2+b^2-2ab\cos C$

6 삼각형의 넓이

삼각형 ABC의 넓이를 S라 하면

$$S=\frac{1}{2}bc\sin A=\frac{1}{2}ca\sin B=\frac{1}{2}ab\sin C$$

기출문제로 개념 확인하기

071

2017년 시행 교육청 3월

그림과 같이 길이가 12인 선분 AB를 지름으로 하는 반원이 있다. 반원 위에서 호 BC의 길이가 4π인 점 C를 잡고 점 C에서 선분 AB에 내린 수선의 발을 H라 하자. $\overline{\mathrm{CH}}^2$의 값을 구하시오.

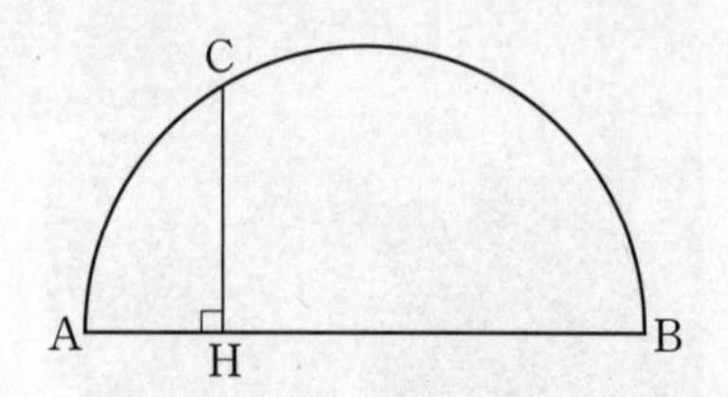

072

2022학년도 수능

$\pi<\theta<\frac{3}{2}\pi$인 θ에 대하여 $\tan\theta-\frac{6}{\tan\theta}=1$일 때, $\sin\theta+\cos\theta$의 값은?

① $-\frac{2\sqrt{10}}{5}$ ② $-\frac{\sqrt{10}}{5}$ ③ 0 ④ $\frac{\sqrt{10}}{5}$ ④ $\frac{2\sqrt{10}}{5}$

073

2023학년도 수능

$\tan\theta<0$이고 $\cos\left(\frac{\pi}{2}+\theta\right)=\frac{\sqrt{5}}{5}$일 때, $\cos\theta$의 값은?

① $-\frac{2\sqrt{5}}{5}$　② $-\frac{\sqrt{5}}{5}$　③ 0　④ $\frac{\sqrt{5}}{5}$　⑤ $\frac{2\sqrt{5}}{5}$

074

2023학년도 평가원 6월

$0\le x\le\pi$에서 정의된 함수 $f(x)=-\sin 2x$가 $x=a$에서 최댓값을 갖고 $x=b$에서 최솟값을 갖는다. 곡선 $y=f(x)$ 위의 두 점 $(a, f(a))$, $(b, f(b))$를 지나는 직선의 기울기는?

① $\frac{1}{\pi}$　② $\frac{2}{\pi}$　③ $\frac{3}{\pi}$　④ $\frac{4}{\pi}$　⑤ $\frac{5}{\pi}$

075

2019학년도 수능

$0\le\theta<2\pi$일 때, x에 대한 이차방정식

$$6x^2+4(\cos\theta)x+\sin\theta=0$$

이 실근을 갖지 않도록 하는 모든 θ의 값의 범위는 $\alpha<\theta<\beta$이다. $3\alpha+\beta$의 값은?

① $\frac{5}{6}\pi$　② π　③ $\frac{7}{6}\pi$　④ $\frac{4}{3}\pi$　⑤ $\frac{3}{2}\pi$

076

2021학년도 평가원 9월

$\overline{AB}=8$이고 $\angle A=45°$, $\angle B=15°$인 삼각형 ABC에서 선분 BC의 길이는?

① $2\sqrt{6}$　② $\frac{7\sqrt{6}}{3}$　③ $\frac{8\sqrt{6}}{3}$　④ $3\sqrt{6}$　⑤ $\frac{10\sqrt{6}}{3}$

077

2022학년도 평가원 6월

그림과 같이 $\overline{AB}=4$, $\overline{AC}=5$이고 $\cos(\angle BAC)=\frac{1}{8}$인 삼각형 ABC가 있다. 선분 AC 위의 점 D와 선분 BC 위의 점 E에 대하여

$$\angle BAC=\angle BDA=\angle BED$$

일 때, 선분 DE의 길이는?

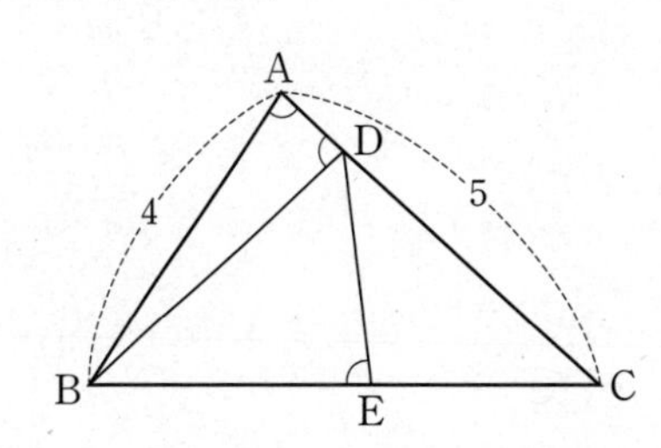

① $\frac{7}{3}$　② $\frac{5}{2}$　③ $\frac{8}{3}$　④ $\frac{17}{6}$　⑤ 3

유형별 문제로 수능 대비하기

쉬운 4점부터 기본 4점까지의 기출과 예상 문제를 모았습니다.

유형 1 부채꼴의 호의 길이와 넓이

078 | 대표 유형 |

2021년 시행 교육청 3월

그림과 같이 두 점 O, O′을 각각 중심으로 하고 반지름의 길이가 3인 두 원 O, O'이 한 평면 위에 있다. 두 원 O, O'이 만나는 점을 각각 A, B라 할 때, $\angle\text{AOB}=\frac{5}{6}\pi$이다.

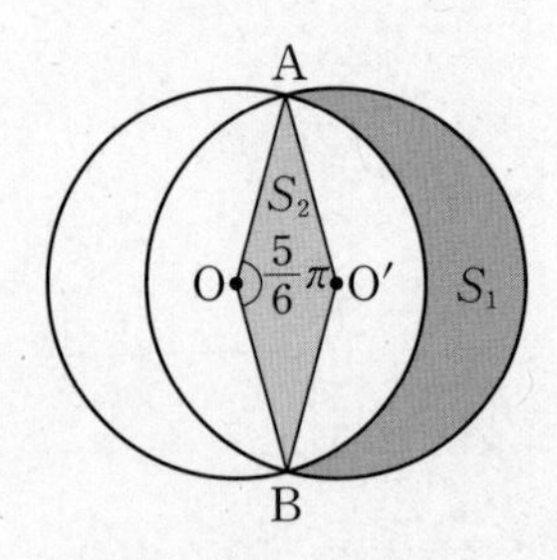

원 O의 외부와 원 O'의 내부의 공통부분의 넓이를 S_1, 마름모 AOBO′의 넓이를 S_2라 할 때, S_1-S_2의 값은?

① $\frac{5}{4}\pi$　② $\frac{4}{3}\pi$　③ $\frac{17}{12}\pi$
④ $\frac{3}{2}\pi$　⑤ $\frac{19}{12}\pi$

079

그림과 같이 부채꼴 AOB에서 두 선분 OA, OB를 각각 1 : 2로 내분하는 점을 C, D라 하고, 부채꼴 AOB에서 부채꼴 COD를 제외한 도형을 S라 하자. 호 AB의 길이가 18π이고 도형 S의 넓이가 160π일 때, 도형 S의 둘레의 길이는 $p+q\pi$이다. $p\times q$의 값을 구하시오.

(단, p, q는 유리수이다.)

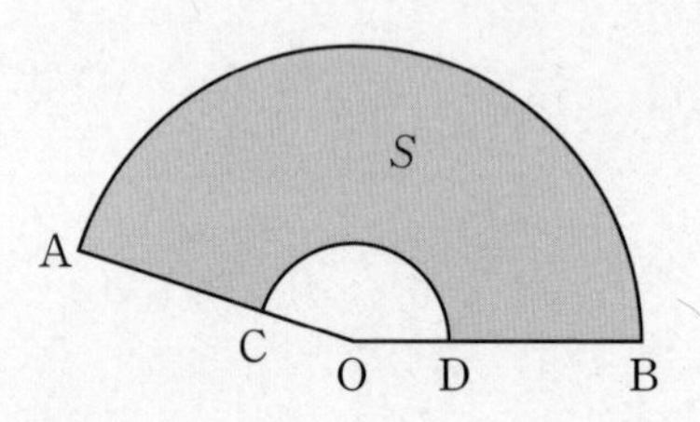

080

그림과 같이 지름 AB의 길이가 8인 원 위의 두 점 C, D에 대하여 두 직선 AB와 CD가 서로 평행하다. 부채꼴 OBD의 넓이가 $\frac{4}{3}\pi$일 때, 선분 CD와 호 CD로 둘러싸인 활꼴의 넓이는 $p\pi+q\sqrt{3}$이다. $3(p+q)$의 값을 구하시오.

(단, p, q는 유리수이다.)

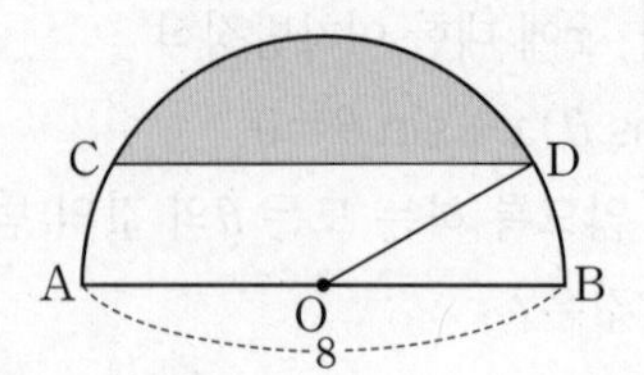

081

$\pi<\theta<\frac{3}{2}\pi$일 때, θ와 2θ를 나타내는 두 동경과 반지름의 길이가 1인 원이 만나는 점을 각각 P, Q라 하자. 두 점 P, Q가 x축에 대하여 대칭일 때, 음의 방향에서 x축과 만나는 부채꼴 OPQ의 넓이는 $\frac{q}{p}\pi$이다. $p+q$의 값을 구하시오.

(단, p와 q는 서로소인 자연수이다.)

유형 2 삼각함수의 정의와 삼각함수 사이의 관계

082 | 대표 유형 |

2020년 시행 교육청 3월

좌표평면에서 제1사분면에 점 P가 있다. 점 P를 직선 $y=x$에 대하여 대칭이동한 점을 Q라 하고, 점 Q를 원점에 대하여 대칭이동한 점을 R라 할 때, 세 동경 OP, OQ, OR가 나타내는 각을 각각 α, β, γ라 하자. $\sin\alpha=\frac{1}{3}$일 때, $9(\sin^2\beta+\tan^2\gamma)$의 값을 구하시오.

(단, O는 원점이고, 시초선은 x축의 양의 방향이다.)

083

그림과 같이 반지름의 길이가 1인 원 O 위에 두 점 A, B가 있다. 점 A에서의 접선이 선분 OB의 연장선과 만나는 점을 P, 점 B에서 선분 OA에 내린 수선의 발을 Q라 하고 $\angle AOB=\theta$라 하자. $\overline{OQ}\times\overline{AP}=2\overline{BQ}^2$이 성립할 때, 삼각형 OAB의 넓이는? $\left(단, 0<\theta<\frac{\pi}{2}\right)$

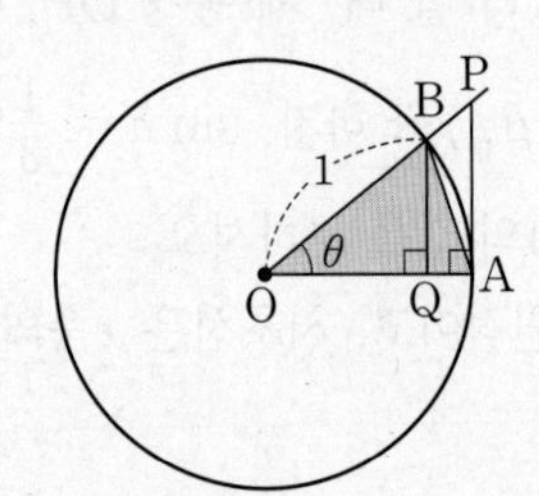

① $\frac{1}{12}$ ② $\frac{1}{6}$ ③ $\frac{1}{4}$

④ $\frac{1}{3}$ ⑤ $\frac{5}{12}$

084

x에 대한 이차방정식 $2(\cos^2\theta)x^2+(\cos\theta)x+\sin\theta=0$의 두 근을 α, β라 하자. $\alpha+\beta<0$, $\alpha\beta<0$일 때, $|\cos\theta\tan\theta|+|\cos\theta|-\sqrt{(\sin\theta-\cos\theta)^2}$을 간단히 하면?

① $-\sin\theta$ ② -1 ③ 0

④ $2\cos\theta$ ⑤ 2

085

좌표평면에서 원 $x^2+y^2=4$ 위의 점 P에 대하여 동경 OP가 나타내는 각의 크기를 θ라 할 때, $\sin\theta\cos\theta>0$이다. 점 P의 x좌표가 -1일 때, $\cos\theta+\sqrt{3}\tan\theta=\frac{q}{p}$이다. $p+q$의 값을 구하시오.

(단, O는 원점이고, p와 q는 서로소인 자연수이다.)

086

좌표평면에서 원점이 아닌 점 P에 대하여 동경 OP가 나타내는 각의 크기를 θ라 할 때, θ는 다음 조건을 만족시킨다.

(가) $\frac{\cos\theta}{1+\sin\theta}+\frac{1}{\cos\theta}+\tan\theta=6$
(나) $\sin\theta\cos\theta<0$

$\sin\theta$의 값은? (단, O는 원점이다.)

① $-\frac{2\sqrt{2}}{3}$ ② $-\frac{3}{4}$ ③ $-\frac{\sqrt{5}}{3}$
④ $-\frac{2}{3}$ ⑤ $-\frac{1}{4}$

087

그림과 같이 원 $x^2+y^2=1$ 위의 점 P와 점 A$(0, 1)$을 지나는 직선이 x축과 이루는 예각의 크기를 α라 할 때, $\tan\alpha=\frac{3}{4}$이다. 점 P를 원점 O에 대하여 대칭이동시킨 점을 Q라 할 때, 동경 OQ가 나타내는 각을 θ라 하자. $\left|\frac{1}{\sin\theta}+\frac{1}{\tan\theta}\right|$의 값을 구하시오. (단, 점 P는 제2사분면 위의 점이다.)

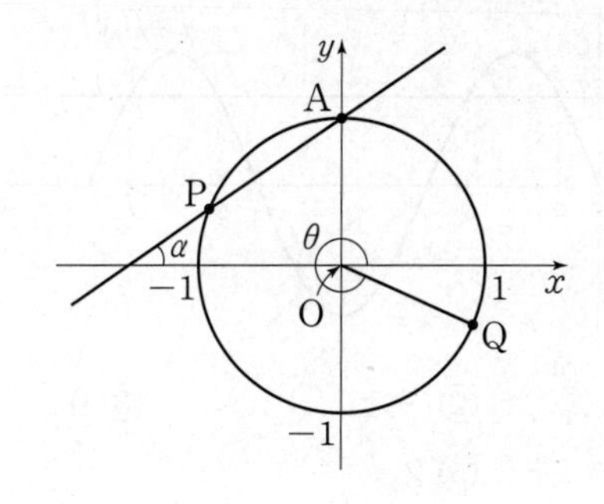

유형 3 삼각함수의 그래프와 삼각함수의 성질

088 | 대표 유형 |

2022학년도 평가원 9월

두 양수 a, b에 대하여 곡선 $y=a\sin b\pi x\left(0\le x\le\frac{3}{b}\right)$이 직선 $y=a$와 만나는 서로 다른 두 점을 A, B라 하자. 삼각형 OAB의 넓이가 5이고 직선 OA의 기울기와 직선 OB의 기울기의 곱이 $\frac{5}{4}$일 때, $a+b$의 값은? (단, O는 원점이다.)

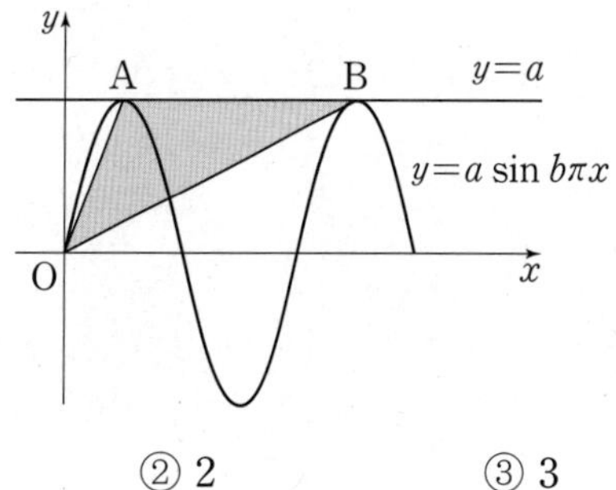

① 1 ② 2 ③ 3
④ 4 ⑤ 5

089

두 양수 a, b에 대하여 함수 $f(x)=a\sin bx$의 주기는 π이고 최댓값은 3이다. 함수 $y=f(x)$의 그래프와 직선 $y=\frac{1}{\pi}x-3$의 교점의 개수는?

① 9 ② 10 ③ 11
④ 12 ⑤ 13

090

세 양수 a, b, n에 대하여 함수 $f(x)=a\sin bx$의 주기는 2이고 최솟값은 -2이다. 두 함수 $y=f(x)$, $y=\frac{|x|}{n}$의 그래프의 교점의 개수를 $g(n)$이라 할 때, $g(1)+g(2)+g(3)$의 값을 구하시오.

091

$\frac{\sqrt{2}}{2}$보다 작은 양수 k에 대하여 그림과 같이 $0\le x\le 2\pi$에서 두 함수 $y=\sin x$와 $y=\cos x$의 그래프가 직선 $y=k$와 만나는 점의 x좌표를 작은 것부터 차례대로 a, b, c, d라 하고, $\theta=\frac{a+b+c+d}{4}$라 하자. $\frac{1}{\sin\theta}-\frac{1}{\cos\theta}$의 값은?

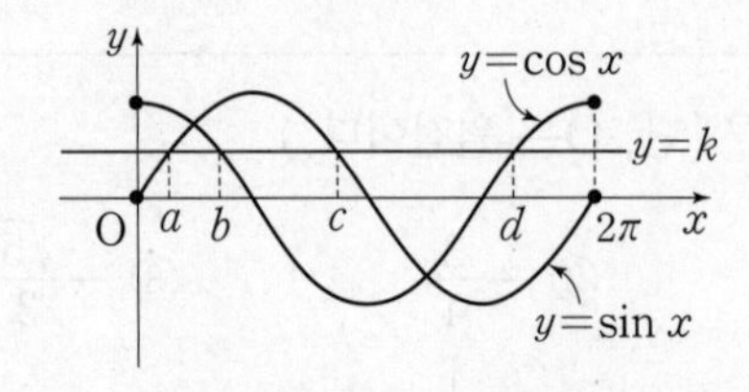

① 1 ② $\sqrt{2}$ ③ $\sqrt{3}$
④ $2\sqrt{2}$ ⑤ $2\sqrt{3}$

092

$x>0$에서 정의된 함수 $f(x)=3\sin\frac{\pi}{4}x$가 있다. 그림과 같이 함수 $y=f(x)$의 그래프와 직선 $y=2$가 만나는 점의 x좌표를 작은 것부터 차례대로 a, b, c, d라 할 때, $f(a+b)+f(b+c+d)+f(b+2c+d+2)$의 값은?

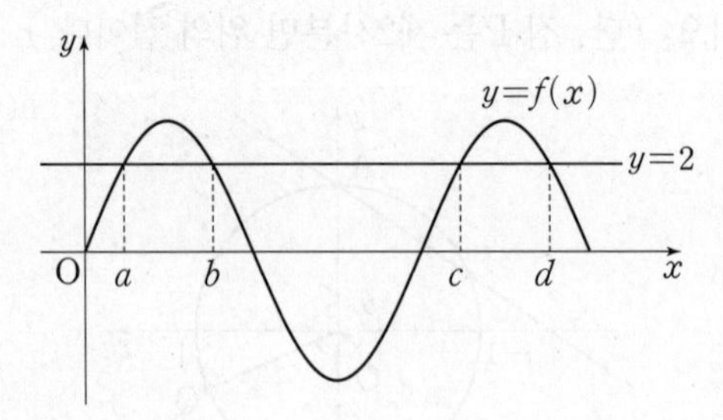

① -2 ② -1 ③ 0
④ 1 ⑤ 2

093

$0<\theta<2\pi$일 때, 각 θ는 다음 조건을 만족시킨다.

(가) 좌표평면에서 각 θ를 나타내는 동경과 각 4θ를 나타내는 동경이 서로 일치한다.

(나) $\dfrac{\sin\theta}{\cos\theta}<0$

$\sin(\theta-\pi)+\cos\left(\dfrac{3}{2}\pi-\theta\right)$의 값은?

① $-\sqrt{3}$ ② $-\sqrt{2}$ ③ -1

④ 1 ⑤ $\sqrt{3}$

유형 4 삼각함수의 최댓값과 최솟값

094 | 대표 유형 |

2023학년도 수능

함수

$$f(x)=a-\sqrt{3}\tan 2x$$

가 $-\dfrac{\pi}{6}\le x\le b$에서 최댓값 7, 최솟값 3을 가질 때, $a\times b$의 값은? (단, a, b는 상수이다.)

① $\dfrac{\pi}{2}$ ② $\dfrac{5}{12}\pi$ ③ $\dfrac{\pi}{3}$

④ $\dfrac{\pi}{4}$ ⑤ $\dfrac{\pi}{6}$

095

실수 k에 대하여 함수

$$f(x)=\cos^2\left(\frac{3}{2}\pi-x\right)+3\cos^2 x-2\sin(\pi+x)+k$$

의 최댓값은 2, 최솟값은 m이다. $\dfrac{m}{k}$의 값은?

① 1 ② $\dfrac{4}{3}$ ③ $\dfrac{5}{3}$

④ 2 ⑤ $\dfrac{7}{3}$

096

실수 k에 대하여 함수

$$f(x)=(\cos^2 x+\sin x)^2+\sin^2 x-\sin x+k$$

의 최댓값은 M, 최솟값은 $\frac{1}{4}$이다. $k+M$의 값은?

① $\frac{3}{2}$ ② 2 ③ $\frac{5}{2}$
④ 3 ⑤ $\frac{7}{2}$

097

$0<x<\frac{\pi}{2}$에서 정의된 함수

$$f(x)=\frac{5-4\sin^2(\pi+x)}{\sin\left(\frac{\pi}{2}-x\right)}$$

는 $x=p$일 때 최솟값 q를 갖는다. $q+\tan^2 p$의 값은?

① 3 ② 4 ③ 5
④ 6 ⑤ 7

유형 5 삼각함수를 포함한 방정식과 부등식

098

| 대표 유형 | 2024학년도 평가원 9월

$0\le x\le 2\pi$일 때, 부등식

$$\cos x\le\sin\frac{\pi}{7}$$

를 만족시키는 모든 x의 값의 범위는 $\alpha\le x\le\beta$이다. $\beta-\alpha$의 값은?

① $\frac{8}{7}\pi$ ② $\frac{17}{14}\pi$ ③ $\frac{9}{7}\pi$
④ $\frac{19}{14}\pi$ ⑤ $\frac{10}{7}\pi$

099

$0\le x<\frac{2}{3}\pi$일 때, 방정식

$$(\sin 3x+\cos 3x)^2-\sqrt{3}\sin 3x=1$$

의 모든 해의 합은?

① $\frac{2}{3}\pi$ ② $\frac{7}{9}\pi$ ③ $\frac{8}{9}\pi$
④ π ⑤ $\frac{10}{9}\pi$

100

모든 실수 x에 대하여 부등식

$$\sin^2 x+6\cos x \le 3(a-4)$$

가 성립하도록 하는 실수 a의 최솟값을 구하시오.

101

$0 \le \theta < 2\pi$일 때, 원 $(x-1)^2+y^2=\frac{1}{4}$과 직선 $2(\cos\theta)x+2(\sin\theta)y=0$이 서로 다른 두 점에서 만나도록 하는 θ의 값의 범위는 $\alpha\pi<\theta<\beta\pi$ 또는 $\gamma\pi<\theta<\delta\pi$이다. $36(\alpha\beta+\gamma\delta)$의 값을 구하시오.

102

$0 \le \theta < 2\pi$일 때, x에 대한 이차방정식

$$x^2-4(\cos\theta)x-6\sin\theta=0$$

이 서로 다른 두 양의 실근을 갖도록 하는 θ의 값의 범위는 $\alpha<\theta<\beta$이다. $\alpha+\beta$의 값은?

① $\frac{19}{6}\pi$ ② $\frac{10}{3}\pi$ ③ $\frac{7}{2}\pi$
④ $\frac{11}{3}\pi$ ⑤ $\frac{23}{6}\pi$

103

$0 \le x < 2\pi$일 때, 함수 $f(x)=\cos x$에 대하여 방정식 $f(|\sin x|)=\frac{\sqrt{2}}{2}$의 모든 실근의 합은?

① π ② 2π ③ 3π
④ 4π ⑤ 5π

104

$0<x<2\pi$에서 방정식

$$\cos^2 x+a\sin x\cos x-\sin^2 x-1=0$$

의 모든 실근의 합이 $\frac{7}{3}\pi$일 때, 상수 a의 값은?

① $\frac{\sqrt{3}}{6}$ ② $\frac{\sqrt{3}}{3}$ ③ $\frac{\sqrt{3}}{2}$

④ $\frac{2\sqrt{3}}{3}$ ⑤ $\frac{5\sqrt{3}}{6}$

유형 6 사인법칙

105 | 대표 유형 |

2020년 시행 교육청 10월

그림과 같이 $\angle ABC=\frac{\pi}{2}$인 삼각형 ABC에 내접하고 반지름의 길이가 3인 원의 중심을 O라 하자. 직선 AO가 선분 BC와 만나는 점을 D라 할 때, $\overline{DB}=4$이다. 삼각형 ADC의 외접원의 넓이는?

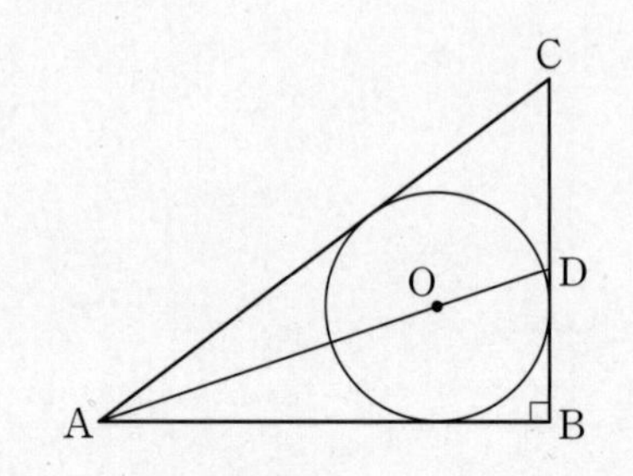

① $\frac{125}{2}\pi$ ② 63π ③ $\frac{127}{2}\pi$

④ 64π ⑤ $\frac{129}{2}\pi$

106

그림과 같이 두 원 C_1, C_2가 서로 다른 두 점 A, B에서 만난다. 원 C_1 위의 점 C와 원 C_2 위의 점 D에 대하여 $\angle ACB=\frac{\pi}{3}$, $\angle ADB=\frac{\pi}{4}$이다. 두 원 C_1, C_2의 넓이를 각각 S_1, S_2라 할 때, $\frac{S_2}{S_1}$의 값은?

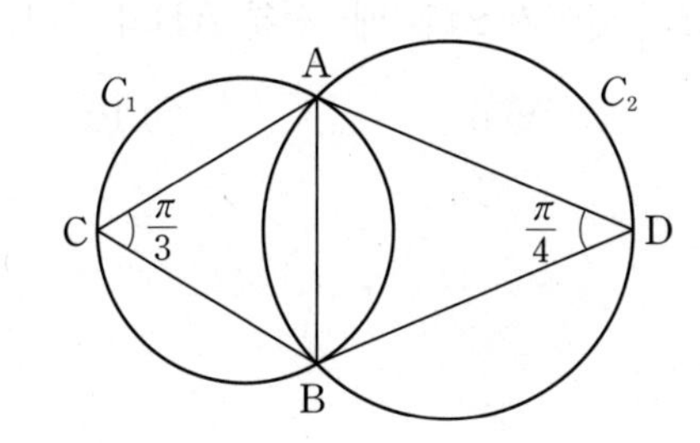

① $\frac{3}{2}$　② 2　③ $\frac{5}{2}$　④ 3　⑤ $\frac{7}{2}$

107

그림과 같이 $\overline{BC}=6$, $\angle ACB=\frac{\pi}{3}$인 예각삼각형 ABC가 있다. 삼각형 ABC의 외접원의 넓이가 18π일 때, $\tan A+\overline{AB}^2$의 값은?

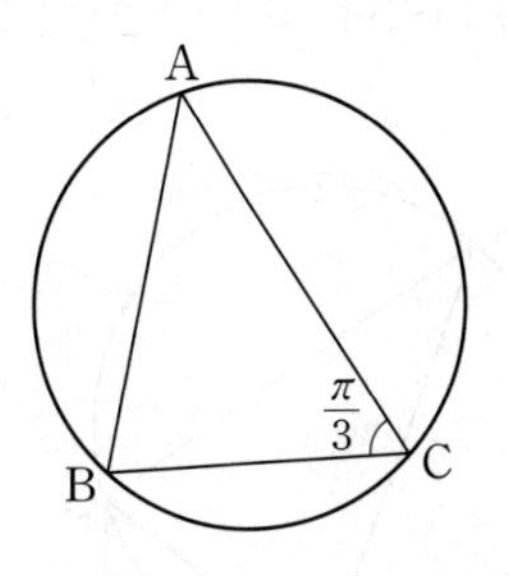

① 47　② 49　③ 51　④ 53　⑤ 55

108

그림과 같이 둘레의 길이가 9π인 원에 내접하고 $\overline{BC}=5$인 예각삼각형 ABC가 있다. 점 B에서 원에 접하는 직선 l에 대하여 점 C에서 직선 l에 내린 수선의 발을 H라 할 때, $\overline{BH}+\overline{CH}=a+b\sqrt{14}$이다. $18(a+b)$의 값을 구하시오.

(단, a, b는 유리수이다.)

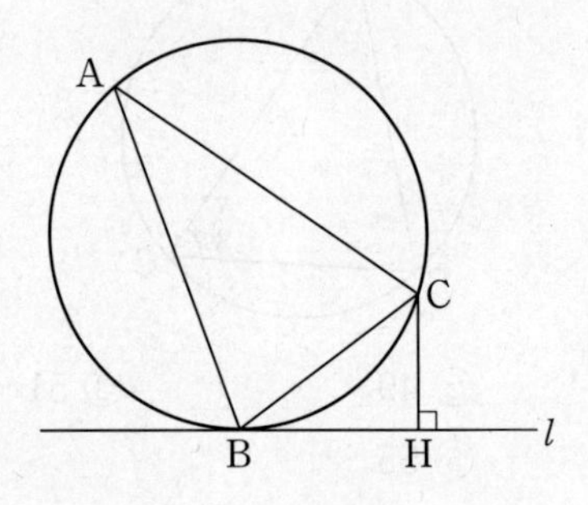

109

$\angle B=\frac{\pi}{6}$이고 $\sin(A+B)=\sin B$를 만족시키는 삼각형 ABC가 있다. 삼각형 ABC의 외접원의 넓이가 12π일 때, 이 외접원의 중심 O에 대하여 삼각형 OBC의 둘레의 길이는 $p+q\sqrt{3}$이다. $p+q$의 값을 구하시오.

(단, p, q는 유리수이다.)

110

삼각형 ABC의 세 내각 A, B, C가 다음 조건을 만족시킨다.

(가) $\sin^2 A-\cos^2 B=-\cos^2 C$
(나) $4\sin A=3\sin B$

삼각형 ABC의 넓이가 24일 때, 선분 AB의 길이는?

① 6 ② 8 ③ 10 ④ 12 ⑤ 14

유형 7 코사인법칙

111 | 대표 유형 | 2024학년도 평가원 9월

그림과 같이

$$\overline{AB}=2,\ \overline{AD}=1,\ \angle DAB=\frac{2}{3}\pi,\ \angle BCD=\frac{3}{4}\pi$$

인 사각형 ABCD가 있다. 삼각형 BCD의 외접원의 반지름의 길이를 R_1, 삼각형 ABD의 외접원의 반지름의 길이를 R_2라 하자.

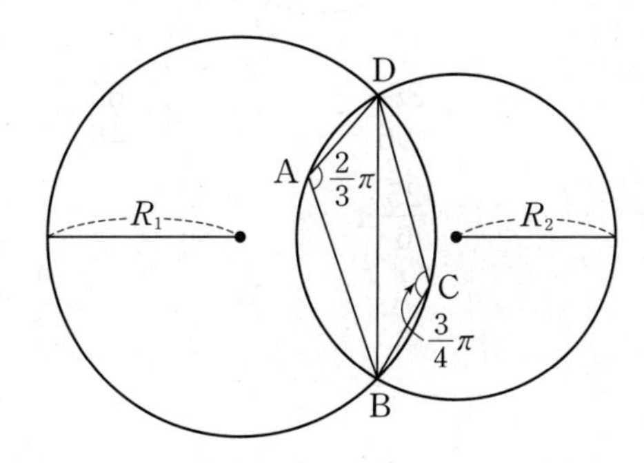

다음은 $R_1\times R_2$의 값을 구하는 과정이다.

> 삼각형 BCD에서 사인법칙에 의하여
>
> $R_1=\frac{\sqrt{2}}{2}\times\overline{BD}$
>
> 이고, 삼각형 ABD에서 사인법칙에 의하여
>
> $R_2=$ (가) $\times\overline{BD}$
>
> 이다. 삼각형 ABD에서 코사인법칙에 의하여
>
> $\overline{BD}^2=2^2+1^2-($ (나) $)$
>
> 이므로
>
> $R_1\times R_2=$ (다)
>
> 이다.

위의 (가), (나), (다)에 알맞은 수를 각각 p, q, r이라 할 때, $9\times(p\times q\times r)^2$의 값을 구하시오.

112

그림과 같이 $\overline{AB}=7$, $\overline{AC}=5$, $\angle A=\frac{\pi}{3}$인 삼각형 ABC가 있다. 삼각형 ABC의 외접원의 넓이를 S라 할 때, $\frac{S}{\pi}$의 값을 구하시오.

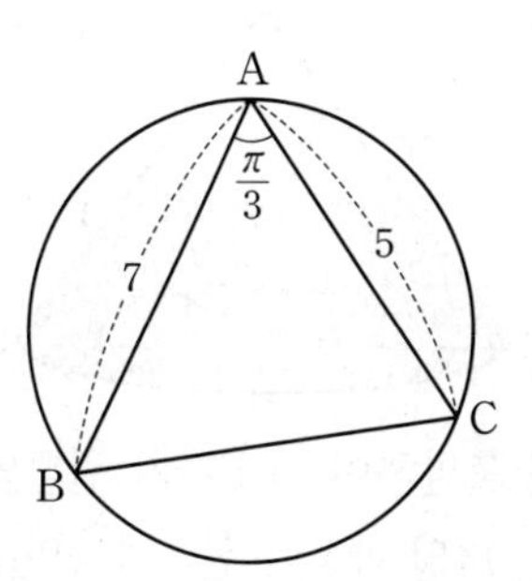

113

그림과 같이 중심각의 크기가 $\frac{\pi}{4}$인 부채꼴 OAB에서 호 AB의 길이는 3π이다. 점 B에서 선분 OA에 내린 수선의 발을 H라 하고, 선분 OH를 2 : 1로 내분하는 점을 P라 하자. $\angle OPB=\theta_1$, $\angle OBP=\theta_2$라 할 때, $\sin\theta_1\times\cos\theta_2$의 값은?

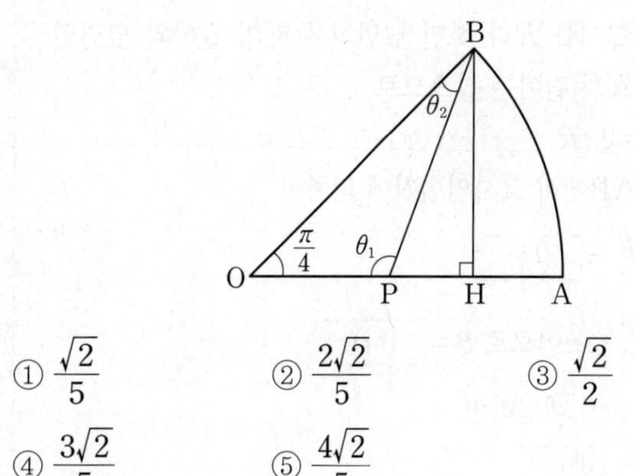

① $\frac{\sqrt{2}}{5}$ ② $\frac{2\sqrt{2}}{5}$ ③ $\frac{\sqrt{2}}{2}$
④ $\frac{3\sqrt{2}}{5}$ ⑤ $\frac{4\sqrt{2}}{5}$

114

그림과 같이 모선의 길이가 10인 원뿔의 밑면의 지름의 양 끝 점을 A, B라 하고, 모선 OB를 3 : 2로 내분하는 점을 P라 하자.

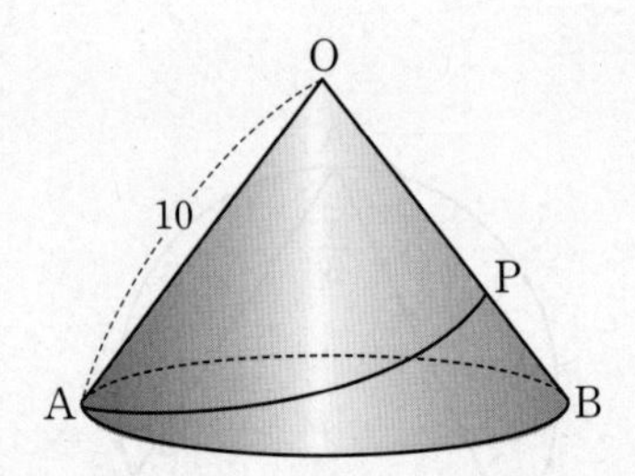

다음은 점 A에서 출발하여 점 P까지 원뿔의 표면을 따라 이동한 최단 거리가 14일 때, 이 원뿔의 밑면의 반지름의 길이를 구하는 과정이다.

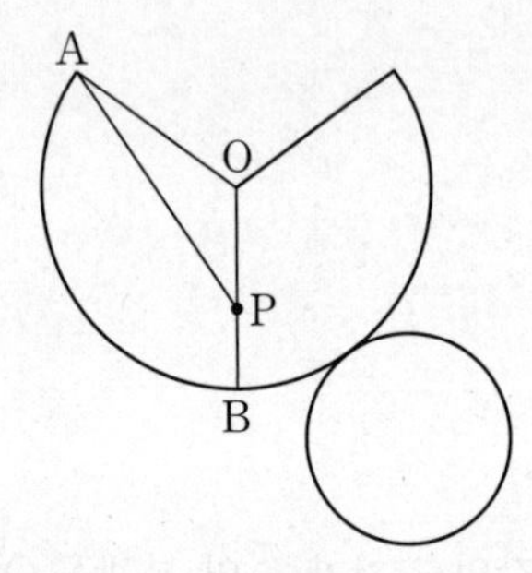

그림과 같은 원뿔의 전개도에서 점 A에서 점 P까지 이동한 최단 거리는 선분 AP의 길이와 같으므로

$\overline{AP}=$ (가)

옆면인 부채꼴의 중심각의 크기를 θ라 하고 원뿔의 밑면의 반지름의 길이를 R라 하면 밑면의 둘레의 길이와 옆면인 부채꼴의 호의 길이는 같으므로

$10\theta=2\pi R$ …… ㉠

삼각형 OAP에서 코사인법칙에 의하여

$\cos\frac{\theta}{2}=$ (나)

이때 $0<\frac{\theta}{2}<\pi$이므로 $\theta=$ (다)

θ의 값을 ㉠에 대입하면

$R=$ (라)

위의 (가), (나), (다), (라)에 알맞은 수를 각각 p, q, r, s라 할 때, $\frac{p\times r}{q\times s}$의 값은?

① $-\frac{26}{5}\pi$ ② $-\frac{28}{5}\pi$ ③ -6π
④ $-\frac{32}{5}\pi$ ⑤ $-\frac{34}{5}\pi$

115

그림과 같이 사각형 ABCD에서 $\overline{AB}=1$, $\overline{BC}=2$, $\overline{CD}=3$, $\overline{DA}=4$일 때, 사각형 ABCD의 외접원의 넓이는?

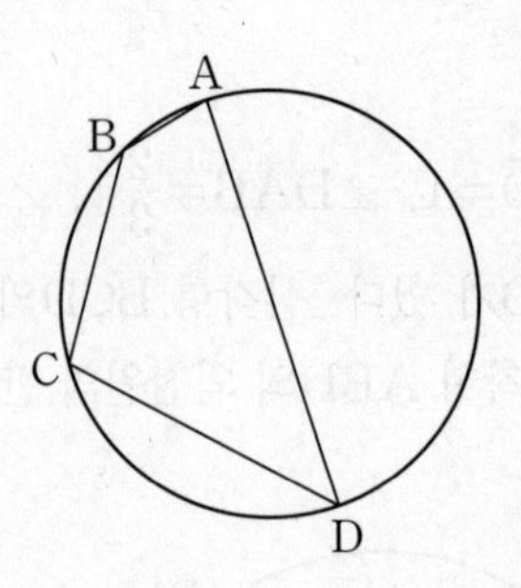

① $\frac{95}{24}\pi$ ② $\frac{385}{96}\pi$ ③ $\frac{65}{16}\pi$
④ $\frac{395}{96}\pi$ ⑤ $\frac{25}{6}\pi$

116

그림과 같이 $\angle ADC=\frac{2}{3}\pi$이고, $\overline{AB}=\overline{CD}$인 등변사다리꼴 ABCD가 있다. 사각형 ABCD의 둘레의 길이가 36이고 넓이가 $40\sqrt{3}$일 때, 선분 AC의 길이가 최대일 때의 선분 AB의 길이를 구하시오.

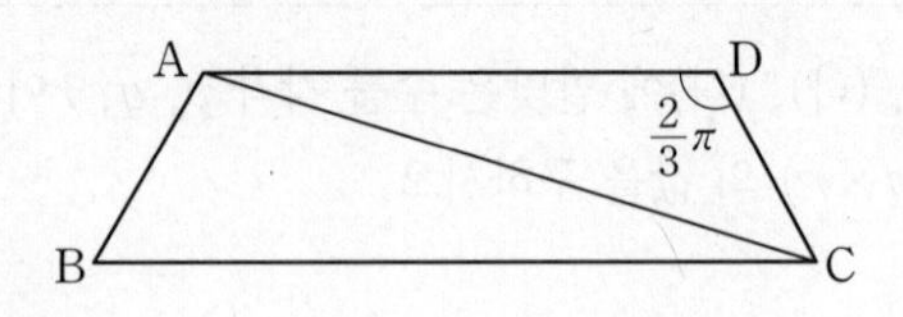

117

그림과 같이 평면 위에 한 변의 길이가 4인 정육각형 ABCDEF와 한 변의 길이가 a인 정삼각형 BGH가 있다. 두 선분 AH와 CG가 서로 수직일 때, a^2의 값은? (단, 두 점 H, G는 모두 정육각형 ABCDEF의 외부에 있다.)

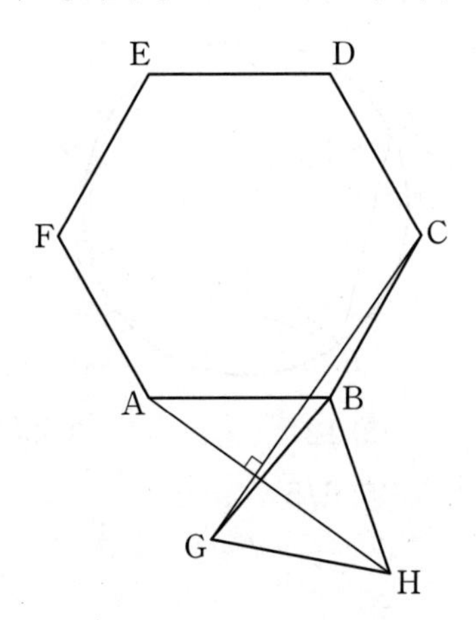

① 10　② 12　③ 14
④ 16　⑤ 18

유형 8 삼각형의 넓이

118 | 대표 유형 |

2024학년도 수능

그림과 같이

$$\overline{AB}=3,\ \overline{BC}=\sqrt{13},\ \overline{AD}\times\overline{CD}=9,\ \angle BAC=\frac{\pi}{3}$$

인 사각형 ABCD가 있다. 삼각형 ABC의 넓이를 S_1, 삼각형 ACD의 넓이를 S_2라 하고, 삼각형 ACD의 외접원의 반지름의 길이를 R이라 하자. $S_2=\frac{5}{6}S_1$일 때, $\frac{R}{\sin(\angle ADC)}$의 값은?

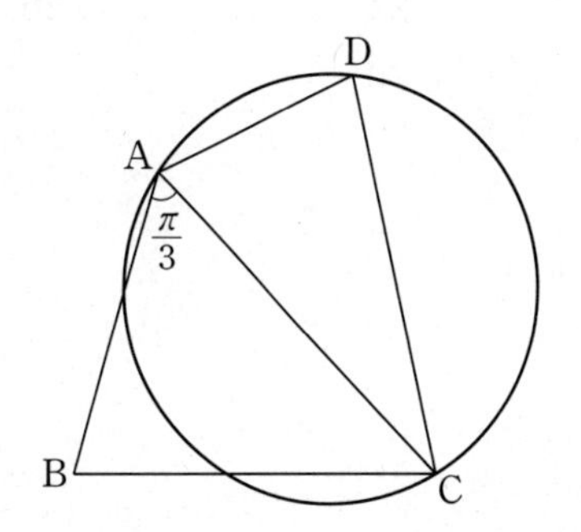

① $\frac{54}{25}$　② $\frac{117}{50}$　③ $\frac{63}{25}$
④ $\frac{27}{10}$　⑤ $\frac{72}{25}$

119

그림과 같이 원에 내접하는 사각형 ABCD에서 $\overline{AB}=2\sqrt{2}$, $\overline{BC}=4$, $\overline{CD}=6\sqrt{2}$, $\angle ABC=135°$일 때, 사각형 ABCD의 넓이는? (단, $\overline{AD}>4$)

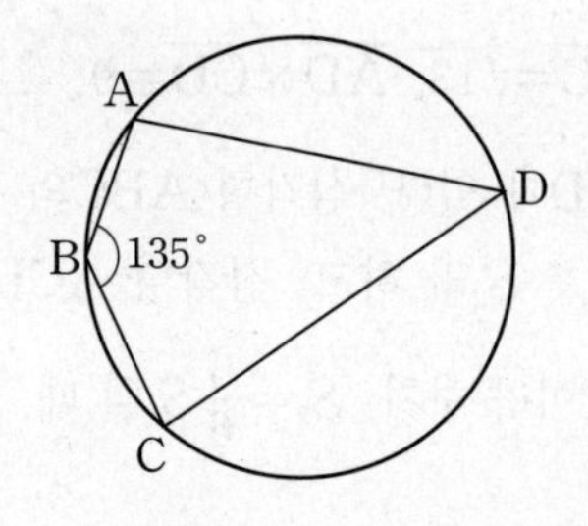

① 22　② 24　③ 26　④ 28　⑤ 30

120

$\overline{AB}=\overline{AC}$인 이등변삼각형 ABC에서 $\angle A=\frac{2}{3}\pi$이고, 삼각형 ABC의 외접원의 반지름의 길이는 6이다. 변 AC 위의 점 P에 대하여 $\overline{BP}^2+\overline{CP}^2$의 값이 최소일 때, 삼각형 BCP의 넓이는 S이다. $\left(\frac{8S}{9}\right)^2$의 값을 구하시오.

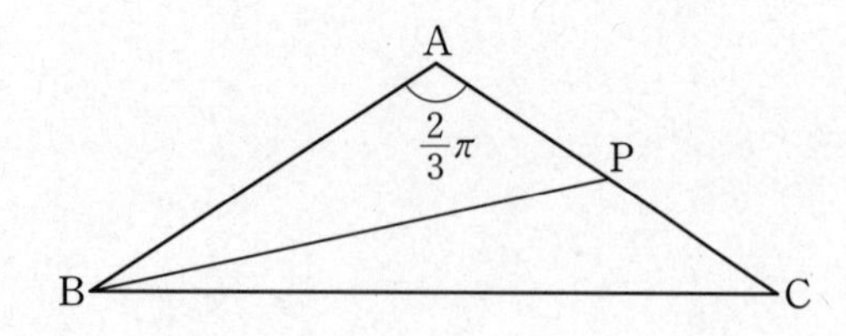

121

그림과 같이 원 위의 네 점 A, B, C, D에 대하여 두 선분 AC와 BD의 교점을 P라 하자. $\overline{AP}=9$, $\overline{CP}=4$이고 두 삼각형 ABC와 BCD의 넓이를 각각 S_1, S_2라 할 때, $S_1 : S_2=13 : 6$이다. 선분 BD의 길이는?

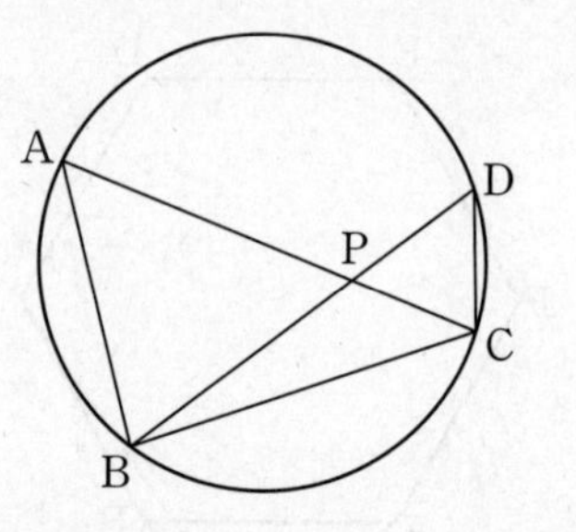

① $8\sqrt{2}$　② 12　③ $4\sqrt{10}$　④ $9\sqrt{2}$　⑤ $6\sqrt{5}$

122 그림과 같이 $\overline{AB}=6$, $\overline{BC}=4$, $\overline{CA}=5$인 삼각형 ABC의 변 AC 위에 $\angle BDC=\frac{\pi}{3}$가 되도록 점 D를 잡는다.

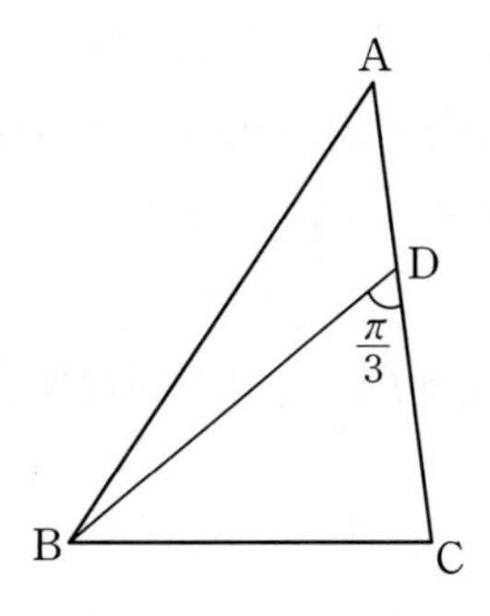

다음은 선분 CD의 길이를 구하는 과정이다.

> 삼각형 ABC에서 코사인법칙에 의하여
>
> $\cos(\angle BCD)=$ (가)
>
> 이고, 삼각형 ABC에서
>
> $\sin(\angle BCD)=\sqrt{1-\text{(가)}^2}$
>
> 이므로 삼각형 BCD에서 사인법칙에 의하여
>
> $\frac{\overline{BC}}{\sin(\angle BDC)}=\frac{\overline{BD}}{\sin(\angle BCD)}$
>
> 이므로
>
> $\overline{BD}=$ (나)
>
> 이다. 삼각형 BCD에서 코사인법칙에 의하여
>
> $\overline{CD}=$ (다)
>
> 이다.

위의 (가), (나), (다)에 알맞은 수를 각각 p, q, r라 할 때, $(q-8p)\times r$의 값은?

① 6 ② 7 ③ 8 ④ 9 ⑤ 10

최고 등급 도전하기

123

양수 a와 상수 b에 대하여 두 함수

$$f(x)=9\tan\left(ax+\frac{\pi}{6}\right),\ g(x)=\log_3 x+b$$

가 다음 조건을 만족시킨다.

(가) 모든 실수 x에 대하여 $f(x+k)=f(x)$를 만족시키는 가장 작은 양수 k는 2π이다.
(나) 함수 $y=g(x)$의 그래프는 점 $(3,\ 5)$를 지난다.

$0\le x\le\frac{\pi}{3}$에서 정의된 함수 $(g\circ f)(x)$의 최댓값을 M, 최솟값을 m이라 할 때, $3(M+m)$의 값을 구하시오.

124

$-\frac{\pi}{2}\le x\le\frac{\pi}{2}$에서 정의된 함수

$$f(x)=\left|\sin 4x-\frac{3}{4}\right|$$

이 있다. 양수 k에 대하여 함수 $y=f(x)$의 그래프가 두 직선 $y=4k$, $y=k$와 만나는 서로 다른 점의 개수를 각각 m, n이라 하자. $|m-n|=3$을 만족시키는 k에 대하여 방정식 $f(x)=k$의 모든 실근의 합은?

① $-\pi$　② $-\frac{3}{4}\pi$　③ $-\frac{\pi}{2}$　④ $\frac{\pi}{2}$　⑤ $\frac{3}{4}\pi$

125

그림과 같이 반지름의 길이가 각각 1, 2, 4이고 중심이 O_1, O_2, O_3인 세 원 C_1, C_2, C_3이 있다. 이 세 원이 서로 외접할 때 생기는 세 접점을 각각 A, B, C라 하고, 삼각형 $O_1O_2O_3$의 넓이를 S_1, 삼각형 ABC의 넓이를 S_2라 할 때, $\frac{S_2}{S_1}=\frac{q}{p}$이다. $p+q$의 값을 구하시오. (단, p와 q는 서로소인 자연수이다.)

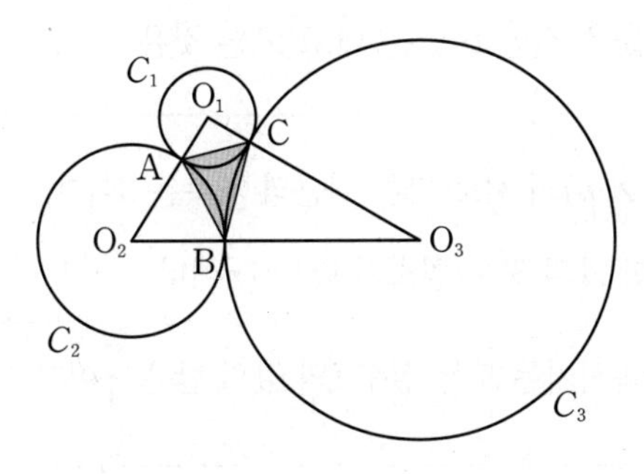

126 $0\le x\le 2\pi$에서 정의된 두 함수

$$f(x)=|\cos x|,\ g(x)=\frac{1}{2}(1-\sin x)$$

와 실수 t에 대하여 집합 A를

$$A=\{x\,|\,f(x)=t \text{ 또는 } g(x)=t\}$$

라 하자. | 보기 |에서 옳은 것만을 있는 대로 고른 것은?

| 보기 |

ㄱ. 방정식 $f(x)=g(x)$의 서로 다른 실근의 개수는 3이다.

ㄴ. $t=\frac{1}{2}$일 때, 집합 A의 모든 원소의 합은 7π이다.

ㄷ. $n(A)=4$를 만족시키는 모든 실수 t의 값의 합은 $\frac{7}{4}$이다.

① ㄱ ② ㄱ, ㄴ ③ ㄱ, ㄷ ④ ㄴ, ㄷ ⑤ ㄱ, ㄴ, ㄷ

127

그림과 같이 $\overline{AB}=\overline{CD}=6$인 등변사다리꼴 ABCD에서

$$\overline{BD}=9,\ \sin(\angle ABD)=\frac{2\sqrt{2}}{3}$$

이다. 세 선분 AB, BD, AD 위에 각 점 E, F, G를 선분 EF와 변 BC가 평행하고 선분 EG와 선분 BD가 평행하며 $\overline{AE} : \overline{EF}=\overline{AB} : \overline{BC}$를 만족시키도록 잡을 때, 삼각형 EFG의 외접원의 반지름의 길이는? $\left(단,\ 0<\angle ABD<\frac{\pi}{2}\right)$

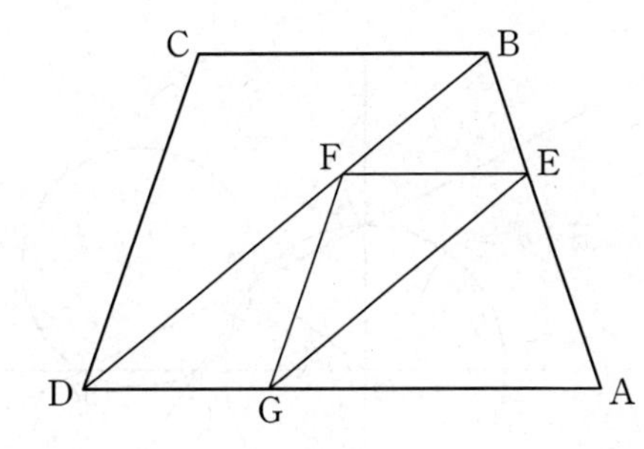

① $\frac{241\sqrt{2}}{112}$　② $\frac{121\sqrt{2}}{112}$　③ $\frac{243\sqrt{2}}{112}$　④ $\frac{61\sqrt{2}}{28}$　⑤ $\frac{35\sqrt{2}}{16}$

128

그림과 같이 제1사분면에서 원 $x^2+y^2=1$ 위의 점 P에서의 접선이 x축과 만나는 점을 Q라 하자. 또한, 점 $\mathrm{A}(0,\ 1)$에 대하여 직선 AP와 x축이 만나는 점을 R라 하고, $\angle \mathrm{POQ}=\theta\left(0<\theta<\dfrac{\pi}{2}\right)$라 하자. 삼각형 PQR의 넓이가 $\dfrac{3}{8}\sin\theta$일 때, 삼각형 PQR의 외접원의 넓이는 $\dfrac{q}{p}\pi$이다. $p+q$의 값을 구하시오.

(단, O는 원점이고, p와 q는 서로소인 자연수이다.)

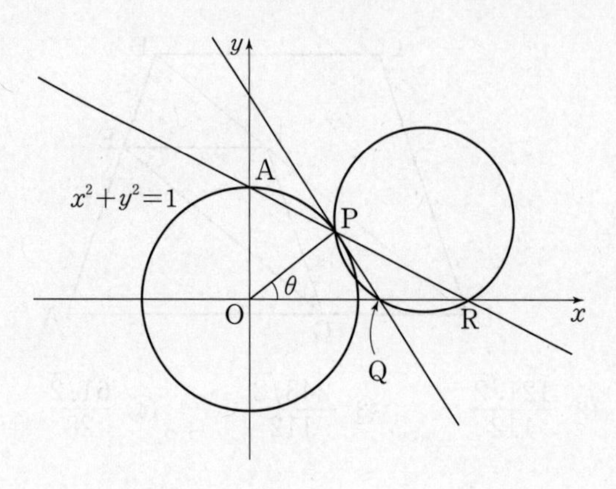

129

그림과 같이 삼각형 ABC의 세 변의 길이는 $\overline{AB}=4$, $\overline{BC}=5$, $\overline{CA}=7$이다. 삼각형 ABC의 외접원을 O라 하고, 점 A에서의 원 O의 접선과 직선 BC가 만나는 점을 P라 하자. 삼각형 APC의 넓이를 S_1, 외접원 O의 넓이를 S_2라 할 때, $\frac{S_2}{\pi \times S_1}$의 값은?

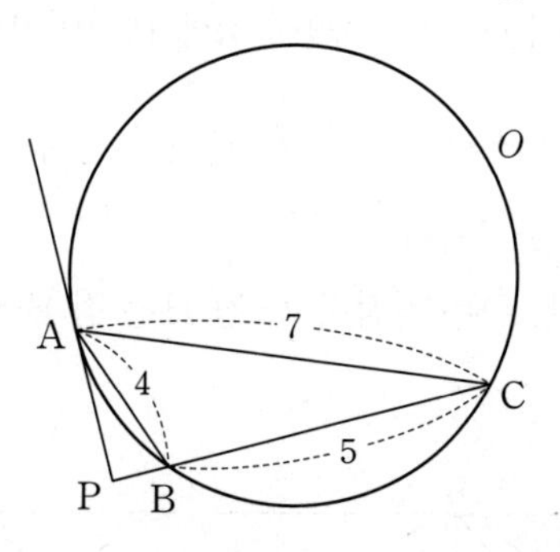

① $\frac{167\sqrt{6}}{768}$　② $\frac{169\sqrt{6}}{768}$　③ $\frac{271\sqrt{6}}{768}$　④ $\frac{91\sqrt{6}}{256}$　⑤ $\frac{275\sqrt{6}}{768}$

정답 및 해설 36쪽

130 그림과 같이 두 양수 a, b에 대하여 함수 $y=a\sin(b\pi x)$의 그래프가 x축과 만나는 점 중 x좌표의 값이 가장 작은 양수인 점을 A라 하고, 함수 $y=a\sin(b\pi x)$의 그래프와 직선 $y=a$가 만나는 점 중 x좌표의 값이 가장 작은 양수인 점을 B라 할 때, $\cos(\angle\text{ABO})=0$이고 삼각형 OAB의 넓이는 9이다. 자연수 n에 대하여 $0\le x\le\dfrac{2}{b}$일 때, 방정식 $a\sin(bn\pi x)=\dfrac{1}{n}$의 모든 실근의 합을 $f(n)$이라 하자. 부등식 $f(n)\le 30$을 만족시키는 모든 자연수 n의 값의 합을 구하시오.

(단, O는 원점이고, 점 H는 점 B에서 x축에 내린 수선의 발이다.)

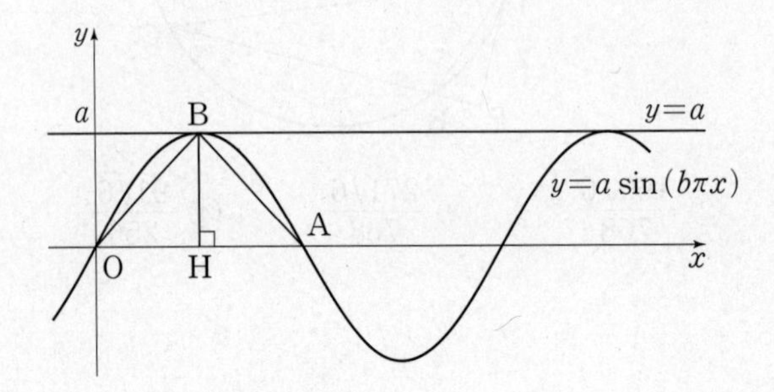

수열

수능 출제 포커스

- 수열의 귀납적 정의를 이용하여 수열의 일반항을 구한 후 수열의 합을 구하는 문제가 출제될 수 있다. 등차수열과 등비수열의 귀납적 정의는 확실히 정리해 두도록 하고, $\sum$의 성질, $\sum$를 이용한 자연수의 거듭제곱의 합의 공식 등이 함께 사용될 수 있으므로 정확히 익혀두어야 한다.
- 복잡하게 정의된 수열의 규칙을 찾고, 이를 이용하여 특정한 항의 값을 구하는 문제가 출제될 수 있다. 첫째항부터 차례로 각 항을 나열하여 일반항을 추론하거나 규칙적으로 반복되는 항의 값을 찾을 수 있어야 한다.

기출 및 핵심 예상 문제수

기출문제	수능 대비 예상 문제	최고 등급 문제	합계
15	35	10	60

Ⅲ 수열

1 등차수열

(1) 첫째항이 a, 공차가 d인 등차수열의 일반항 a_n은

$a_n=a+(n-1)d$ (단, $n=1, 2, 3, \cdots$)

(2) 등차중항: 세 수 a, b, c가 이 순서대로 등차수열을 이룰 때, $b=\frac{a+c}{2}$가 성립하고 b를 a와 c의 등차중항이라 한다.

(3) 등차수열의 합: 첫째항이 a, 공차가 d인 등차수열의 제n항을 l이라 하면 이 등차수열의 첫째항부터 제n항까지의 합 S_n은

$$S_n=\frac{n(a+l)}{2}=\frac{n\{2a+(n-1)d\}}{2}$$

2 등비수열

(1) 첫째항이 a, 공비가 r $(r\neq0)$인 등비수열의 일반항 a_n은

$a_n=ar^{n-1}$ (단, $n=1, 2, 3, \cdots$)

(2) 등비중항: 0이 아닌 세 수 a, b, c가 이 순서대로 등비수열을 이룰 때, $b^2=ac$가 성립하고 b를 a와 c의 등비중항이라 한다.

(3) 등비수열의 합: 첫째항이 a, 공비가 r $(r\neq0)$인 등비수열의 첫째항부터 제n항까지의 합 S_n은

① $r\neq1$일 때, $S_n=\frac{a(1-r^n)}{1-r}=\frac{a(r^n-1)}{r-1}$

② $r=1$일 때, $S_n=na$

3 수열의 합과 일반항 사이의 관계

수열 $\{a_n\}$의 첫째항부터 제n항까지의 합을 S_n이라 하면

$a_1=S_1$, $a_n=S_n-S_{n-1}$ (단, $n\geq2$)

4 합의 기호 $\sum$의 성질

(1) $\sum_{k=1}^{n}(a_k\pm b_k)=\sum_{k=1}^{n}a_k\pm\sum_{k=1}^{n}b_k$ (복부호동순)

(2) $\sum_{k=1}^{n}ca_k=c\sum_{k=1}^{n}a_k$ (단, c는 상수)

(3) $\sum_{k=1}^{n}c=cn$ (단, c는 상수)

5 자연수의 거듭제곱의 합

(1) $\sum_{k=1}^{n}k=1+2+3+\cdots+n=\frac{n(n+1)}{2}$

(2) $\sum_{k=1}^{n}k^2=1^2+2^2+3^2+\cdots+n^2=\frac{n(n+1)(2n+1)}{6}$

(3) $\sum_{k=1}^{n}k^3=1^3+2^3+3^3+\cdots+n^3=\left\{\frac{n(n+1)}{2}\right\}^2$

6 수학적 귀납법

명제 $p(n)$이 모든 자연수 n에 대하여 성립함을 증명하려면 다음 두 가지가 성립함을 보이면 된다.

(i) $n=1$일 때, 명제 $p(n)$이 성립한다.

(ii) $n=k$일 때, 명제 $p(n)$이 성립한다고 가정하면 $n=k+1$일 때도 명제 $p(n)$이 성립한다.

기출문제로 개념 확인하기

131 2021학년도 평가원 9월

공차가 -3인 등차수열 $\{a_n\}$에 대하여

$a_3a_7=64$, $a_8>0$

일 때, a_2의 값은?

① 17 ② 18 ③ 19 ④ 20 ⑤ 21

132 2023년 시행 교육청 10월

등차수열 $\{a_n\}$의 첫째항부터 제n항까지의 합을 S_n이라 할 때,

$S_7-S_4=0$, $S_6=30$

이다. a_2의 값은?

① 6 ② 8 ③ 10 ④ 12 ⑤ 14

133 2023학년도 수능

공비가 양수인 등비수열 $\{a_n\}$이

$a_2+a_4=30$, $a_4+a_6=\frac{15}{2}$

를 만족시킬 때, a_1의 값은?

① 48 ② 56 ③ 64 ④ 72 ⑤ 80

134

2022학년도 수능

수열 $\{a_n\}$에 대하여

$$\sum_{k=1}^{10} a_k - \sum_{k=1}^{7} \frac{a_k}{2} = 56,\ \sum_{k=1}^{10} 2a_k - \sum_{k=1}^{8} a_k = 100$$

일 때, a_8의 값을 구하시오.

135

2023년 시행 교육청 3월

n이 자연수일 때, x에 대한 이차방정식

$$x^2 - 5nx + 4n^2 = 0$$

의 두 근을 α_n, β_n이라 하자. $\sum_{n=1}^{7} (1-\alpha_n)(1-\beta_n)$의 값을 구하시오.

136

2023학년도 평가원 9월

수열 $\{a_n\}$의 첫째항부터 제n항까지의 합을 S_n이라 하자.

$S_n = \frac{1}{n(n+1)}$일 때, $\sum_{k=1}^{10} (S_k - a_k)$의 값은?

① $\frac{1}{2}$　② $\frac{3}{5}$　③ $\frac{7}{10}$　④ $\frac{4}{5}$　⑤ $\frac{9}{10}$

137

2021학년도 평가원 9월

수열 $\{a_n\}$은 $a_1 = 12$이고, 모든 자연수 n에 대하여

$$a_{n+1} + a_n = (-1)^{n+1} \times n$$

을 만족시킨다. $a_k > a_1$인 자연수 k의 최솟값은?

① 2　② 4　③ 6　④ 8　⑤ 10

138

2022학년도 평가원 6월

수열 $\{a_n\}$이 모든 자연수 n에 대하여

$$a_{n+1} = \begin{cases} \frac{1}{a_n} & (n\text{이 홀수인 경우}) \\ 8a_n & (n\text{이 짝수인 경우}) \end{cases}$$

이고 $a_{12} = \frac{1}{2}$일 때, $a_1 + a_4$의 값은?

① $\frac{3}{4}$　② $\frac{9}{4}$　③ $\frac{5}{2}$　④ $\frac{17}{4}$　⑤ $\frac{9}{2}$

유형별 문제로 수능 대비하기

쉬운 4점부터 기본 4점까지의 기출과 예상 문제를 모았습니다.

유형 1 등차수열의 일반항과 합

139 | 대표 유형 | 2024학년도 평가원 6월

$a_2=-4$이고 공차가 0이 아닌 등차수열 $\{a_n\}$에 대하여 수열 $\{b_n\}$을 $b_n=a_n+a_{n+1}$ $(n\geq1)$이라 하고, 두 집합 A, B를

$$A=\{a_1,\ a_2,\ a_3,\ a_4,\ a_5\},\ B=\{b_1,\ b_2,\ b_3,\ b_4,\ b_5\}$$

라 하자. $n(A\cap B)=3$이 되도록 하는 모든 수열 $\{a_n\}$에 대하여 a_{20}의 값의 합은?

① 30 ② 34 ③ 38 ④ 42 ⑤ 46

140

등차수열 $\{a_n\}$에 대하여

$$a_2=-25,\ a_{11}+a_{12}+a_{13}+\cdots+a_{20}=20$$

이다. 수열 $\{a_n\}$의 첫째항부터 제n항까지의 합을 S_n이라 할 때, S_n의 값이 최소가 되도록 하는 자연수 n의 값은?

① 12 ② 13 ③ 14 ④ 15 ⑤ 16

141

공차가 정수인 등차수열 $\{a_n\}$이 다음 조건을 만족시킨다.

(가) $5a_5-a_{21}=144$

(나) 자연수 m에 대하여 $a_ma_{m+2}<0$을 만족시키는 m의 최솟값이 12이다.

a_8의 값은?

① 13 ② 15 ③ 17 ④ 19 ⑤ 21

142

두 등차수열 $\{a_n\}$, $\{b_n\}$이 다음 조건을 만족시킨다.

(가) $a_1=-5$, $b_1=-21$
(나) $a_5=b_5$
(다) $a_5-a_2=b_8-b_7$

$(a_1+b_2)+(a_3+b_4)+(a_5+b_6)+\cdots+(a_{19}+b_{20})$의 값을 구하시오.

143

좌표평면에서 곡선 $y=x^3-12x^2+12x+k$와 x축이 만나는 서로 다른 세 점의 x좌표를 각각 a, b, c $(a<b<c)$라 할 때, 세 수 a, b, c가 이 순서대로 등차수열을 이루도록 하는 상수 k의 값을 구하시오.

144

등차수열 $\{a_n\}$의 첫째항부터 제n항까지의 합을 S_n이라 하자. $a_1=2$일 때, 다음 조건을 만족시키는 자연수 k에 대하여 a_k의 값은?

(가) $S_{k+3}-S_k=a_{k+2}+124$
(나) $S_{k+1}=450$

① 50 ② 52 ③ 54 ④ 56 ⑤ 58

유형 2 등비수열의 일반항과 합

145 | 대표 유형 |

2021학년도 평가원 9월

등비수열 $\{a_n\}$의 첫째항부터 제n항까지의 합을 S_n이라 하자. 모든 자연수 n에 대하여

$$S_{n+3}-S_n=13\times 3^{n-1}$$

일 때, a_4의 값을 구하시오.

146

등차수열 $\{a_n\}$과 등비수열 $\{b_n\}$에 대하여

$$a_5=b_4,\ a_7=b_5,\ a_6=4(b_4+b_5)$$

일 때, $5b_5=kb_2$를 만족시키는 상수 k의 값은?

① -5　② $-\frac{1}{5}$　③ $\frac{1}{5}$　④ 1　⑤ 5

147

공비가 음수인 등비수열 $\{a_n\}$의 첫째항부터 제n항까지의 합을 S_n이라 하자.

$$a_1=3,\ S_5-S_2=a_3^{\,2}$$

일 때, $S_5=\frac{q}{p}$이다. $p+q$의 값을 구하시오.

(단, p와 q는 서로소인 자연수이다.)

148

모든 항이 양수이고 공비가 1이 아닌 등비수열 $\{a_n\}$의 첫째항부터 제n항까지의 합을 S_n이라 하자.

$$a_1=8,\ \frac{S_7-S_5}{S_4-S_2}=\frac{4a_8}{a_3}$$

일 때, $\frac{S_5}{S_3}=\frac{q}{p}$이다. $p+q$의 값을 구하시오.

(단, p와 q는 서로소인 자연수이다.)

149

공비가 양수인 등비수열 $\{a_n\}$의 첫째항부터 제n항까지의 합을 S_n이라 하자.

$$S_2+S_4=10,\ S_4+S_6=34$$

일 때, $S_8=kS_2$를 만족시키는 상수 k의 값을 구하시오.

150

다섯 개의 실수 a, x, y, z, b는 이 순서대로 등차수열을 이루고, 다섯 개의 실수 a, p, q, r, b는 이 순서대로 등비수열을 이룬다. | 보기 |에서 옳은 것만을 있는 대로 고른 것은?

(단, $ab\neq0$)

| 보기 |

ㄱ. $a+b=2y$

ㄴ. $aprb=q^4$

ㄷ. $(x+z)^2=4pr$이면 $y=r$이다.

① ㄱ ② ㄷ ③ ㄱ, ㄴ
④ ㄴ, ㄷ ⑤ ㄱ, ㄴ, ㄷ

151

$a_1=12$이고 모든 항이 자연수인 등차수열 $\{a_n\}$과 자연수 k가 다음 조건을 만족시킨다.

> (가) $a_3-a_2<k<3(a_4-a_3)$
> (나) 세 수 12, a_{k+1}, a_{4k+1}이 이 순서대로 등비수열을 이룬다.

a_k의 최댓값은?

① 31　② 32　③ 33
④ 34　⑤ 35

유형 3 수열의 합과 일반항 사이의 관계

152 | 대표 유형 |

2019학년도 평가원 9월

모든 항이 양수인 등비수열 $\{a_n\}$의 첫째항부터 제n항까지의 합을 S_n이라 하자.

$$S_4-S_3=2,\ S_6-S_5=50$$

일 때, a_5의 값을 구하시오.

153

두 등차수열 $\{a_n\}$, $\{b_n\}$의 첫째항부터 제n항까지의 합을 각각 S_n, T_n이라 할 때, 모든 자연수 n에 대하여

$$S_nT_n=n^2(n^2-16)$$

이다. 수열 $\{a_n\}$의 모든 항은 양수이고 $\dfrac{a_3}{b_3}=36$일 때, a_1+b_1의 값은?

① 8　② $\dfrac{17}{2}$　③ 9
④ $\dfrac{19}{2}$　⑤ 10

154

수열 $\{a_n\}$의 첫째항부터 제n항까지의 합을 S_n이라 하자. 모든 자연수 n에 대하여

$$S_{n+2}-S_n=p\times 3^{n+1}$$

이다. $a_2+a_3=63$일 때, $\frac{a_8-a_6}{a_6+a_5}$의 값을 구하시오.

(단, p는 실수이다.)

155

모든 항이 양수인 수열 $\{a_n\}$의 첫째항부터 제n항까지의 합을 S_n이라 하자. 모든 자연수 n에 대하여

$$2S_n=a_n+\frac{4}{a_n}$$

일 때, $2a_2+a_9$의 값은?

① 1 ② 2 ③ 3
④ 4 ⑤ 5

유형 4 $\sum$의 성질과 자연수의 거듭제곱의 합

156 | 대표 유형 |

2023학년도 수능

자연수 m $(m\geq 2)$에 대하여 m^{12}의 n제곱근 중에서 정수가 존재하도록 하는 2 이상의 자연수 n의 개수를 $f(m)$이라 할 때, $\sum_{m=2}^{9} f(m)$의 값은?

① 37 ② 42 ③ 47
④ 52 ⑤ 57

157

첫째항이 8인 등차수열 $\{a_n\}$에 대하여

$$\sum_{k=1}^{10}(a_{k+1}-a_k)=\sum_{k=1}^{20}\left(\frac{k}{7}+\frac{1}{2}\right)$$

일 때, $\sum_{k=1}^{10}(a_{k+1}a_k-a_k^{\ 2})=a_m$을 만족시키는 자연수 m의 값은?

① 251 ② 253 ③ 255
④ 257 ⑤ 259

158

등차수열 $\{a_n\}$은 $a_1=9$이고, 모든 자연수 n에 대하여

$$3a_n-a_{n+3}=3(2n+1)$$

을 만족시킨다. $\sum_{k=1}^{10} a_k=a_m$을 만족시키는 자연수 m의 값을 구하시오.

159

2 이상의 자연수 n에 대하여 $(\sqrt[3]{-64})^{n+1}$의 n제곱근 중 실수인 것의 개수를 $f(n)$이라 할 때, $\sum_{k=2}^{20} kf(k)$의 값은?

① 96 ② 97 ③ 98
④ 99 ⑤ 100

160

수열 $\{a_n\}$에 대하여 $f(n)=\sum_{k=1}^{n} a_k$라 할 때, $f(n)$은 다음 조건을 만족시킨다.

(가) $f(n)$은 최고차항의 계수가 1인 이차식이다.
(나) $f(6)=f(24)$

$\sum_{k=m+1}^{24} a_k>0$을 만족시키는 자연수 m의 개수는?

(단, $m<24$)

① 16 ② 17 ③ 18
④ 19 ⑤ 20

161

수열 $\{a_n\}$이 모든 자연수 n에 대하여

$$|a_n|+a_{n+1}=2n+3$$

을 만족시킨다. $\sum_{n=1}^{20} a_n=230$일 때, $\sum_{n=1}^{10} a_n$의 값은?

① 60 ② 65 ③ 70
④ 75 ⑤ 80

162

실수 전체의 집합에서 정의된 함수 $f(x)$가 다음 조건을 만족시킨다.

(가) $0\le x\le 3$일 때,

$$f(x)=\begin{cases} 4 & (0<x<3) \\ 1 & (x=0,\ x=3) \end{cases}$$

(나) 모든 실수 x에 대하여 $f(x+3)=f(x)$를 만족시킨다.

$\sum_{k=1}^{50} \frac{k\times\sqrt{f(k)}}{6}$의 값은?

① 357 ② 365 ③ 373
④ 381 ⑤ 389

163

자연수 n에 대하여 곡선 $y=\frac{10}{x}\ (x>0)$ 위의 점 $\mathrm{A}_n\left(n,\ \frac{10}{n}\right)$을 중심으로 하고 y축에 접하는 원을 C_n이라 하자. 원 C_n이 직선 $x-ny-1=0$과 만나는 서로 다른 점의 개수를 a_n이라 할 때, $\sum_{n=1}^{10} a_n$의 값은?

① 10 ② 12 ③ 14
④ 16 ⑤ 18

유형 5 여러 가지 수열의 합

164 | 대표 유형 |

2024학년도 수능

공차가 0이 아닌 등차수열 $\{a_n\}$에 대하여

$$|a_6|=a_8,\ \sum_{k=1}^{5}\frac{1}{a_k a_{k+1}}=\frac{5}{96}$$

일 때, $\sum_{k=1}^{15} a_k$의 값은?

① 60　② 65　③ 70　④ 75　⑤ 80

165

모든 항이 양수인 등비수열 $\{a_n\}$의 첫째항부터 제n항까지의 합을 S_n이라 하자. $\frac{S_3}{S_1}=7$일 때,

$$\sum_{k=1}^{15}\frac{1}{\log_4\frac{S_{n+1}+S_1}{S_1}\times\log_4\frac{S_n+S_1}{S_1}}$$의 값은?

① 3　② $\frac{13}{4}$　③ $\frac{7}{2}$　④ $\frac{15}{4}$　⑤ 4

166

수열 $\{a_n\}$이 모든 자연수 n에 대하여

$$\sum_{k=1}^{n}\frac{a_k}{2k-1}=n^2+2n$$

을 만족시킬 때, $\sum_{k=1}^{20}\frac{1}{a_k}$의 값은?

① $\frac{20}{41}$　② $\frac{21}{41}$　③ $\frac{22}{41}$　④ $\frac{23}{41}$　⑤ $\frac{24}{41}$

167

자연수 n에 대하여 원 $(x-\sqrt{4n^2-1})^2+(y-1)^2=1$ 위의 점 P와 원 $(x+\sqrt{4n^2-1})^2+(y+1)^2=1$ 위의 점 Q가 있다. 선분 PQ의 길이의 최댓값을 a_n, 최솟값을 b_n이라 할 때, $\sum_{k=1}^{60} \frac{\sqrt{2}}{\sqrt{a_k}+\sqrt{b_k}}$의 값은?

① 3 ② 4 ③ 5
④ 6 ⑤ 7

168

그림과 같이 자연수 n에 대하여 원 $x^2+y^2=4n^2$과 직선 $4x-3y+5=0$이 만나는 두 점 사이의 거리를 a_n이라 할 때, $\sum_{n=1}^{10} \left(\frac{1}{a_n}\right)^2$의 값은?

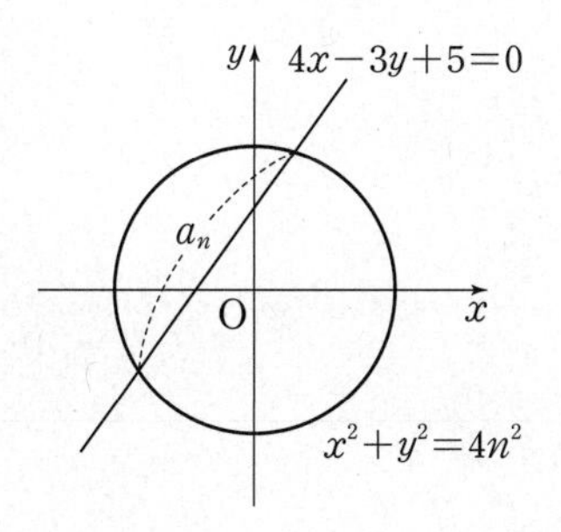

① $\frac{2}{21}$ ② $\frac{5}{42}$ ③ $\frac{1}{7}$
④ $\frac{1}{6}$ ⑤ $\frac{4}{21}$

유형 6 수열의 귀납적 정의

169 | 대표 유형 |

2024학년도 평가원 9월

첫째항이 자연수인 수열 $\{a_n\}$이 모든 자연수 n에 대하여

$$a_{n+1}=\begin{cases} a_n+1 & (a_n\text{이 홀수인 경우}) \\ \frac{1}{2}a_n & (a_n\text{이 짝수인 경우}) \end{cases}$$

를 만족시킬 때, $a_2+a_4=40$이 되도록 하는 모든 a_1의 값의 합은?

① 172 ② 175 ③ 178
④ 181 ⑤ 184

170

n이 자연수일 때, 첫째항이 29인 수열 $\{a_n\}$에 대하여 x에 대한 이차방정식 $4x^2+2a_nx+a_{n+1}=0$의 두 근을 α_n, β_n이라 하자.

$$(2\alpha_n+1)(2\beta_n+1)=4 \ (n=1, 2, 3, \cdots)$$

일 때, $a_n>58$을 만족시키는 자연수 n의 최솟값은?

① 8 ② 9 ③ 10
④ 11 ⑤ 12

171

모든 항이 정수인 수열 $\{a_n\}$이 모든 자연수 n에 대하여

$$a_{n+1}=\begin{cases} 2a_n+1 & (a_n<6) \\ a_n-p & (a_n \geq 6) \end{cases}$$

을 만족시킨다. $a_2=2$, $a_5=4$일 때, a_1+a_{13}의 값은?

(단, p는 자연수이다.)

① 11　② 12　③ 13　④ 14　⑤ 15

172

수열 $\{a_n\}$이 모든 자연수 n에 대하여

$$na_{n+1}=\sum_{k=1}^{n}(k+1)a_k$$

를 만족시킨다. $a_2=6$일 때, $a_1+\frac{a_{10}}{a_6}$의 값은?

① 16　② 17　③ 18　④ 19　⑤ 20

173

첫째항이 1이고 모든 항이 양수인 수열 $\{a_n\}$이 다음 조건을 만족시킨다.

(가) n이 홀수일 때, $a_{n+2}=2a_n$이다.

(나) n이 짝수일 때, $a_{n+2}=\frac{1}{2}a_n$이다.

(다) 세 수 a_3, a_6, a_9는 이 순서대로 등비수열을 이룬다.

$\sum_{k=1}^{11}a_k=p+q\sqrt{2}$일 때, $p+q$의 값은?

(단, p, q는 자연수이다.)

① 90　② 91　③ 92　④ 93　⑤ 94

174

수열 $\{a_n\}$은 $a_1=1$이고, 모든 자연수 n에 대하여

$$a_n a_{n+1}=\sum_{k=1}^{n} {a_k}^2$$

을 만족시킬 때, a_6의 값은?

① 6 ② 8 ③ 10
④ 12 ⑤ 14

175

$a_1=95$인 수열 $\{a_n\}$이 모든 자연수 n에 대하여

$$a_{n+1}=\begin{cases} a_n-4 & (a_n \geq 29) \\ \frac{1}{3}a_n & (a_n < 29) \end{cases}$$

를 만족시킬 때, $\sum_{n=1}^{m} a_n$의 값이 자연수가 되도록 하는 자연수 m의 최댓값을 구하시오.

176

n이 자연수일 때, 좌표평면 위의 두 점 $\mathrm{A}_n(x_n,\ 0)$, $\mathrm{B}_n(0,\ y_n)$에 대하여 두 수열 $\{x_n\}$, $\{y_n\}$이 다음 조건을 만족시킨다.

(가) $x_1=-\frac{3}{2}$, $y_1=4$
(나) $x_{n+1}-x_n=\left(\frac{1}{3}\right)^{n-1}$, $y_{n+1}-y_n=2^{n+1}$

삼각형 $\mathrm{OA}_n\mathrm{B}_n$의 넓이를 a_n이라 할 때, a_{10}의 값은?
(단, O는 원점이다.)

① $\frac{2^8}{3^9}$ ② $\frac{2^9}{3^9}$ ③ $\frac{2^9}{3^8}$
④ $\frac{3^9}{2^9}$ ⑤ $\frac{3^9}{2^8}$

177

자연수 n에 대하여 직선 $y=2x$와 직선 $x=n$이 만나는 점을 A_n이라 하자. 점 A_n을 지나고 x축에 평행한 직선과 곡선 $y=\frac{1}{x}$이 만나는 점을 B_n, 점 B_n을 지나고 y축에 평행한 직선과 직선 $y=2x$가 만나는 점을 C_n, 점 C_n을 지나고 x축에 평행한 직선과 곡선 $y=\frac{1}{x}$이 만나는 점을 D_n이라 하고 삼각형 $A_nB_nD_n$의 넓이를 S_n이라 하자. $\sum_{k=1}^{12} \frac{1}{2k^2+2k\sqrt{S_k}}=\frac{q}{p}$일 때, $p+q$의 값을 구하시오. (단, p와 q는 서로소인 자연수이다.)

178

첫째항이 정수인 수열 $\{a_n\}$이 2 이상의 자연수 n에 대하여

$$a_n=\begin{cases} a_{n-1} & (a_{n-1}\geq n) \\ 2n-a_{n-1} & (a_{n-1}<n) \end{cases}$$

을 만족시킨다. $a_4=4$일 때, 수열 $\{a_n\}$의 첫째항이 될 수 있는 모든 수의 합은?

① 0 ② 2 ③ 4 ④ 6 ⑤ 8

유형 7 수학적 귀납법

179 | 대표 유형 |

2021학년도 평가원 6월

수열 $\{a_n\}$의 일반항은

$$a_n=(2^{2n}-1)\times 2^{n(n-1)}+(n-1)\times 2^{-n}$$

이다. 다음은 모든 자연수 n에 대하여

$$\sum_{k=1}^{n} a_k=2^{n(n+1)}-(n+1)\times 2^{-n} \quad \cdots\cdots (*)$$

임을 수학적 귀납법을 이용하여 증명한 것이다.

(i) $n=1$일 때, (좌변)$=3$, (우변)$=3$이므로 $(*)$이 성립한다.

(ii) $n=m$일 때, $(*)$이 성립한다고 가정하면

$$\sum_{k=1}^{m} a_k=2^{m(m+1)}-(m+1)\times 2^{-m}$$

이다. $n=m+1$일 때,

$$\begin{aligned}\sum_{k=1}^{m+1} a_k&=2^{m(m+1)}-(m+1)\times 2^{-m}\\&\quad+(2^{2m+2}-1)\times \boxed{(가)}+m\times 2^{-m-1}\\&=\boxed{(가)}\times\boxed{(나)}-\frac{m+2}{2}\times 2^{-m}\\&=2^{(m+1)(m+2)}-(m+2)\times 2^{-(m+1)}\end{aligned}$$

이다. 따라서 $n=m+1$일 때도 $(*)$이 성립한다.

(i), (ii)에 의하여 모든 자연수 n에 대하여

$$\sum_{k=1}^{n} a_k=2^{n(n+1)}-(n+1)\times 2^{-n}$$

이다.

위의 (가), (나)에 알맞은 식을 각각 $f(m)$, $g(m)$이라 할 때, $\dfrac{g(7)}{f(3)}$의 값은?

① 2 ② 4 ③ 8 ④ 16 ⑤ 32

180

두 수열 $\{a_n\}$, $\{b_n\}$에 대하여 $b_n=\dfrac{n+3}{3(n+1)}$이고

$$b_n=a_1\times a_2\times a_3\times\cdots\times a_n \ (n=1, 2, 3, \cdots)$$

을 만족시킨다. 다음은 모든 자연수 n에 대하여

$$\sum_{k=1}^{n} a_k=\frac{n(n+1)}{n+2} \quad \cdots\cdots (*)$$

임을 수학적 귀납법을 이용하여 증명한 것이다.

(i) $n=1$일 때,

(좌변)$=a_1=b_1=\dfrac{1+3}{3\times(1+1)}=\dfrac{2}{3}$,

(우변)$=\dfrac{1\times(1+1)}{1+2}=\dfrac{2}{3}$

이므로 $(*)$이 성립한다.

(ii) $n=m$일 때, $(*)$이 성립한다고 가정하면

$$a_{m+1}=\frac{\boxed{(가)}}{\dfrac{m+3}{3(m+1)}}=\frac{\boxed{(나)}}{(m+2)(m+3)} \ (m\geq 1)$$

이므로 $n=m+1$일 때,

$$\begin{aligned}\sum_{k=1}^{m+1} a_k&=\boxed{(다)}+\frac{\boxed{(나)}}{(m+2)(m+3)}\\&=\frac{(m+1)(m+2)}{m+3}\end{aligned}$$

이다. 따라서 $n=m+1$일 때도 $(*)$이 성립한다.

(i), (ii)에 의하여 모든 자연수 n에 대하여

$$\sum_{k=1}^{n} a_k=\frac{n(n+1)}{n+2}$$

이다.

위의 (가), (나), (다)에 알맞은 식을 각각 $f(m)$, $g(m)$, $h(m)$이라 할 때, $\dfrac{g(3)h(5)}{f(2)}$의 값은?

① 240 ② 250 ③ 260 ④ 270 ⑤ 280

181 수열 $\{a_n\}$이 다음 조건을 만족시킬 때, a_3의 값은?

(가) $a_1=3$, $a_2=-1$
(나) 모든 자연수 n에 대하여 $a_{n+3}=2a_n$이다.
(다) $\sum_{k=1}^{20} a_k=695$

① 6 ② 7 ③ 8 ④ 9 ⑤ 10

182 자연수 n에 대하여 $m^3 \le n < (m+1)^3$을 만족시키는 자연수 m의 값을 a_n이라 하자.
수열 $\{b_n\}$의 일반항이

$$b_n=\begin{cases} 10 & (a_n=a_{n+1}) \\ a & (a_n \neq a_{n+1}) \end{cases}$$

이고 $\sum_{n=1}^{124} b_n=1320$일 때, $\sum_{n=26}^{63} b_n$의 값을 구하시오. (단, a는 상수이다.)

183

자연수 n에 대하여 직선 $x=n$이 두 곡선 $y=\frac{2x+1}{x}$, $y=\frac{1}{x+1}$과 만나는 점을 각각 P_n, Q_n이라 하자. 사각형 $\mathrm{P}_n\mathrm{Q}_n\mathrm{Q}_{n+1}\mathrm{P}_{n+1}$의 넓이를 S_n이라 할 때, $\sum_{n=1}^{10}(S_n-2)$의 값은?

① $\frac{175}{264}$ ② $\frac{2}{3}$ ③ $\frac{59}{88}$ ④ $\frac{89}{132}$ ⑤ $\frac{179}{264}$

184 수열 $\{a_n\}$이 다음 조건을 만족시킨다.

(가) $a_1=2$
(나) 모든 자연수 n에 대하여
$$\sum_{k=1}^{n} k(a_{k+1}-a_k)=2n^2+2n$$
이 성립한다.

수열 $\{a_n\}$의 첫째항부터 제n항까지의 합을 S_n이라 할 때, $\sum_{k=1}^{24} \frac{k(k+1)}{S_k S_{k+1}}=\frac{q}{p}$이다. $p+q$의 값을 구하시오. (단, p와 q는 서로소인 자연수이다.)

185 그림과 같이 네 점 A$(-1, 1)$, B$(-1, 0)$, C$(1, 0)$, D$(1, 1)$을 꼭짓점으로 하는 사각형 ABCD에서 선분 BC의 중점을 P_1, 선분 CD를 $1 : 2$로 내분하는 점을 Q_1이라 하자. 자연수 n에 대하여 세 점 R_n, P_{n+1}, Q_{n+1}을 다음 규칙에 따라 정한다.

> (가) 선분 CD 위의 점 Q_n을 지나고 직선 AC에 평행한 직선이 선분 AD와 만나는 점을 R_n이라 한다.
> (나) 선분 AD 위의 점 R_n에서 선분 BC에 내린 수선의 발을 P_{n+1}이라 한다.
> (다) 선분 BC 위의 점 P_{n+1}을 지나고 직선 P_1Q_1에 평행한 직선이 선분 CD와 만나는 점을 Q_{n+1}이라 한다.

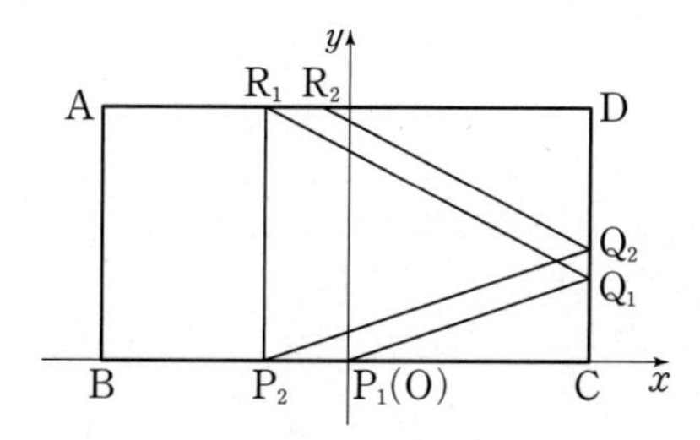

점 P_n의 x좌표를 p_n이라 할 때, 모든 자연수 n에 대하여 $p_{n+1}=ap_n+b$가 성립한다. 상수 a, b에 대하여 $a+b$의 값은?

① $-\frac{5}{3}$　② $-\frac{4}{3}$　③ -1　④ $-\frac{2}{3}$　⑤ $-\frac{1}{3}$

최고 등급 도전하기

186 두 등차수열 $\{a_n\}$, $\{b_n\}$이 다음 조건을 만족시킬 때, $a_{21}+b_{11}$의 값을 구하시오.

(가) $a_5+b_7=57$
(나) 모든 자연수 n에 대하여
$\sum_{k=1}^{n} a_k : \sum_{k=1}^{n} b_k=(2n-1) : (3n+1)$이다.

정답 및 해설 52쪽

187

모든 항이 자연수인 수열 $\{a_n\}$은 모든 자연수 n에 대하여

$$a_{n+1}=\begin{cases} \dfrac{a_n}{2} & (a_n\text{이 짝수인 경우}) \\ a_n+3 & (a_n\text{이 홀수인 경우}) \end{cases}$$

을 만족시킨다. $a_3+a_5=3$일 때, $\sum_{k=1}^{25} a_k$의 값은?

① 48 ② 54 ③ 60 ④ 66 ⑤ 72

최고 등급 도전하기

188 첫째항이 정수인 등차수열 $\{a_n\}$이 다음 조건을 만족시킨다.

(가) $a_7 \times a_8 < 0$
(나) 모든 자연수 n에 대하여 $|a_{n+1} - a_n| = 4$이다.
(다) $\sum_{k=1}^{10} (|a_k| + a_k) = 30$

$\sum_{k=1}^{10} |ka_k|$의 값을 구하시오.

189

자연수 n에 대하여 이차함수 $y=\frac{1}{4}x^2$의 그래프 위의 점 $\mathrm{A}_n\left(n, \frac{1}{4}n^2\right)$을 중심으로 하고 반지름의 길이가 $\frac{1}{8}n^3$인 원을 C_n이라 하자. 원 C_n이 x축 및 y축에 의하여 나누어지는 조각의 개수를 a_n이라 할 때, $\sum_{n=1}^{10} a_n$의 값을 구하시오.

(단, x축 및 y축에 의하여 나누어지지 않는 경우의 조각의 개수는 1이다.)

최고 등급 도전하기

정답 및 해설 54쪽

190

수열 $\{a_n\}$이 모든 자연수 n에 대하여

$$a_{n+1}=\begin{cases}1+\dfrac{5}{a_n} & (a_n\text{이 자연수인 경우}) \\ 2a_n-1 & (a_n\text{이 자연수가 아닌 경우})\end{cases}$$

를 만족시킨다. $a_{16}=\dfrac{5}{3}\times2^{12}+1$일 때, 가능한 모든 a_1의 값의 곱이 $\dfrac{q}{p}$이다. $p+q$의 값을 구하시오. (단, p와 q는 서로소인 자연수이다.)

메가스터디 N제

메가스터디 N제

메가스터디 N제

수학영역 수학 I | 4점 공략

수능 완벽 대비 예상 문제집

정답 및 해설

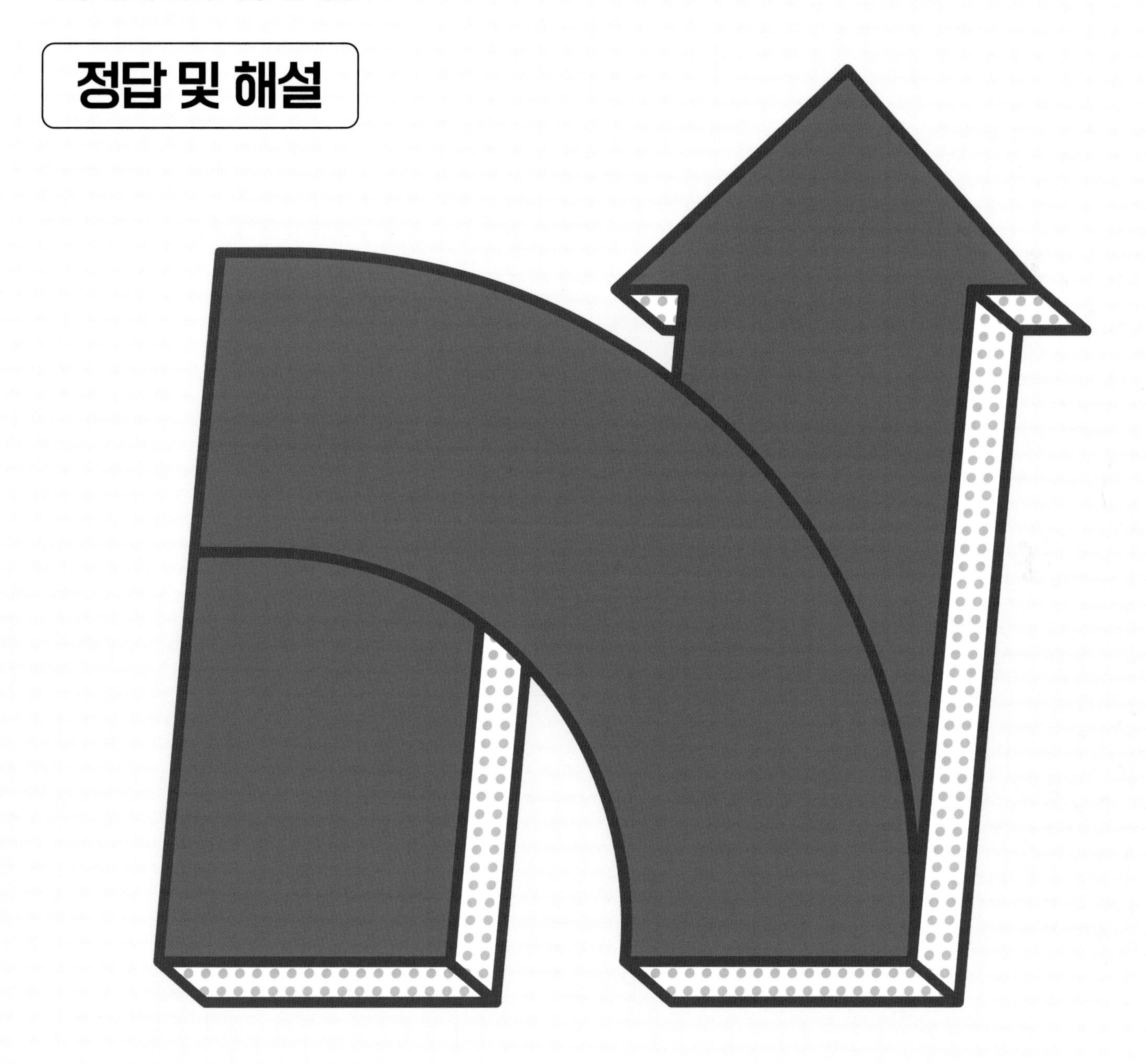

190제

메가스터디BOOKS

메가스터디 N제

수학영역 수학 Ⅰ | 4점 공략

190제

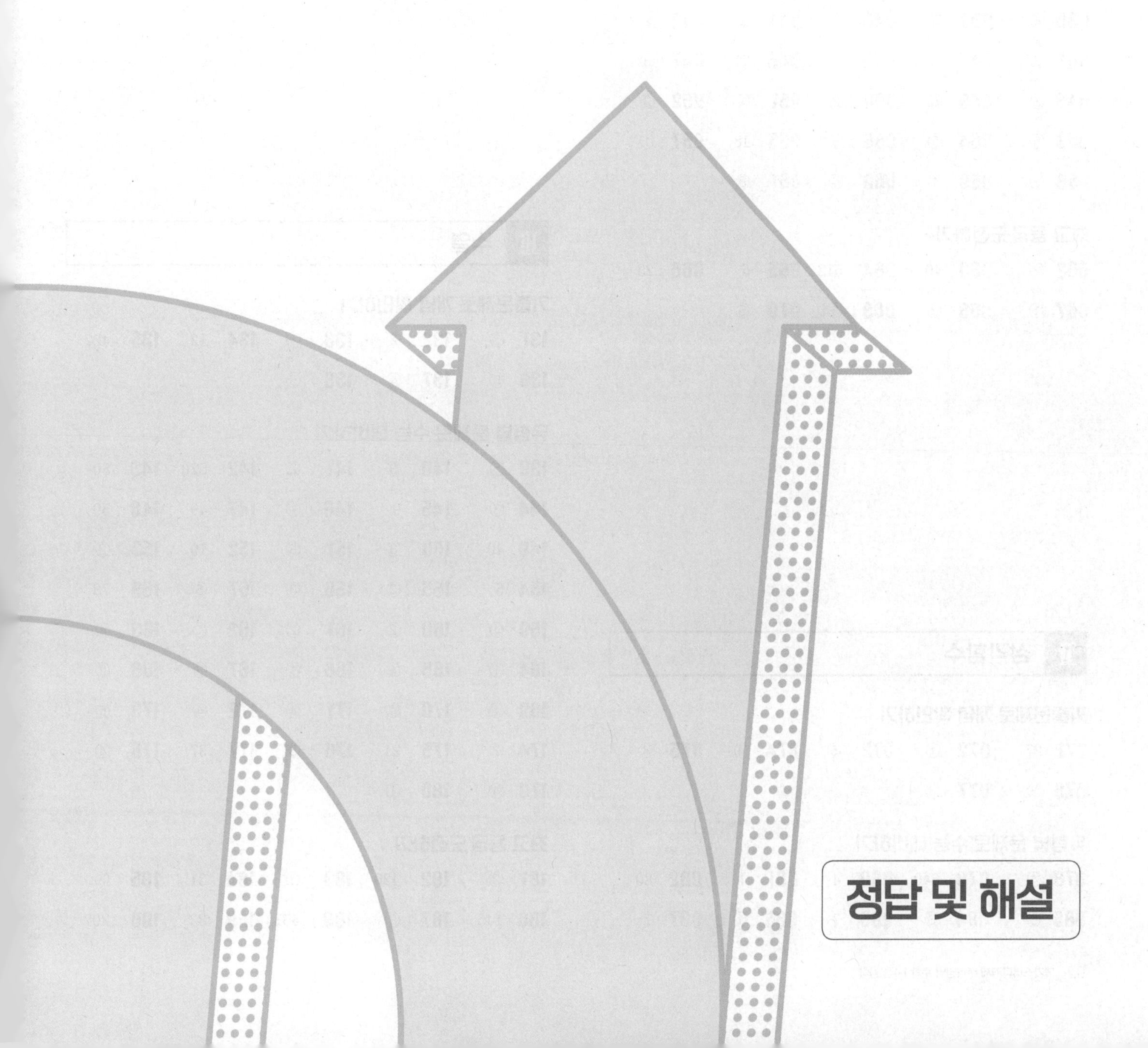

정답 및 해설

Ⅰ 지수함수와 로그함수

기출문제로 개념 확인하기

001 4　002 ③　003 ①　004 ⑤　005 ⑤
006 10　007 15

유형별 문제로 수능 대비하기

008 ②　009 16　010 ③　011 ④　012 ③
013 ②　014 112　015 ⑤　016 ①　017 ④
018 ②　019 ④　020 ④　021 ③　022 ②
023 ①　024 ③　025 ⑤　026 32　027 ③
028 ④　029 64　030 ④　031 ③　032 ③
033 ④　034 ④　035 ⑤　036 ①　037 24
038 ④　039 ③　040 ①　041 ②　042 ②
043 ③　044 ②　045 ②　046 ②　047 ③
048 ③　049 ⑤　050 ③　051 ①　052 ③
053 ⑤　054 ⑤　055 ⑤　056 18　057 ①
058 ②　059 ①　060 ④　061 ③

최고 등급 도전하기

062 ②　063 40　064 512　065 6　066 23
067 ①　068 ③　069 ④　070 ⑤

Ⅱ 삼각함수

기출문제로 개념 확인하기

071 27　072 ①　073 ⑤　074 ④　075 ④
076 ③　077 ③

유형별 문제로 수능 대비하기

078 ④　079 640　080 4　081 4　082 80
083 ③　084 ③　085 7　086 ①　087 7
088 ③　089 ③　090 24　091 ④　092 ④
093 ①　094 ③　095 ③　096 ②　097 ⑤
098 ③　099 ④　100 6　101 88　102 ⑤
103 ④　104 ④　105 ①　106 ①　107 ⑤
108 70　109 10　110 ③　111 98　112 13
113 ④　114 ②　115 ②　116 8　117 ④
118 ①　119 ④　120 108　121 ④

최고 등급 도전하기

122 ⑤　123 36　124 ①　125 53　126 ②
127 ③　128 109　129 ⑤　130 6

Ⅲ 수열

기출문제로 개념 확인하기

131 ③　132 ②　133 ①　134 12　135 427
136 ⑤　137 ④　138 ⑤

유형별 문제로 수능 대비하기

139 ⑤　140 ③　141 ②　142 520　143 80
144 ③　145 9　146 ①　147 49　148 59
149 40　150 ③　151 ③　152 10　153 ②
154 6　155 ②　156 ③　157 ⑤　158 73
159 ④　160 ②　161 ②　162 ①　163 ④
164 ①　165 ④　166 ①　167 ③　168 ②
169 ①　170 ④　171 ④　172 ④　173 ⑤
174 ②　175 21　176 ③　177 37　178 ④
179 ④　180 ①

최고 등급 도전하기

181 ②　182 420　183 ①　184 31　185 ③
186 145　187 ③　188 451　189 33　190 207

I 지수함수와 로그함수

기출문제로 개념 확인하기

본문 06~07쪽

001 답 4

(i) $n=3$일 때

n은 홀수이므로 $f(3)=1$

(ii) $n=4$일 때

n은 짝수이고, $2n^2-9n=-4<0$이므로 $f(4)=0$

(iii) $n=5$일 때

n은 홀수이므로 $f(5)=1$

(iv) $n=6$일 때

n은 짝수이고, $2n^2-9n=18>0$이므로 $f(6)=2$

(i)~(iv)에서

$f(3)+f(4)+f(5)+f(6)=1+0+1+2=4$

참고

실수 a의 n제곱근은 n개이지만 실수 a의 n제곱근 중 실수인 것은 다음과 같다.

	$a>0$	$a=0$	$a<0$
n이 짝수	$\sqrt[n]{a}$, $-\sqrt[n]{a}$	0	없다.
n이 홀수	$\sqrt[n]{a}$	0	$\sqrt[n]{a}$

002 답 ③

두 점 $(2, \log_4 a)$, $(3, \log_2 b)$를 지나는 직선이 원점을 지나므로 원점과 두 점을 각각 잇는 두 직선의 기울기는 서로 같아야 한다.

즉, $\frac{\log_4 a}{2}=\frac{\log_2 b}{3}$에서

$\frac{1}{4}\log_2 a=\frac{1}{3}\log_2 b$

$\log_2 a=\frac{4}{3}\log_2 b$

$\therefore \log_a b=\frac{\log_2 b}{\log_2 a}=\frac{\log_2 b}{\frac{4}{3}\log_2 b}=\frac{3}{4}$

003 답 ①

$a>1$, $b>1$, $c>1$이므로

$\log_a b>0$, $\log_b c>0$, $\log_c a>0$

이때 $\log_a b=\frac{\log_b c}{2}=\frac{\log_c a}{4}=t$ $(t>0)$이라 하면

$\log_a b=t$에서 $b=a^t$ ...... ㉠

$\log_b c=2t$에서 $c=b^{2t}$ ...... ㉡

$\log_c a=4t$에서 $a=c^{4t}$ ...... ㉢

㉢을 ㉠에 대입하면 $b=(c^{4t})^t=c^{4t^2}$

㉡에서 $b=c^{\frac{1}{2t}}$이므로

$c^{4t^2}=c^{\frac{1}{2t}}$

즉, $4t^2=\frac{1}{2t}$에서 $8t^3=1$ $\quad\therefore t=\frac{1}{2}$

$\therefore \log_a b+\log_b c+\log_c a=t+2t+4t=7t$

$=7\times\frac{1}{2}=\frac{7}{2}$

다른 풀이

$a>1$, $b>1$, $c>1$이므로

$\log_a b>0$, $\log_b c>0$, $\log_c a>0$

이때 $\log_a b=\frac{\log_b c}{2}=\frac{\log_c a}{4}=t$ $(t>0)$이라 하면

$\log_a b=t$, $\log_b c=2t$, $\log_c a=4t$

또한,

$\log_a b\times\log_b c\times\log_c a=\frac{\log b}{\log a}\times\frac{\log c}{\log b}\times\frac{\log a}{\log c}=1$

이므로 $t\times 2t\times 4t=1$에서 $8t^3=1$ $\quad\therefore t=\frac{1}{2}$ $(\because t>0)$

$\therefore \log_a b+\log_b c+\log_c a=t+2t+4t=7t=7\times\frac{1}{2}=\frac{7}{2}$

004 답 ⑤

$0<a<1$이므로 함수 $f(x)=a^x$은 x의 값이 증가하면 y의 값은 감소한다.

즉, 함수 $f(x)=a^x$은 $x=1$일 때 최솟값 $\frac{5}{6}$를 갖고, $x=-2$일 때 최댓값 M을 갖는다.

$f(1)=a^1=\frac{5}{6}$ $\quad\therefore a=\frac{5}{6}$

$f(-2)=\left(\frac{5}{6}\right)^{-2}=\frac{36}{25}$ $\quad\therefore M=\frac{36}{25}$

$\therefore a\times M=\frac{5}{6}\times\frac{36}{25}=\frac{6}{5}$

005 답 ⑤

선분 AB를 2 : 1로 내분하는 점의 좌표는

$\left(\frac{2\times(m+3)+1\times m}{2+1}, \frac{2\times(m-3)+1\times(m+3)}{2+1}\right)$, 즉

$(m+2, m-1)$

이때 점 $(m+2, m-1)$이 곡선 $y=\log_4(x+8)+m-3$ 위에 있으므로

$m-1=\log_4\{(m+2)+8\}+m-3$, $\log_4(m+10)=2$

$m+10=4^2=16$ $\quad\therefore m=6$

006 답 10

진수의 조건에 의하여

$x-2>0$, $x+6>0$ $\quad\therefore x>2$

$\log_2(x-2)=1+\log_4(x+6)$에서

$\log_4(x-2)^2=\log_4 4+\log_4(x+6)$

$\log_4(x-2)^2=\log_4 4(x+6)$

$(x-2)^2=4(x+6)$, $x^2-4x+4=4x+24$

$x^2-8x-20=0$, $(x+2)(x-10)=0$

$\therefore x=10$ $(\because x>2)$

007 답 15

진수의 조건에 의하여
$f(x)>0,\ x-1>0$
$\therefore 1<x<7$ ...... ㉠
$\log_3 f(x)+\log_{\frac{1}{3}}(x-1)\le 0$에서
$\log_3 f(x)-\log_3(x-1)\le 0$
$\log_3 f(x)\le\log_3(x-1)$
이때 밑 3이 $3>1$이므로
$f(x)\le x-1$
곡선 $y=f(x)$와 직선 $y=x-1$의 두 교점 중 x좌표가 4가 아닌 점의 x좌표를 $\alpha\ (\alpha<0)$이라 하면 이 부등식의 해는
$x\le\alpha$ 또는 $x\ge 4$ ...... ㉡
㉠, ㉡에서 $4\le x<7$
따라서 주어진 부등식을 만족시키는 자연수 x는 4, 5, 6이므로 그 합은
$4+5+6=15$

유형별 문제로 수능 대비하기

본문 08~24쪽

008 답 ②

$\sqrt{3^{f(n)}}$의 네제곱근 중 실수인 것은
$-\sqrt[4]{\sqrt{3^{f(n)}}},\ \sqrt[4]{\sqrt{3^{f(n)}}}$
이고, 이 두 값의 곱이 -9이므로

$$\begin{aligned}-\sqrt[4]{\sqrt{3^{f(n)}}}\times\sqrt[4]{\sqrt{3^{f(n)}}}&=-\sqrt{3^{\frac{1}{4}f(n)}}\times\sqrt{3^{\frac{1}{4}f(n)}}\\&=-3^{\frac{1}{8}f(n)}\times3^{\frac{1}{8}f(n)}\\&=-3^{\frac{1}{8}f(n)+\frac{1}{8}f(n)}\\&=-3^{\frac{1}{4}f(n)}\\&=-9\end{aligned}$$

에서 $\frac{1}{4}f(n)=2$
$\therefore f(n)=8$ ...... ㉠
$f(x)=-(x-2)^2+k$에서 함수 $y=f(x)$의 그래프는 직선 $x=2$에 대하여 대칭이고, ㉠을 만족시키는 자연수 n의 개수가 2이려면 이 두 자연수 중 하나는 1이어야 한다.
즉, 함수 $y=f(x)$의 그래프는 점 $(1,\ 8)$을 지나야 하므로
$8=-(1-2)^2+k$
$\therefore k=9$

009 답 16

어떤 자연수를 N이라 하면 $(\sqrt[3]{3^5})^{\frac{1}{2}}$이 N의 n제곱근이므로
$(\sqrt[3]{3^5})^{\frac{1}{2}}=(3^{\frac{5}{3}})^{\frac{1}{2}}=3^{\frac{5}{6}}=N^{\frac{1}{n}}$
$\therefore N=3^{\frac{5n}{6}}$
즉, $3^{\frac{5n}{6}}$이 자연수 N이 되려면 5와 6이 서로소이므로 n은 6의 배수이어야 한다.
따라서 $2\le n\le 100$이므로
$n=6k\ (k=1,\ 2,\ 3,\ \cdots,\ 16)$
이고 그 개수는 16이다.

다른 풀이
$(\sqrt[3]{3^5})^{\frac{1}{2}}=(3^{\frac{5}{3}})^{\frac{1}{2}}=3^{\frac{5}{6}}$에서 $3^{\frac{5}{6}}$이 어떤 자연수 N의 n제곱근이므로
$3^{\frac{5}{6}}=N^{\frac{1}{n}}$ 꼴이 되어야 한다.
$3^{\frac{5}{6}}=(3^5)^{\frac{1}{6}}=(3^{10})^{\frac{1}{12}}=(3^{15})^{\frac{1}{18}}=\cdots=(3^{80})^{\frac{1}{96}}$
이므로 $(\sqrt[3]{3^5})^{\frac{1}{2}}$은 3^5의 6제곱근, 3^{10}의 12제곱근, 3^{15}의 18제곱근, $\cdots$, 3^{80}의 96제곱근이다.
따라서 구하는 n의 개수는 6, 12, 18, $\cdots$, 96의 16이다.

010 답 ③

$(\sqrt{2^n})^{\frac{1}{3}}+\sqrt[n]{2^{120}}$의 값이 자연수가 되려면 $(\sqrt{2^n})^{\frac{1}{3}}$과 $\sqrt[n]{2^{120}}$이 모두 자연수이어야 한다.
이때 $(\sqrt{2^n})^{\frac{1}{3}}=2^{\frac{n}{6}}$, $\sqrt[n]{2^{120}}=2^{\frac{120}{n}}$이므로 n은 6의 배수이고 120의 약수이어야 한다.
조건을 만족시키는 2 이상의 자연수 n의 값은
6, 12, 24, 30, 60, 120
따라서 자연수 n의 최댓값은 120, 최솟값은 6이므로 그 합은
$120+6=126$

011 답 ④

$\sqrt[3]{-8}=-2$에서
(i) n이 짝수일 때
$\sqrt[3]{-8}$, 즉 -2의 n제곱근 중에서 실수인 것은 없으므로
$f(n)=0$
(ii) n이 홀수일 때
$\sqrt[3]{-8}$, 즉 -2의 n제곱근 중 실수인 것은 $-2^{\frac{1}{n}}$의 1개이므로
$f(n)=1$
(i), (ii)에서
$f(2)+f(3)+f(4)+\cdots+f(10)+f(11)$
$=0+1+0+\cdots+0+1=5$
$f(2)+f(3)+f(4)+\cdots+f(11)+f(12)$
$=0+1+0+\cdots+1+0=5$
따라서 주어진 조건을 만족시키는 자연수 m의 값은 11, 12이므로 m의 최댓값은 12이다.

012 답 ③

$$\begin{aligned}f(n)&=\sqrt[n]{\frac{3^{30}+9^{25}+27^{10}}{2+3^{20}}}=\sqrt[n]{\frac{3^{30}+3^{50}+3^{30}}{2+3^{20}}}\\&=\sqrt[n]{\frac{3^{30}(2+3^{20})}{2+3^{20}}}=\sqrt[n]{3^{30}}=3^{\frac{30}{n}}\end{aligned}$$

이므로 $f(n)$이 자연수가 되려면 n의 값은 30의 약수인 2, 3, 5, 6, 10, 15, 30 ($\because n\geq 2$)이고 각각에 대하여 $f(n)$의 값은 3^{15}, 3^{10}, 3^6, 3^5, 3^3, 3^2, 3이다.
한편, 3^{4k+3} ($k=0, 1, 2, \cdots$)의 일의 자리의 수가 7이므로 $f(n)$의 값 중에서 3^{4k+3} 꼴인 수는 3^3, 3^{15}이고 이때의 n의 값은 각각 10, 2이다.
따라서 구하는 n의 최댓값은 10이다.

013 답 ②

$12^x=9^y=k$ $(k>0)$이라 하면
$12^x=k$에서 $k^{\frac{1}{x}}=12$이므로
$k^{\frac{2}{x}}=12^2=144$ ...... ㉠
$9^y=k$에서 $k^{\frac{1}{y}}=9$ ...... ㉡
㉠, ㉡에서
$k^{\frac{2}{x}-\frac{1}{y}}=\frac{144}{9}=16$
이때 $\frac{2}{x}-\frac{1}{y}=2$이므로 $k^2=16$
$\therefore (12^x+9^y)^2=(k+k)^2$
$=4k^2$
$=4\times 16$
$=64$

014 답 112

조건 (가)에서 a^2은 9의 세제곱근이므로 $a^2=\sqrt[3]{3^2}$
이때 $a>0$이므로 $a=\sqrt[3]{3}$ ...... ㉠
조건 (나)에서 부피가 16인 정육면체의 한 모서리의 길이가 b이므로
$b=\sqrt[3]{2^4}$ ...... ㉡
조건 (다)에서 세제곱근 c는 ab^2이므로
$\sqrt[3]{c}=ab^2$ ...... ㉢
㉠과 ㉡을 ㉢에 대입하면
$\sqrt[3]{c}=\sqrt[3]{3}\times(\sqrt[3]{2^4})^2=\sqrt[3]{3}\times\sqrt[3]{2^8}=\sqrt[3]{3\times 2^8}$
$\therefore c=3\times 2^8$
즉, 직육면체의 부피는
$abc=\sqrt[3]{3}\times\sqrt[3]{2^4}\times(3\times 2^8)=3^{\frac{1}{3}}\times 2^{\frac{4}{3}}\times(3\times 2^8)=2^{\frac{28}{3}}\times 3^{\frac{4}{3}}$
따라서 $p=\frac{28}{3}$, $q=\frac{4}{3}$이므로
$9pq=9\times\frac{28}{3}\times\frac{4}{3}=112$

015 답 ⑤

ㄱ. 자연수 n에 대하여 $-\sqrt[n]{2}<0$이므로 $-\sqrt[n]{2}$의 제곱근 중 실수인 것은 존재하지 않는다.
$\therefore f(-\sqrt[n]{2}, 2)=0$ (참)

ㄴ. (ⅰ) n이 홀수이면 a의 값의 부호에 관계없이 a의 n제곱근 중 실수인 것은 $\sqrt[n]{a}$로 항상 1개 존재한다.
$\therefore f(a, n)=1$, $f(-a, n)=1$
(ⅱ) n이 짝수이면 $a>0$일 때 a의 n제곱근 중 실수인 것은 항상 2개 존재하고, $a<0$일 때 a의 n제곱근 중 실수인 것은 존재하지 않는다.
즉, $f(a, n)=2$, $f(-a, n)=0$ 또는
$f(a, n)=0$, $f(-a, n)=2$
(ⅰ), (ⅱ)에서 $f(a, n)+f(-a, n)=2$ (참)

ㄷ. $|a|>0$, $a^2>0$에서
(ⅰ) n이 홀수이면 $n+1$은 짝수이므로
$f(|a|, n)=1$, $f(a^2, n+1)=2$
(ⅱ) n이 짝수이면 $n+1$은 홀수이므로
$f(|a|, n)=2$, $f(a^2, n+1)=1$
(ⅰ), (ⅱ)에서 $f(|a|, n)+f(a^2, n+1)=3$ (참)

따라서 옳은 것은 ㄱ, ㄴ, ㄷ이다.

016 답 ①

$5\log_n 2=k$ (k는 자연수)라 하면
$\log_n 2^5=k$ $\quad\therefore n^k=2^5$
따라서 두 자연수 n, k의 순서쌍 (n, k)는 $(2, 5)$, $(2^5, 1)$이므로 모든 n의 값의 합은
$2+2^5=2+32=34$

017 답 ④

$f(x)=\log_a\left(1+\frac{1}{x+2}\right)^2=\log_a\left(\frac{x+3}{x+2}\right)^2$
이므로
$f(1)+f(2)+f(3)+\cdots+f(189)$
$=\log_a\left(\frac{4}{3}\right)^2+\log_a\left(\frac{5}{4}\right)^2+\log_a\left(\frac{6}{5}\right)^2+\cdots+\log_a\left(\frac{192}{191}\right)^2$
$=2\left(\log_a\frac{4}{3}+\log_a\frac{5}{4}+\log_a\frac{6}{5}+\cdots+\log_a\frac{192}{191}\right)$
$=2\log_a\left(\frac{4}{3}\times\frac{5}{4}\times\frac{6}{5}\times\cdots\times\frac{192}{191}\right)$
$=2\log_a\frac{192}{3}=2\log_a 64=2\log_a 2^6$
$=12\log_a 2=12$
따라서 $\log_a 2=1$이므로 $a=2$

018 답 ②

$1<b<a<b^2<100$에서 b는 1보다 크고 10보다 작은 자연수이다.
이때 $\log_b a$가 유리수가 되려면 $a=b^k$ (k는 유리수)이어야 하므로 b가 소수이면 $b<a<b^2$을 만족시키는 자연수 a는 존재하지 않는다.
(ⅰ) $b=4$일 때
$2^2<a<2^4$이므로 $a=2^3$

(ii) $b=6$일 때

$6<a<6^2$이므로 $\log_6 a$가 유리수가 되도록 하는 자연수 a는 존재하지 않는다.

(iii) $b=8$일 때

$2^3<a<2^6$이므로

$a=2^4$ 또는 $a=2^5$

(iv) $b=9$일 때

$3^2<a<3^4$이므로

$a=3^3$

(i)~(iv)에서 조건을 만족시키는 순서쌍 (a, b)의 개수는 $(8, 4)$, $(16, 8)$, $(32, 8)$, $(27, 9)$의 4이다.

019 답 ④

조건 (가)에서 $3\le\log x<4$ …… ㉠

조건 (나)에서

$\log x^2-\log \frac{1}{x}=2\log x+\log x$

$=3\log x=(정수)$

이때 ㉠의 각 변에 3을 곱하면

$9\le 3\log x<12$이므로

$3\log x=9$ 또는 $3\log x=10$ 또는 $3\log x=11$

즉, $\log x=3$ 또는 $\log x=\frac{10}{3}$ 또는 $\log x=\frac{11}{3}$이므로

$x=10^3$ 또는 $x=10^{\frac{10}{3}}$ 또는 $x=10^{\frac{11}{3}}$

따라서 $N=10^3\times10^{\frac{10}{3}}\times10^{\frac{11}{3}}=10^{3+\frac{10}{3}+\frac{11}{3}}=10^{10}$이므로

$\log N=\log 10^{10}=10$

020 답 ④

조건 (가)의 $a=2^x$, $b=3^y$에서 $x=\log_2 a$, $y=\log_3 b$이므로

이것을 조건 (나)의 등식에 대입하면

$\frac{y}{x}\left(1-\frac{1}{x}\right)=1 \quad \therefore (x-1)y=x^2$ …… ㉠

㉠에서 $x=1$이면 $0\times y=1$을 만족시키는 자연수 y가 존재하지 않는다. 즉, $x\neq1$이므로 ㉠의 양변을 $x-1$로 나누면

$y=\frac{x^2}{x-1}=x+1+\frac{1}{x-1}$

이때 x, y가 자연수이므로 $x-1=1$

$\therefore x=2, y=4$

따라서 $a=2^2=4$, $b=3^4=81$이므로

$a+b=4+81=85$

다른 풀이

㉠의 양변을 변형하면

$(x+1)(x-1)-y(x-1)=-1$

$\therefore (x-1)(x-y+1)=-1$

두 자연수 x, y에 대하여

(i) $x-1=1$, $x-y+1=-1$일 때

$x=2$, $y=4$

(ii) $x-1=-1$, $x-y+1=1$일 때

$x=0$, $y=0$

그런데 x, y는 자연수이므로 조건을 만족시키지 않는다.

(i), (ii)에서 $x=2$, $y=4$

021 답 ③

$\log_{16} x=\log_{20} y=\log_{25}(2x+y)=k$라 하면

$x=16^k=2^{4k}$ …… ㉠

$y=20^k=(2^2\times5)^k=2^{2k}\times5^k$ …… ㉡

$2x+y=25^k=5^{2k}$ …… ㉢

㉠과 ㉢의 변끼리 곱하면

$x(2x+y)=2^{4k}\times5^{2k}$

㉡의 양변을 제곱하면

$y^2=2^{4k}\times5^{2k}$

즉, $y^2=x(2x+y)$이므로

$2x^2+xy-y^2=0$, $(2x-y)(x+y)=0$

$\therefore 2x=y$ 또는 $x=-y$

이때 $x>0$, $y>0$이므로 $2x=y$

$\therefore \frac{x}{y}=\frac{1}{2}$

022 답 ②

두 점 $(a, \log_2 a)$, $(b, \log_2 b)$를 지나는 직선의 방정식은

$y-\log_2 a=\frac{\log_2 b-\log_2 a}{b-a}(x-a)$

$y=\frac{\log_2 b-\log_2 a}{b-a}x-\frac{a\log_2 b-a\log_2 a}{b-a}+\frac{(b-a)\log_2 a}{b-a}$

$\therefore y=\frac{\log_2 b-\log_2 a}{b-a}x-\frac{a\log_2 b-b\log_2 a}{b-a}$ …… ㉠

두 점 $(a, \log_4 a)$, $(b, \log_4 b)$를 지나는 직선의 방정식은

$y-\log_4 a=\frac{\log_4 b-\log_4 a}{b-a}(x-a)$

$y=\frac{\log_4 b-\log_4 a}{b-a}x-\frac{a\log_4 b-a\log_4 a}{b-a}+\frac{(b-a)\log_4 a}{b-a}$

$\therefore y=\frac{\log_4 b-\log_4 a}{b-a}x-\frac{a\log_4 b-b\log_4 a}{b-a}$ …… ㉡

이때 두 직선 ㉠, ㉡의 y절편이 같으므로

$-\frac{a\log_2 b-b\log_2 a}{b-a}=-\frac{a\log_4 b-b\log_4 a}{b-a}$

$a\log_2 b-b\log_2 a=\frac{a}{2}\log_2 b-\frac{b}{2}\log_2 a$

$\frac{a}{2}\log_2 b=\frac{b}{2}\log_2 a$, $\log_2 b^a=\log_2 a^b$

$\therefore a^b=b^a$ …… ㉢

$f(1)=40$에서 $a^b+b^a=40$

$a^b+a^b=40$ ($\because$ ㉢)

$2a^b=40$

$\therefore a^b=20$, $b^a=20$ ($\because$ ㉢)

$\therefore f(2)=a^{2b}+b^{2a}=(a^b)^2+(b^a)^2$

$=20^2+20^2=800$

023 답 ①

$$\frac{28}{\log_2 n+\frac{3}{\log_n 2}}=\frac{28}{\log_2 n+3\log_2 n}=\frac{28}{4\log_2 n}=\frac{7}{\log_2 n}$$

이므로 이 값이 자연수가 되려면

$\log_2 n=1$ 또는 $\log_2 n=7$이어야 한다.

(i) $\log_2 n=1$일 때, $n=2$

(ii) $\log_2 n=7$일 때, $n=2^7=128$

(i), (ii)에서 구하는 모든 n의 값의 합은

$2+128=130$

024 답 ③

$\log_a b : \log_c b=2:3$에서

$2\log_c b=3\log_a b$, $\frac{2\log_{10} b}{\log_{10} c}=\frac{3\log_{10} b}{\log_{10} a}$

$\frac{\log_{10} c}{\log_{10} a}=\frac{2}{3}$ $\quad\therefore \log_a c=\frac{2}{3}$

$$\begin{aligned}\therefore \frac{1}{2}\log_a c+\frac{1}{\log_c a}&=\frac{1}{2}\log_a c+\log_a c\\&=\frac{3}{2}\log_a c\\&=\frac{3}{2}\times\frac{2}{3}=1\end{aligned}$$

025 답 ⑤

$\log_2 a=x$, $\log_2 b=y$, $\log_2 c=z$라 하면

조건 (가)에서

$\log_2 a-\log_2 b=\frac{1}{2}\log_2 b-\frac{1}{2}\log_2 c$이므로

$x-y=\frac{1}{2}y-\frac{1}{2}z$

$2x-3y+z=0$

$\therefore z=-2x+3y$ $\quad\cdots\cdots$ ㉠

조건 (나)에서

$\log_2 a\times\log_2 c=(\log_2 b)^2$이므로

$xz=y^2$ $\quad\cdots\cdots$ ㉡

㉠을 ㉡에 대입하면

$2x^2-3xy+y^2=0$, $(2x-y)(x-y)=0$

$\therefore y=2x$ 또는 $y=x$

그런데 서로 다른 세 양수 a, b, c에 대하여 $y\neq x$

즉, $y=2x$이므로 ㉠에 대입하면

$z=-2x+6x=4x$

따라서 $\log_2 a=x$, $\log_2 b=2x$, $\log_2 c=4x$이므로

$a=2^x$, $b=2^{2x}$, $c=2^{4x}$

$$\begin{aligned}\therefore \log_a bc&=\log_{2^x}(2^{2x}\times 2^{4x})=\log_{2^x} 2^{6x}\\&=\frac{6x}{x}\log_2 2=6\end{aligned}$$

026 답 32

조건 (가)에서 $\frac{a}{2}\log_2 a=2\log_2 b$이므로

$\log_2 a=\frac{4}{a}\log_2 b$ $\quad\cdots\cdots$ ㉠

조건 (나)에서 $\frac{b}{2}\log_2 b=2\log_2 a$이므로

$\frac{b}{4}\log_2 b=\log_2 a$ $\quad\cdots\cdots$ ㉡

㉠, ㉡에서

$\frac{b}{4}\log_2 b=\frac{4}{a}\log_2 b$

그런데 $\log_2 b\neq 0$ $(\because b\neq 1)$이므로

$\frac{b}{4}=\frac{4}{a}$ $\quad\therefore ab=16$

$a>0$, $b>0$이므로 산술평균과 기하평균의 관계에 의하여

$a^2+b^2\geq 2\sqrt{a^2b^2}=2ab=2\times 16=32$

(단, 등호는 $a^2=b^2$일 때 성립한다.)

따라서 $a=b=4$일 때, a^2+b^2은 최솟값 32를 갖는다.

027 답 ③

주어진 식의 좌변을 x를 밑으로 하는 로그로 바꾸면

$$\begin{aligned}&\log_{x^2} y-\log_{y^2}(1-x)+\log_{y^4}(x-2x^2+x^3)\\&=\frac{1}{2}\log_x y-\frac{\log_x(1-x)}{\log_x y^2}+\frac{\log_x x(1-x)^2}{\log_x y^4}\\&=\frac{1}{2}\log_x y-\frac{\log_x(1-x)}{2\log_x y}+\frac{\log_x x+2\log_x(1-x)}{4\log_x y}\\&=\frac{1}{2}\log_x y+\frac{1}{4\log_x y}\end{aligned}$$

즉, $\frac{1}{2}\log_x y+\frac{1}{4\log_x y}=\frac{3}{4}$이므로

$\log_x y=t$ $(t>0)$이라 하면

$\frac{1}{2}t+\frac{1}{4t}=\frac{3}{4}$, $2t^2-3t+1=0$

$(2t-1)(t-1)=0$

$\therefore t=\frac{1}{2}$ 또는 $t=1$

그런데 서로 다른 두 실수 x, y에 대하여 $x\neq y$, 즉 $t\neq 1$이므로

$t=\frac{1}{2}$ $\quad\therefore \log_x y=\frac{1}{2}$

따라서 $y=x^{\frac{1}{2}}$이므로

$\frac{y^2}{x}=\frac{(x^{\frac{1}{2}})^2}{x}=1$

028 답 ④

두 점 P, Q를 각각

$\mathrm{P}(x_1, y_1)$, $\mathrm{Q}(x_2, y_2)$ $(x_1<x_2,\ y_1<y_2)$

라 하면 직선 $y=2x+k$가 두 점 P, Q를 지나므로

$\frac{y_2-y_1}{x_2-x_1}=2$

$\therefore y_2-y_1=2(x_2-x_1)$ $\quad\cdots\cdots$ ㉠

또한, $\overline{\mathrm{PQ}}=\sqrt{5}$이므로

$\sqrt{(x_2-x_1)^2+(y_2-y_1)^2}=\sqrt{5}$
위의 식의 양변을 제곱하면
$(x_2-x_1)^2+(y_2-y_1)^2=5$
㉠을 위의 식에 대입하면
$(x_2-x_1)^2+\{2(x_2-x_1)\}^2=5$
$5(x_2-x_1)^2=5$, $(x_2-x_1)^2=1$
$\therefore x_2-x_1=1$ ($\because x_2>x_1$)
$x_2-x_1=1$을 ㉠에 대입하면 $y_2-y_1=2$
$\therefore x_2=x_1+1$, $y_2=y_1+2$
이때 함수 $y=\left(\frac{2}{3}\right)^{x+3}+1$의 그래프는 점 $\mathrm{P}(x_1, y_1)$을 지나고,
함수 $y=\left(\frac{2}{3}\right)^{x+1}+\frac{8}{3}$의 그래프는 점 $\mathrm{Q}(x_1+1, y_1+2)$를 지나므로
$y_1=\left(\frac{2}{3}\right)^{x_1+3}+1$ …… ㉡
$y_1+2=\left(\frac{2}{3}\right)^{(x_1+1)+1}+\frac{8}{3}$에서
$y_1=\left(\frac{2}{3}\right)^{x_1+2}+\frac{2}{3}$ …… ㉢
㉡, ㉢에서
$\left(\frac{2}{3}\right)^{x_1+3}+1=\left(\frac{2}{3}\right)^{x_1+2}+\frac{2}{3}$이므로
$\frac{1}{3}=\left(\frac{2}{3}\right)^{x_1+2}-\left(\frac{2}{3}\right)^{x_1+3}$, $\frac{1}{3}=\left(\frac{2}{3}\right)^{x_1}\left(\frac{4}{9}-\frac{8}{27}\right)$
$\frac{1}{3}=\left(\frac{2}{3}\right)^{x_1}\times\frac{4}{27}$ $\therefore \left(\frac{2}{3}\right)^{x_1}=\frac{9}{4}$
즉, $\left(\frac{2}{3}\right)^{x_1}=\left(\frac{2}{3}\right)^{-2}$이므로 $x_1=-2$
$x_1=-2$를 ㉢에 대입하면
$y_1=\left(\frac{2}{3}\right)^{-2+2}+\frac{2}{3}$ $\therefore y_1=\frac{5}{3}$
따라서 직선 $y=2x+k$는 점 $\left(-2, \frac{5}{3}\right)$를 지나므로
$\frac{5}{3}=2\times(-2)+k$ $\therefore k=\frac{17}{3}$

029 답 64

조건 (가)에서 $f(3)=2^{3a+b}=4=2^2$
$\therefore 3a+b=2$ …… ㉠
조건 (나)에서 $f(p+q)=16f(p)f(q)$이므로
$2^{a(p+q)+b}=16\times 2^{ap+b}\times 2^{aq+b}$
$2^{ap+aq+b}=2^{ap+aq+2b+4}$
즉, $ap+aq+b=ap+aq+2b+4$
$\therefore b=-4$ …… ㉡
㉡을 ㉠에 대입하면
$3a-4=2$ $\therefore a=2$
따라서 $f(x)=2^{2x-4}$이므로
$f(5)=2^{10-4}=2^6=64$

030 답 ④

$f(x)=2^{-x+6}-3$에서
$f(0)=61$, $f(4)=1$, $f(5)=-1$이고 두 함수 $y=f(x)$, $y=g(x)$의 그래프의 점근선은 직선 $y=-3$으로 같으므로 두 함수 $y=f(x)$, $y=g(x)$의 그래프의 개형은 다음 그림과 같다.

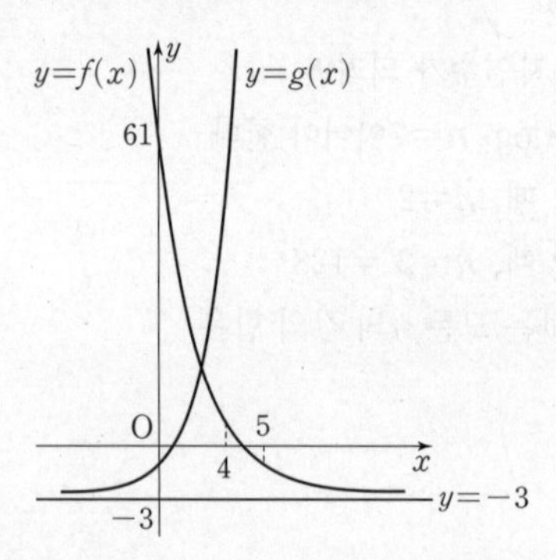

두 함수 $y=f(x)$, $y=g(x)$의 그래프가 제1사분면에서 만나려면 $g(0)<f(0)$이어야 하고, $f(t)=0$을 만족시키는 $4\le t\le 5$인 실수 t에 대하여 $g(t)>0$이어야 한다.
$g(0)<f(0)$에서
$3^n-3<61$이므로 $3^n<64$
이때 $3^3=27$, $3^4=81$이므로
$n\le 3$ …… ㉠
한편, $n=-3$일 때 $g(4)=3^{4-3}-3=0$이고
$n=-4$일 때 $g(4)=3^{4-4}-3=-2$, $g(5)=3^{5-4}-3=0$이므로
$n\ge -3$이면 두 함수 $y=f(x)$, $y=g(x)$의 그래프는 제1사분면에서 만나고,
$n\le -4$이면 두 함수 $y=f(x)$, $y=g(x)$의 그래프는 제4사분면에서 만나게 된다.
즉, $n\ge -3$ …… ㉡
㉠, ㉡에서 조건을 만족시키는 정수 n의 값의 범위는
$-3\le n\le 3$
따라서 구하는 정수 n의 개수는 $-3, -2, -1, 0, 1, 2, 3$의 7이다.

031 답 ③

두 점 P, Q의 x좌표가 각각 a, b $(0<a<b)$이므로
$\mathrm{P}(a, 2^a-1)$, $\mathrm{Q}(b, 2^b-1)$

ㄱ. 원점 O에 대하여 직선 OP의 기울기는 $\frac{2^a-1}{a}$이고,
직선 OQ의 기울기는 $\frac{2^b-1}{b}$이다.
직선 OP의 기울기가 직선 OQ의 기울기보다 작으므로
$\frac{2^a-1}{a}<\frac{2^b-1}{b}$
두 수 a, b가 모두 양수이므로 위의 부등식의 양변에 ab를 곱하면 $2^ab-b<2^ba-a$ (참)

ㄴ. 곡선 $y=2^x-1$과 직선 $y=x$는 점 $(1, 1)$에서 만나므로
$0<a<1$이면 직선 OP의 기울기는 직선 $y=x$의 기울기보다 작다.
즉, $\frac{2^a-1}{a}<1$ $\therefore 2^a-1<a$ (참)

ㄷ. $0<a<1<b$이면 직선 PQ의 기울기는 1보다 크므로
$\frac{(2^b-1)-(2^a-1)}{b-a}=\frac{2^b-2^a}{b-a}>1$

이때 $b-a>0$이므로

$2^b-2^a>b-a$ (거짓)

따라서 옳은 것은 ㄱ, ㄴ이다.

032 답 ③

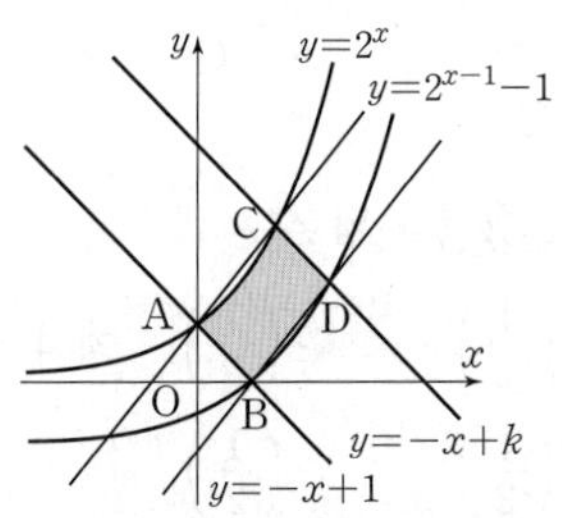
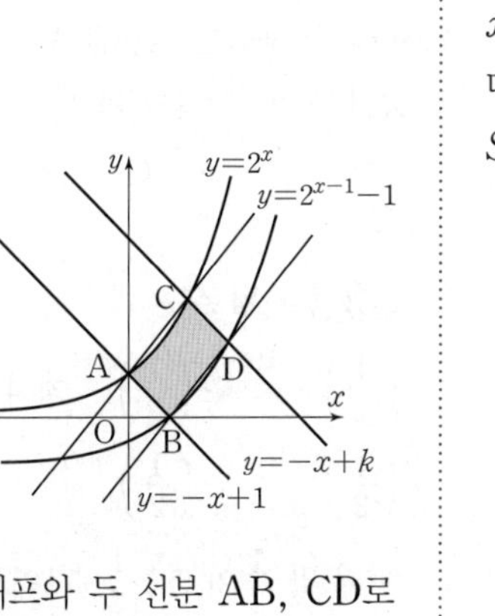

함수 $y=2^{x-1}-1$의 그래프는 함수 $y=2^x$의 그래프를 x축의 방향으로 1만큼, y축의 방향으로 -1만큼 평행이동한 것이므로 두 점 B, D는 두 점 A, C를 각각 x축의 방향으로 1만큼, y축의 방향으로 -1만큼 평행이동한 것이다.

즉, 두 함수 $y=2^x$, $y=2^{x-1}-1$의 그래프와 두 선분 AB, CD로 둘러싸인 부분의 넓이는 평행사변형 ABDC의 넓이와 같다.

직선 $y=-x+1$과 함수 $y=2^x$의 그래프가 모두 점 $(0, 1)$을 지나므로 점 A의 좌표는 $(0, 1)$이다.

또한, 직선 $y=-x+1$과 함수 $y=2^{x-1}-1$의 그래프가 모두 점 $(1, 0)$을 지나므로 점 B의 좌표는 $(1, 0)$이다.

$\therefore \overline{AB}=\sqrt{1^2+1^2}=\sqrt{2}$

점 A$(0, 1)$과 직선 $y=-x+k$, 즉 $x+y-k=0$ 사이의 거리는

$\dfrac{|1-k|}{\sqrt{1^2+1^2}}=\dfrac{k-1}{\sqrt{2}}$ ($\because k>1$)

따라서 평행사변형 ABDC의 넓이는

$\sqrt{2}\times\dfrac{k-1}{\sqrt{2}}=k-1$

이고, 두 함수 $y=2^x$, $y=2^{x-1}-1$의 그래프와 두 선분 AB, CD로 둘러싸인 부분의 넓이가 20이므로

$k-1=20 \qquad \therefore k=21$

033 답 ④

두 점 P, Q의 x좌표를 각각 x_1, x_2 $(x_1<x_2)$라 하면

P(x_1, x_1), Q(x_2, x_2)이고

$a^{x_1}=x_1$ …… ㉠

$a^{x_2}=x_2$ …… ㉡

점 R는 선분 PQ의 중점이므로 점 R의 좌표는

$\left(\dfrac{x_1+x_2}{2}, \dfrac{x_1+x_2}{2}\right)$

또한, 점 R와 점 T는 x좌표가 같으므로 점 T의 좌표는

$\left(\dfrac{x_1+x_2}{2}, a^{\frac{x_1+x_2}{2}}\right)$

이때 $2\overline{PS}=\overline{TU}$이므로

$2x_1=a^{\frac{x_1+x_2}{2}}$, $2x_1=(a^{x_1}a^{x_2})^{\frac{1}{2}}$

$2x_1=(x_1x_2)^{\frac{1}{2}}$ ($\because$ ㉠, ㉡)

위의 식의 양변을 제곱하면

$4x_1^{\,2}=x_1x_2$에서 $x_1(4x_1-x_2)=0$

$\therefore x_2=4x_1$ ($\because x_1\neq0$) …… ㉢

㉡에서 $a^{4x_1}=4x_1$

$(a^{x_1})^4=4x_1$이고 $a^{x_1}=x_1$ ($\because$ ㉠)이므로

$x_1^{\,4}=4x_1$에서 $x_1^{\,3}=4$ ($\because x_1\neq0$)

$\therefore x_1=2^{\frac{2}{3}}$

$x_1=2^{\frac{2}{3}}$을 ㉢에 대입하면 $x_2=2^{\frac{8}{3}}$

따라서 사각형 OUTV의 넓이를 S라 하면

$S=\overline{TV}\times\overline{TU}$

$=\dfrac{x_1+x_2}{2}\times a^{\frac{x_1+x_2}{2}}$

$=\dfrac{x_1+x_2}{2}\times(a^{x_1}a^{x_2})^{\frac{1}{2}}$

$=\dfrac{2^{\frac{2}{3}}+2^{\frac{8}{3}}}{2}\times(2^{\frac{2}{3}}\times2^{\frac{8}{3}})^{\frac{1}{2}}$

$=\dfrac{1}{2}\times2^{\frac{5}{3}}(2^{\frac{2}{3}}+2^{\frac{8}{3}})$

$=2^{\frac{2}{3}}\times2^{\frac{2}{3}}(1+2^2)$

$=5\times2^{\frac{4}{3}}$

034 답 ④

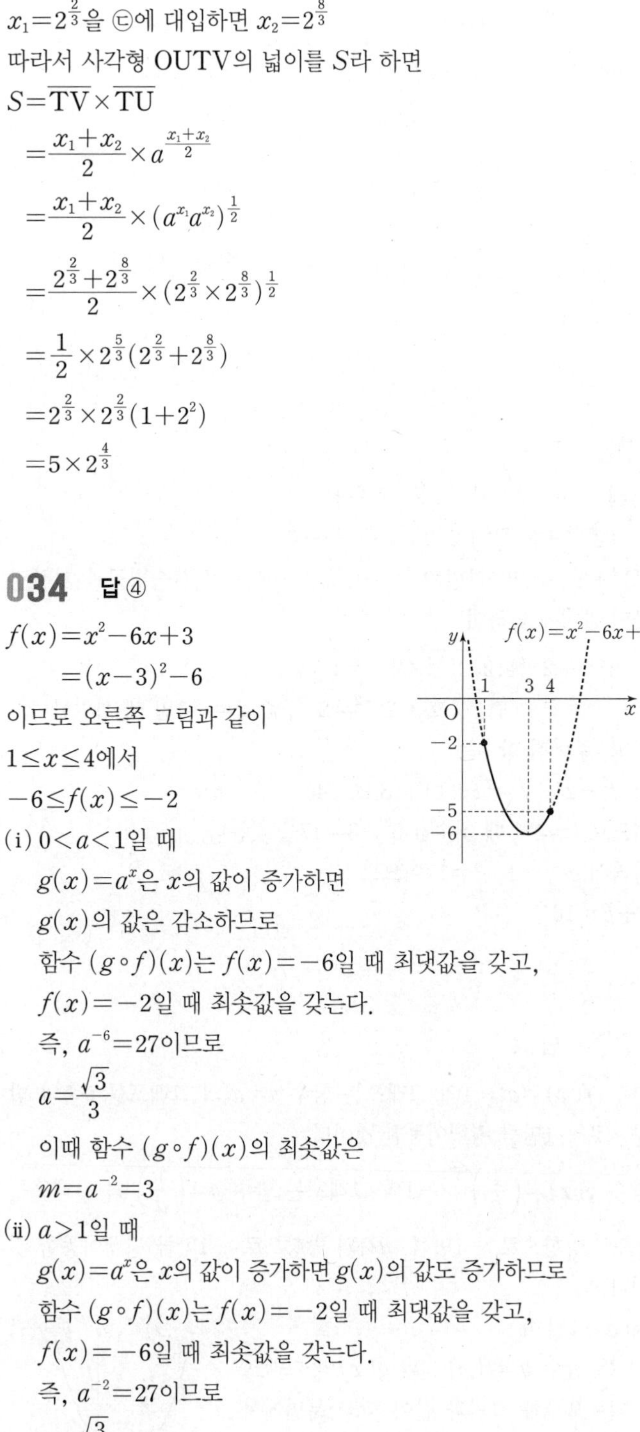

$f(x)=x^2-6x+3$

$\quad=(x-3)^2-6$

이므로 오른쪽 그림과 같이

$1\le x\le4$에서

$-6\le f(x)\le-2$

(i) $0<a<1$일 때

$g(x)=a^x$은 x의 값이 증가하면 $g(x)$의 값은 감소하므로

함수 $(g\circ f)(x)$는 $f(x)=-6$일 때 최댓값을 갖고, $f(x)=-2$일 때 최솟값을 갖는다.

즉, $a^{-6}=27$이므로

$a=\dfrac{\sqrt{3}}{3}$

이때 함수 $(g\circ f)(x)$의 최솟값은

$m=a^{-2}=3$

(ii) $a>1$일 때

$g(x)=a^x$은 x의 값이 증가하면 $g(x)$의 값도 증가하므로

함수 $(g\circ f)(x)$는 $f(x)=-2$일 때 최댓값을 갖고, $f(x)=-6$일 때 최솟값을 갖는다.

즉, $a^{-2}=27$이므로

$a=\dfrac{\sqrt{3}}{9}$

그런데 이것은 $a>1$을 만족시키지 않는다.

(i), (ii)에서 구하는 m의 값은 3이다.

035 답 ⑤

$f(x)=2^{2x}\times a^{-x}$

$\quad=4^x\times\dfrac{1}{a^x}=\left(\dfrac{4}{a}\right)^x$

(i) $\frac{4}{a}>1$, 즉 $0<a<4$일 때

함수 $f(x)$는 $x=2$일 때 최댓값을 가지므로

$f(2)=\left(\frac{4}{a}\right)^2=4,\ a^2=4$

$\therefore a=2\ (\because a>0)$

(ii) $0<\frac{4}{a}<1$, 즉 $a>4$일 때

함수 $f(x)$는 $x=-1$일 때 최댓값을 가지므로

$f(-1)=\left(\frac{4}{a}\right)^{-1}=\frac{a}{4}=4$

$\therefore a=16$

(i), (ii)에서 모든 양수 a의 값의 합은

$2+16=18$

036 답 ①

$y=4^{x+2}+4^{-x}+2^{x+3}+2^{-x+1}+1$

$=(2^{x+2}+2^{-x})^2+2(2^{x+2}+2^{-x})-7$

$2^{x+2}+2^{-x}=t$라 하면 $2^{x+2}>0$, $2^{-x}>0$이므로 산술평균과 기하평균의 관계에 의하여

$t=2^{x+2}+2^{-x}\ge 2\sqrt{2^{x+2}\times 2^{-x}}=4$

(단, 등호는 $2^{x+2}=2^{-x}$, 즉 $x=-1$일 때 성립한다.)

이고, 주어진 함수는

$y=t^2+2t-7=(t+1)^2-8\ (t\ge 4)$

이므로 $t=4$일 때 최솟값 $5^2-8=17$을 갖는다.

따라서 $\alpha=-1$, $\beta=17$이므로

$\alpha+\beta=16$

037 답 24

함수 $f(x)=a^x-1$의 그래프는 함수 $y=a^x$의 그래프를 y축의 방향으로 -1만큼 평행이동한 것이다.

함수 $g(x)=\left(\frac{1}{a}\right)^{x+1}-1$의 그래프는 함수 $y=\left(\frac{1}{a}\right)^x$의 그래프를 x축의 방향으로 -1만큼, y축의 방향으로 -1만큼 평행이동한 것이다.

(i) $a>1$일 때

두 함수 $y=f(x)$, $y=g(x)$의 그래프는 오른쪽 그림과 같이 제3사분면에서 만난다.

즉, 조건 (나)를 만족시키지 않는다.

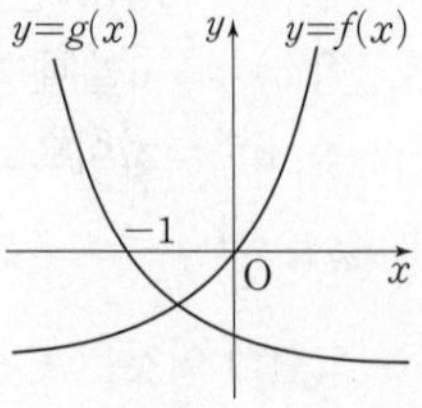

(ii) $0<a<1$일 때

두 함수 $y=f(x)$, $y=g(x)$의 그래프는 오른쪽 그림과 같이 제2사분면에서 만난다.

즉, 조건 (나)를 만족시킨다.

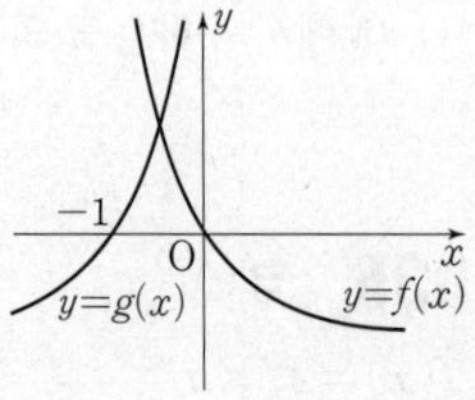

(i), (ii)에서 $0<a<1$이므로 함수 $f(x)$는 x의 값이 증가하면 $f(x)$의 값은 감소한다.

조건 (가)에 의하여 $-1\le x\le 1$에서 함수 $f(x)$의 최댓값이 4이므로

$f(-1)=a^{-1}-1=4,\ \frac{1}{a}=5 \qquad \therefore a=\frac{1}{5}$

즉, 함수 $g(x)=5^{x+1}-1$은 x의 값이 증가하면 $g(x)$의 값도 증가하므로 $-1\le x\le 1$에서 함수 $g(x)$는 $x=1$일 때 최댓값을 갖는다.

따라서 구하는 최댓값은

$g(1)=5^{1+1}-1=24$

038 답 ④

$\left(\frac{1}{2}\right)^{f(x)g(x)}\ge\left(\frac{1}{8}\right)^{g(x)}$에서

$\left(\frac{1}{2}\right)^{f(x)g(x)}\ge\left(\frac{1}{2}\right)^{3g(x)}$

이때 밑 $\frac{1}{2}$이 $0<\frac{1}{2}<1$이므로

$f(x)g(x)\le 3g(x)$

$f(x)g(x)-3g(x)\le 0$

$\{f(x)-3\}g(x)\le 0$

$\therefore f(x)-3\ge 0,\ g(x)\le 0$ 또는 $f(x)-3\le 0,\ g(x)\ge 0$

(i) $f(x)-3\ge 0$, $g(x)\le 0$인 경우

즉, $f(x)\ge 3$, $g(x)\le 0$을 만족시키는 자연수 x의 값은 1이다.

(ii) $f(x)-3\le 0$, $g(x)\ge 0$인 경우

즉, $f(x)\le 3$, $g(x)\ge 0$을 만족시키는 자연수 x의 값은 3, 4, 5이다.

(i), (ii)에서 주어진 부등식을 만족시키는 모든 자연수 x의 값은 1, 3, 4, 5이므로 그 합은

$1+3+4+5=13$

039 답 ③

$4^{x+1}-6\times 2^{x+1}+4=0$에서

$4\times 2^{2x}-12\times 2^x+4=0$

양변에 2^{-x}을 곱하면

$4\times 2^x-12+4\times 2^{-x}=0$

$4(2^x+2^{-x})=12 \qquad \therefore 2^x+2^{-x}=3$

주어진 방정식의 해가 $x=\alpha$이므로

$2^\alpha+2^{-\alpha}=3$

$\therefore \frac{2^{2\alpha}-2^{-2\alpha}}{2^{3\alpha}-2^{-3\alpha}}=\frac{(2^\alpha-2^{-\alpha})(2^\alpha+2^{-\alpha})}{(2^\alpha-2^{-\alpha})(2^{2\alpha}+1+2^{-2\alpha})}=\frac{2^\alpha+2^{-\alpha}}{(2^\alpha+2^{-\alpha})^2-1}$

$=\frac{3}{3^2-1}=\frac{3}{8}$

040 답 ①

9의 세제곱근 중 실수인 것은 $\sqrt[3]{9}$ 이므로

$a=\sqrt[3]{9}=3^{\frac{2}{3}}$

3의 네제곱근 중 양수인 것은 $\sqrt[4]{3}$ 이므로

$b=\sqrt[4]{3}=3^{\frac{1}{4}}$

$\left(\frac{1}{a}\right)^{x-1}=b^{2x+3}$에서

$(3^{-\frac{2}{3}})^{x-1}=(3^{\frac{1}{4}})^{2x+3}$

$3^{-\frac{2}{3}x+\frac{2}{3}}=3^{\frac{1}{2}x+\frac{3}{4}}$이므로

$-\frac{2}{3}x+\frac{2}{3}=\frac{1}{2}x+\frac{3}{4}$

$\frac{7}{6}x=-\frac{1}{12}$ $\therefore x=-\frac{1}{14}$

041 답 ②

$\left(\frac{1}{2}\right)^{f(x)}>\left(\frac{1}{2}\right)^{-x}$에서 밑 $\frac{1}{2}$이 $0<\frac{1}{2}<1$이므로

$f(x)<-x$

이때 모든 실수 x에 대하여 $f(-x)=f(x)$이므로 이차함수 $y=f(x)$의 그래프는 y축에 대하여 대칭이다.

즉, 직선 $y=-x$와 이차함수 $y=f(x)$의 그래프의 교점의 x좌표는 -3, 2이고, 직선 $y=-x$와 이차함수 $y=f(x)$의 그래프는 다음 그림과 같다.

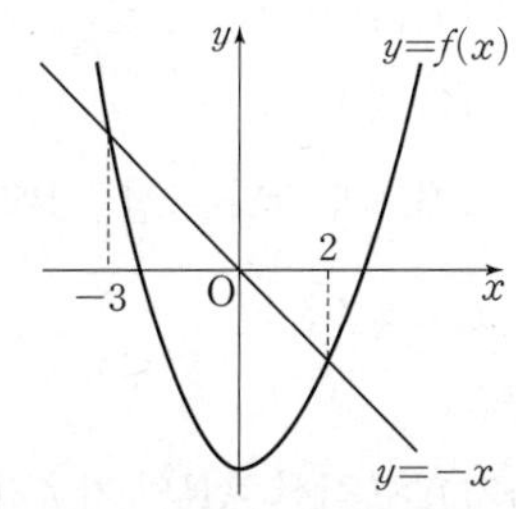

주어진 부등식의 해는 직선 $y=-x$가 이차함수 $y=f(x)$의 그래프보다 위쪽에 있는 x의 값의 범위이므로

$-3<x<2$

따라서 주어진 부등식을 만족시키는 모든 정수 x의 값은

-2, -1, 0, 1이므로 그 합은

$-2+(-1)+0+1=-2$

042 답 ②

직선 $y=f(x)$가 점 A(4, 0)을 지나므로

$f(x)=k(x-4)$ $(k<0)$이라 하면

$f(-x)=-k(x+4)$

$2^{f(-x)+1}\le16$에서 $2\times2^{f(-x)}\le16$

$2^{f(-x)}\le8$, $2^{-k(x+4)}\le2^3$

이때 밑 2가 $2>1$이므로

$-k(x+4)\le3$

$\therefore x\le-\frac{3}{k}-4$ $(\because k<0)$

주어진 부등식을 만족시키는 x의 값의 범위가 $x\le5$이므로

$-\frac{3}{k}-4=5$ $\therefore k=-\frac{1}{3}$

즉, $f(x)=-\frac{1}{3}(x-4)$이므로

$a=f(0)=\frac{4}{3}$ $\therefore \mathrm{B}\left(0, \frac{4}{3}\right)$

따라서 삼각형 OAB의 넓이는

$\frac{1}{2}\times\overline{\mathrm{OA}}\times\overline{\mathrm{OB}}=\frac{1}{2}\times4\times\frac{4}{3}=\frac{8}{3}$

043 답 ③

두 함수 $f(x)=-5^x+m$, $g(x)=k\times5^{-x}-2m$의 그래프가 서로 다른 두 점 A, B에서 만나므로 두 점 A, B의 x좌표는 방정식 $f(x)=g(x)$의 두 근과 같다.

방정식 $-5^x+m=k\times5^{-x}-2m$, 즉

$(5^x)^2-3m\times5^x+k=0$의 두 근을 α, β라 하면

$\mathrm{A}(\alpha, -5^\alpha+m)$, $\mathrm{B}(\beta, -5^\beta+m)$

선분 AB의 중점의 좌표가 $(1, -6)$이므로

$\frac{\alpha+\beta}{2}=1$, $\frac{-5^\alpha+m-5^\beta+m}{2}=-6$

$\therefore \alpha+\beta=2$, $5^\alpha+5^\beta=2m+12$

한편, α, β는 $(5^x)^2-3m\times5^x+k=0$의 두 근이므로

$5^\alpha+5^\beta=3m$, $5^\alpha\times5^\beta=k$

이때 $5^\alpha+5^\beta=3m$이고 $5^\alpha+5^\beta=2m+12$에서

$3m=2m+12$ $\therefore m=12$

또한, $k=5^{\alpha+\beta}=5^2=25$이므로

$k+m=25+12=37$

044 답 ②

두 곡선 $y=\log_n x$, $y=-\log_n(x+3)+1$이 만나는 점의 x좌표는 $\log_n x=-\log_n(x+3)+1$을 만족시키는 x의 값과 같다.

진수의 조건에서 $x>0$이고

$-\log_n(x+3)+1=\log_n\frac{n}{x+3}$이므로

$\log_n x=\log_n\frac{n}{x+3}$에서 $x=\frac{n}{x+3}$

$x^2+3x-n=0$

$f(x)=x^2+3x-n=\left(x+\frac{3}{2}\right)^2-n-\frac{9}{4}$라 할 때, 두 곡선이 만나는 점의 x좌표가 1보다 크고 2보다 작으려면 $f(1)<0$, $f(2)>0$이어야 한다.

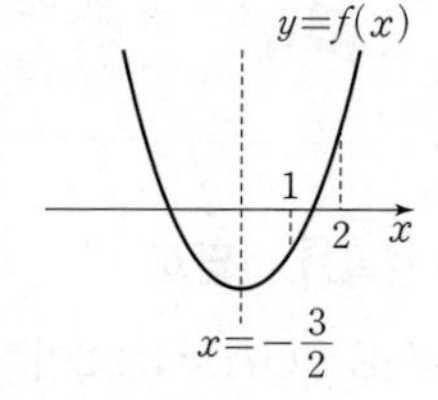

$f(1)=4-n<0$에서 $n>4$ …… ㉠

$f(2)=10-n>0$에서 $n<10$ …… ㉡

㉠, ㉡에서 $4<n<10$이므로 조건을 만족시키는 자연수 n의 값은 5, 6, 7, 8, 9이고, 그 합은

$5+6+7+8+9=35$

다른 풀이

$f(x)=\log_n x$, $g(x)=-\log_n(x+3)+1=\log_{\frac{1}{n}}(x+3)+1$이라 하면 $n\ge2$이므로

함수 $f(x)$는 x의 값이 증가할 때 $f(x)$의 값도 증가하고,

함수 $g(x)$는 x의 값이 증가할 때 $g(x)$의 값은 감소한다.

즉, 두 곡선 $y=f(x)$, $y=g(x)$가 만나는 점의 x좌표가 1보다 크고 2보다 작으려면

$f(1)<g(1)$, $f(2)>g(2)$
이어야 하므로
$0<-\log_n 4+1$, $\log_n 2>-\log_n 5+1$에서
$\log_n 4<1$, $\log_n 10>1$
$\therefore 4<n<10$

045 답 ②

지수함수 $y=2^x$의 그래프를 x축의 방향으로 p만큼 평행이동하면
$y=2^{x-p}$ $\quad\therefore f(x)=2^{x-p}$
로그함수 $y=\log_2 x$의 그래프를 y축의 방향으로 p만큼 평행이동하면
$y=\log_2 x+p$ $\quad\therefore g(x)=\log_2 x+p$
이때 두 함수 $f(x)=2^{x-p}$, $g(x)=\log_2 x+p$는 서로 역함수 관계이므로 직선 $y=x$와 함수 $y=g(x)$의 그래프가 만나는 점은 두 함수 $y=f(x)$, $y=g(x)$의 그래프가 만나는 점과 같다.
즉, 두 점 A, B가 직선 $y=x$ 위에 있으므로 두 점 A, B의 좌표를 각각 (α, α), (β, β) $(\alpha<\beta)$라 하면
$\overline{AB}=\sqrt{2}$이므로
$\sqrt{(\beta-\alpha)^2+(\beta-\alpha)^2}=\sqrt{2}$, $2(\beta-\alpha)^2=2$
$\therefore \beta-\alpha=1$ $(\because \alpha<\beta)$ …… ㉠
두 점 $A(\alpha, \alpha)$, $B(\beta, \beta)$가 함수 $g(x)=\log_2 x+p$의 그래프 위의 점이므로
$g(\alpha)=\log_2 \alpha+p=\alpha$ …… ㉡
$g(\beta)=\log_2 \beta+p=\beta$ …… ㉢
㉢−㉡을 하면
$\log_2 \beta-\log_2 \alpha=\beta-\alpha$ …… ㉣
㉠, ㉣에서 $\log_2 \beta-\log_2 \alpha=1$
$\log_2 \frac{\beta}{\alpha}=1$, $\frac{\beta}{\alpha}=2$
$\therefore \beta=2\alpha$ …… ㉤
㉠, ㉤에서 $\alpha=1$, $\beta=2$이므로 이것을 ㉡에 대입하면
$1=\log_2 1+p$
$\therefore p=1$

046 답 ②

$\overline{OB}:\overline{OA}=1:2$이므로
점 B의 좌표를 (x_1, y_1)이라 하면 점 A의 좌표는 $(2x_1, 2y_1)$이라 할 수 있다.
두 점 A, B는 곡선 $y=\log_a x$ 위의 점이므로
$y_1=\log_a x_1$ …… ㉠
$2y_1=\log_a 2x_1$ …… ㉡
㉠, ㉡에서
$2y_1=\log_a 2+\log_a x_1$
$2y_1=\log_a 2+y_1$
$\therefore y_1=\log_a 2$ …… ㉢
㉠, ㉢에 의하여
$\log_a x_1=\log_a 2$이므로 $x_1=2$
$\therefore B(2, \log_a 2)$

이때 선분 BB′은 직선 $y=3x$와 서로 수직이므로 직선 BB′의 기울기는 $-\frac{1}{3}$이고 점 B′의 좌표는 $(1, 3)$이므로 두 점 B, B′을 지나는 직선의 방정식은
$y=-\frac{1}{3}(x-1)+3$, 즉 $y=-\frac{1}{3}x+\frac{10}{3}$
이 직선이 점 $B(2, \log_a 2)$를 지나므로
$\log_a 2=-\frac{1}{3}\times 2+\frac{10}{3}=\frac{8}{3}$
$\therefore a^{\frac{8}{3}}=2$
$\therefore a^{16}=(a^{\frac{8}{3}})^6=2^6=64$

047 답 ③

ㄱ. 함수 $y=\log_{\frac{1}{2}} x$의 역함수가 $y=\left(\frac{1}{2}\right)^x$이고, 직선 $y=-x+3$이 함수 $y=\log_{\frac{1}{2}} x$의 그래프와 만나는 점의 좌표가 $P(x_1, y_1)$이므로 직선 $y=-x+3$이 함수 $y=\left(\frac{1}{2}\right)^x$의 그래프와 만나는 점을 R라 하면

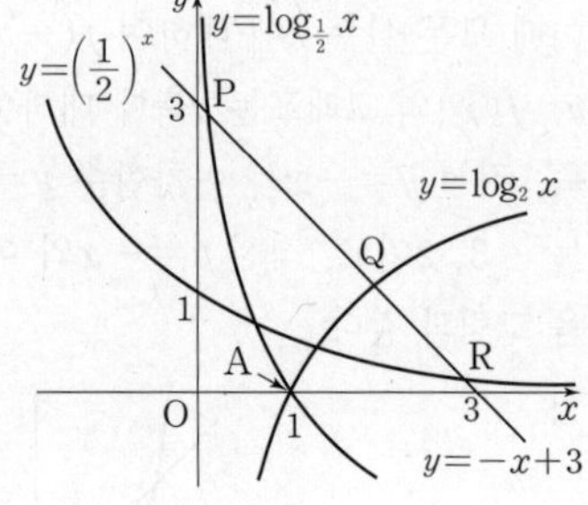

$R(y_1, x_1)$ $\quad\therefore x_2<y_1$ (참)
ㄴ. $A(1, 0)$이라 하면
(직선 AQ의 기울기)>(직선 AR의 기울기)이므로
$\frac{y_2}{x_2-1}>\frac{x_1}{y_1-1}$
이때 $x_2>1$, $y_1>1$이므로
$x_1(x_2-1)<y_2(y_1-1)$ (거짓)
ㄷ. 점 $P(x_1, y_1)$은 직선 $y=-x+3$ 위의 점이므로
$y_1=-x_1+3$ $\quad\therefore x_1+y_1=3$
이때 ㄱ에서 $x_2<y_1$이므로 $x_1+x_2<x_1+y_1=3<5$
$\therefore x_1+x_2<5$ (참)
따라서 옳은 것은 ㄱ, ㄷ이다.

048 답 ③

$y=3^{x-a}$의 역함수는 $y=\log_3 x+a$이고 곡선 $y=\log_3 x+a$를 원점에 대하여 대칭이동한 곡선의 방정식은 $y=-\log_3(-x)-a$이므로 두 점 A, B와 두 점 D, C는 각각 원점에 대하여 서로 대칭이다.
점 C의 x좌표를 k $(k>0)$이라 하면 점 B의 x좌표는 $-k$이고, $\overline{AB}=\overline{BC}=\overline{CD}$이므로 두 점 A, D의 x좌표는 각각 $-3k$, $3k$이다.

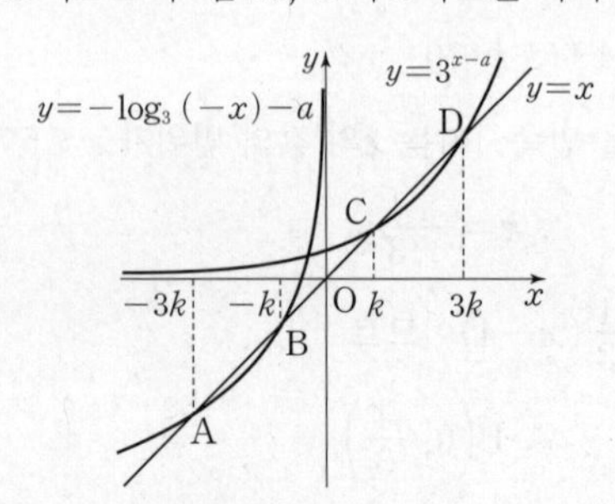

곡선 $y=3^{x-a}$이 두 점 C$(k,\ k)$, D$(3k,\ 3k)$를 지나므로

$k=3^{k-a}$, $3k=3^{3k-a}$

$3\times3^{k-a}=3^{3k-a}$, 즉 $3^{1+k-a}=3^{3k-a}$에서

$1+k-a=3k-a \qquad \therefore k=\frac{1}{2}$

또한, 곡선 $y=-\log_3(-x)-a$가 점 B$(-k,\ -k)$, 즉

B$\left(-\frac{1}{2},\ -\frac{1}{2}\right)$을 지나므로

$-\frac{1}{2}=-\log_3\frac{1}{2}-a$

$\therefore a=\frac{1}{2}+\log_3 2=\log_3 2\sqrt{3}$

049 답 ⑤

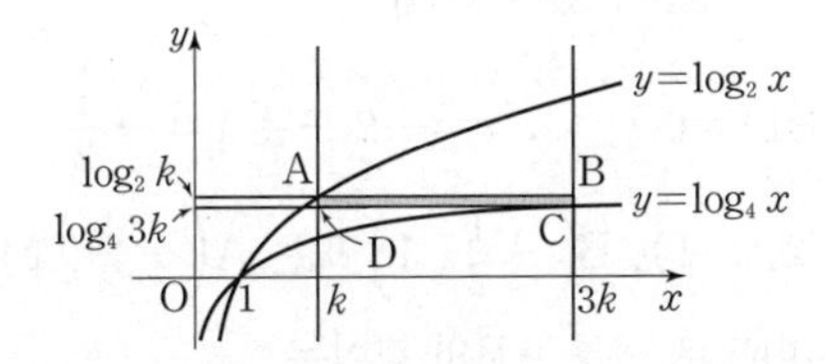

위의 그림에서 직사각형 ABCD의 가로의 길이는

$\overline{AB}=3k-k=2k$이고, 세로의 길이는

$\overline{AD}=\log_2 k-\log_4 3k=2\log_4 k-\log_4 3k=\log_4\frac{k^2}{3k}=\log_4\frac{k}{3}$

$\therefore S(k)=\overline{AB}\times\overline{AD}=2k\times\log_4\frac{k}{3}=k\log_2\frac{k}{3}$

ㄱ. $S(6)=6\log_2\frac{6}{3}=6$ (참)

ㄴ. $k_1>k_2>3$이면

$S(k_1)=k_1\log_2\frac{k_1}{3}>k_2\log_2\frac{k_1}{3}>k_2\log_2\frac{k_2}{3}=S(k_2)$ (참)

ㄷ. $S(k)=n$에서

$k\log_2\frac{k}{3}=n$, $\log_2\frac{k}{3}=\frac{n}{k}$

함수 $y=\log_2\frac{x}{3}$의 그래프와 함수

$y=\frac{n}{x}$의 그래프는 오른쪽 그림과 같

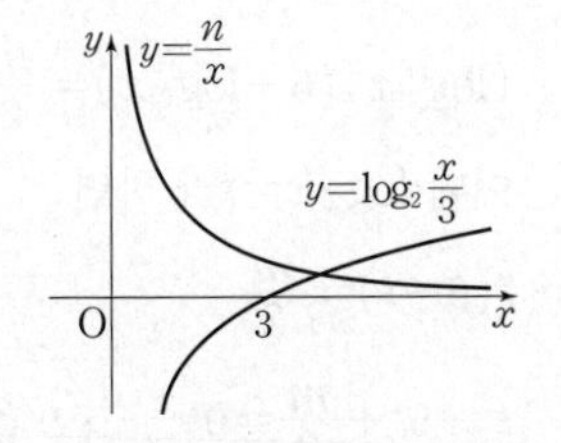

이 항상 제1사분면에서 만나므로 그 점의 x좌표는 항상 $x>3$이다. 즉, $S(k)=n$을 만족시키는 $k>3$인 k가 반드시 하나 존재한다. (참)

따라서 옳은 것은 ㄱ, ㄴ, ㄷ이다.

050 답 ③

점 $A_1(a,\ \log_2 a)$를 지나고 x축에 평행한 직선이 함수 $y=\log_4 x$의 그래프와 만나는 점이 A_2이므로 점 A_2의 x좌표는

$\log_2 a=\log_4 x$에서

$\log_2 a=\frac{1}{2}\log_2 x$, $\log_2 a^2=\log_2 x \qquad \therefore x=a^2$

$\therefore A_2(a^2,\ \log_2 a)$

점 $A_2(a^2,\ \log_2 a)$를 지나고 y축에 평행한 직선이 함수 $y=\log_2 x$의 그래프와 만나는 점이 A_3이므로

$A_3(a^2,\ 2\log_2 a)$

점 $A_3(a^2,\ 2\log_2 a)$를 지나고 x축에 평행한 직선이 함수 $y=\log_4 x$의 그래프와 만나는 점이 A_4이므로 점 A_4의 x좌표는

$2\log_2 a=\log_4 x$에서

$2\log_2 a=\frac{1}{2}\log_2 x$, $\log_2 a^4=\log_2 x \qquad \therefore x=a^4$

$\therefore A_4(a^4,\ 2\log_2 a)$

점 $A_4(a^4,\ 2\log_2 a)$를 지나고 y축에 평행한 직선이 함수 $y=\log_2 x$의 그래프와 만나는 점이 A_5이므로

$A_5(a^4,\ 4\log_2 a)$

따라서 삼각형 $A_1A_2A_3$의 넓이 S_1은

$S_1=\frac{1}{2}\times\overline{A_1A_2}\times\overline{A_2A_3}$

$=\frac{1}{2}(a^2-a)(2\log_2 a-\log_2 a)$

$=\frac{1}{2}(a^2-a)\log_2 a$

이고, 삼각형 $A_3A_4A_5$의 넓이 S_2는

$S_2=\frac{1}{2}\times\overline{A_3A_4}\times\overline{A_4A_5}$

$=\frac{1}{2}(a^4-a^2)(4\log_2 a-2\log_2 a)$

$=(a^2-a)(a^2+a)\log_2 a$

이때 $8S_1=S_2$이므로

$4(a^2-a)\log_2 a=(a^2-a)(a^2+a)\log_2 a$

$4=a^2+a$, $a^2+a-4=0$

$\therefore a=\frac{-1\pm\sqrt{17}}{2}$

이때 $a>1$이므로

$a=\frac{-1+\sqrt{17}}{2}$

051 답 ①

삼각형 ABC에서 $\angle A=90°$이므로

$S(x)=\frac{1}{2}\times\overline{AB}\times\overline{AC}$

$=\frac{1}{2}\times2\log_2 x\times\log_4\frac{16}{x}$

$=\log_2 x\times\left(2-\frac{1}{2}\log_2 x\right)$

$=-\frac{1}{2}(\log_2 x)^2+2\log_2 x$

$=-\frac{1}{2}(\log_2 x-2)^2+2$

$S(x)$는 $\log_2 x=2$, 즉 $x=4$일 때 최댓값 2를 갖는다.

따라서 $a=4$, $M=2$이므로

$a+M=4+2=6$

052 답 ③

$f(x)=\log_{\frac{1}{a}}(x^2-6x+134)$에서

$g(x)=x^2-6x+134$라 하면

$g(x)=(x-3)^2+125$

이므로 $g(x)$는 $x=3$에서 최솟값을 갖고, 최댓값은 없다.

그런데 모든 실수 x에 대하여 함수 $f(x)$의 최댓값이 -3이므로 함수 $f(x)$는 x의 값이 증가할수록 $f(x)$의 값이 작아지는 함수이어야 한다. 즉, 로그의 밑이 0과 1 사이의 수이어야 하므로

$0<\frac{1}{a}<1$

또한, 함수 $f(x)$는 $g(x)$가 최소일 때 최댓값을 가지므로

$\log_{\frac{1}{a}} 125=-3$, $-3\log_a 5=-3$

$\log_a 5=1$

$\therefore a=5$

053 답 ⑤

$2\log_2 x+\log_2 8y=5$에서

$2\log_2 x+(3+\log_2 y)=5$, $\log_2 x^2+\log_2 y=2$

$\log_2 x^2y=2 \qquad \therefore x^2y=4$

이때 $4x^2>0$, $y>0$이므로 산술평균과 기하평균의 관계에 의하여

$4x^2+y\geq 2\sqrt{4x^2\times y}=2\sqrt{4\times 4}=8$

(단, 등호는 $4x^2=y$, 즉 $x=1$, $y=4$일 때 성립한다.)

$\therefore \log_2(4x^2+y)\geq \log_2 8=3$

따라서 $\log_2(4x^2+y)$의 최솟값은 3이다.

054 답 ⑤

$f(x)=4x^{4-\log_2 x}$에서

$\log_2 f(x)=\log_2 4x^{4-\log_2 x}$

$=\log_2 4+\log_2 x^{4-\log_2 x}$

$=2+(4-\log_2 x)\log_2 x$

이때 $\log_2 f(x)=Y$, $\log_2 x=X\ (X>0)$이라 하면

$Y=2+(4-X)X$

$=-X^2+4X+2$

$=-(X-2)^2+6$

즉, Y는 $X=2$일 때 최댓값 6을 가지므로

$\log_2 x=2$에서 $x=4$

$\log_2 f(x)=6$에서 $f(x)=2^6=64$

따라서 함수 $f(x)$는 $x=4$일 때 최댓값 64를 가지므로

$a=4$, $M=64$

$\therefore a+M=4+64=68$

055 답 ⑤

두 점 A, B가 두 곡선 $y=-\log_2(-x)$, $y=\log_2(x+2a)$의 교점이므로

$-\log_2(-x)=\log_2(x+2a)$에서

$\log_2(x+2a)+\log_2(-x)=0$, $\log_2\{-x(x+2a)\}=0$

$-x(x+2a)=1$

$\therefore x^2+2ax+1=0 \quad \cdots\cdots ㉠$

두 점 A, B를 각각 $A(x_1, y_1)$, $B(x_2, y_2)$라 하면 x_1, x_2는 이차방정식 ㉠의 두 근이므로 이차방정식의 근과 계수의 관계에 의하여

$x_1+x_2=-2a$, $x_1x_2=1$

이때

$y_1+y_2=-\log_2(-x_1)+\{-\log_2(-x_2)\}$

$=-\log_2 x_1x_2$

$=-\log_2 1=0$

이므로 선분 AB의 중점의 좌표는 $\left(\frac{x_1+x_2}{2}, \frac{y_1+y_2}{2}\right)$,

즉 $(-a, 0)$이다.

이 점이 직선 $4x+3y+5=0$ 위에 있으므로

$4\times(-a)+3\times 0+5=0$

$4a=5 \qquad \therefore a=\frac{5}{4}$

$a=\frac{5}{4}$를 ㉠에 대입하면

$x^2+\frac{5}{2}x+1=0$, $2x^2+5x+2=0$

$(x+2)(2x+1)=0 \qquad \therefore x=-2$ 또는 $x=-\frac{1}{2}$

따라서 $A(-2, -1)$, $B\left(-\frac{1}{2}, 1\right)$ 또는 $A\left(-\frac{1}{2}, 1\right)$, $B(-2, -1)$이므로 선분 AB의 길이는

$\sqrt{\left\{-2-\left(-\frac{1}{2}\right)\right\}^2+(-1-1)^2}=\sqrt{\frac{9}{4}+4}=\frac{5}{2}$

056 답 18

진수의 조건에 의하여 $x>0$

$(\log_2 x)\left(\log_2 \frac{64}{x}\right)=\frac{m}{2}$에서

$(\log_2 x)(\log_2 64-\log_2 x)=\frac{m}{2}$

$(\log_2 x)(6-\log_2 x)=\frac{m}{2}$

이때 $\log_2 x=t$라 하면

$t(6-t)=\frac{m}{2}$

$t^2-6t+\frac{m}{2}=0 \quad \cdots\cdots ㉠$

주어진 방정식이 실근을 가지려면 이차방정식 ㉠도 실근을 가져야 하므로 이차방정식 ㉠의 판별식을 D라 하면

$\frac{D}{4}=(-3)^2-\frac{m}{2}\geq 0$

$\frac{m}{2}\leq 9 \qquad \therefore m\leq 18$

따라서 구하는 자연수 m의 개수는 1, 2, 3, $\cdots$, 18의 18이다.

057 답 ①

$(\log_2 x)^2+3=k\log_2 x$에서 $\log_2 x=t$라 하면

$t^2-kt+3=0$

방정식 $(\log_2 x)^2+3=k\log_2 x$의 서로 다른 두 근의 비가 1 : 4이므로 두 근을 α, 4α라 하면

진수의 조건에 의하여 $\alpha>0$이고,

이차방정식 $t^2-kt+3=0$의 두 근은 $\log_2\alpha$, $\log_2 4\alpha$이다.

이차방정식의 근과 계수의 관계에 의하여

$\log_2 a+\log_2 4a=k$에서 $\log_2 a+\log_2 4+\log_2 a=k$

$\therefore 2\log_2 a+2=k$ ...... ㉠

$(\log_2 a)(\log_2 4a)=3$

$\therefore (\log_2 a)(2+\log_2 a)=3$ ...... ㉡

㉡에서 $\log_2 a=s$라 하면

$s(2+s)=3$

$s^2+2s-3=0$, $(s-1)(s+3)=0$

$\therefore s=1$ 또는 $s=-3$

(i) $s=1$, 즉 $\log_2 a=1$이면

㉠에서 $k=2\times1+2=4$

(ii) $s=-3$, 즉 $\log_2 a=-3$이면

㉠에서 $k=2\times(-3)+2=-4$

따라서 모든 실수 k의 값의 합은

$4+(-4)=0$

058 답 ②

$a^{1-x}\le a^{x-5}$에서

(i) $0<a<1$일 때

$1-x\ge x-5$, $2x\le6$ $\therefore x\le3$

즉, 부등식의 해가 $x\ge3$이라는 조건을 만족시키지 않는다.

(ii) $a>1$일 때

$1-x\le x-5$, $2x\ge6$ $\therefore x\ge3$

(i), (ii)에서 $a>1$

$\log_a(x+1)<\log_a(7-2x)$에서 $a>1$이므로

$x+1<7-2x$, $3x<6$ $\therefore x<2$ ...... ㉠

진수의 조건에 의하여

$x+1>0$, $7-2x>0$ $\therefore -1<x<\frac{7}{2}$ ...... ㉡

㉠, ㉡에서 $-1<x<2$

059 답 ①

두 점 $A\left(1, -\frac{1}{2}\right)$, $B(1, 0)$을 지나는 직선의 방정식은 $x=1$,

두 점 $C(2, 2)$, $D(26, 2)$를 지나는 직선의 방정식은 $y=2$이다.

곡선 $y=\log_a(x+1)-1$은 점 $(0, -1)$을 지나고 이 곡선이 두 선분 AB, CD와 모두 만나려면 $a>1$이어야 한다.

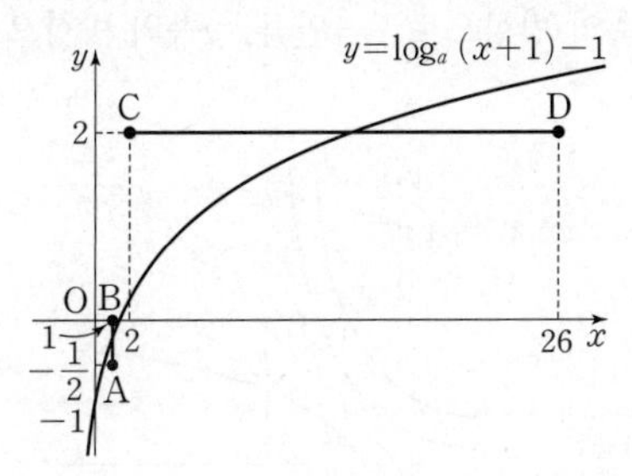

$f(x)=\log_a(x+1)-1$이라 하면 함수 $y=f(x)$의 그래프가 선분 AB와 만나야 하므로 $-\frac{1}{2}\le f(1)\le0$이어야 한다.

즉, $-\frac{1}{2}\le\log_a 2-1\le0$에서 $\frac{1}{2}\le\log_a 2\le1$

$\log_a\sqrt{a}\le\log_a 2\le\log_a a$, $\sqrt{a}\le2\le a$

$\therefore 2\le a\le4$ ...... ㉠

또한, 함수 $y=f(x)$의 그래프가 선분 CD와 만나야 하므로

$f(2)\le2$, $f(26)\ge2$이어야 한다.

$f(2)=\log_a 3-1\le2$에서 $\log_a 3\le3=\log_a a^3$

$a>1$이므로

$a^3\ge3$ $\therefore a\ge3^{\frac{1}{3}}$ ...... ㉡

$f(26)=\log_a 27-1\ge2$에서 $\log_a 27\ge3=\log_a a^3$

$a>1$이므로

$a^3\le27$ $\therefore a\le3$ ...... ㉢

㉡, ㉢에서 $3^{\frac{1}{3}}\le a\le3$ ...... ㉣

㉠, ㉣에서 $2\le a\le3$이므로 조건을 만족시키는 자연수 a는 2, 3이고 그 합은

$2+3=5$

060 답 ④

진수의 조건에 의하여 $bx>0$

함수 $f(x)=\log_a bx$의 그래프가 점 $(1, 1)$을 지나므로

$1=\log_a b$ $\therefore a=b$ ...... ㉠

함수 $f(x)=\log_a bx$의 그래프가 점 $(4, -1)$을 지나므로

$-1=\log_a 4b$, $4b=a^{-1}$ $\therefore ab=\frac{1}{4}$ ...... ㉡

㉠, ㉡에서 $a^2=\frac{1}{4}$

이때 밑의 조건에 의하여 $a>0$, $a\ne1$이므로

$a=\frac{1}{2}$, $b=\frac{1}{2}$

즉, $f(x)=\log_{\frac{1}{2}}\frac{1}{2}x=1-\log_2 x$이므로

$f(x^2)>f(8x)$에서

$1-\log_2 x^2>1-\log_2 8x$, $\log_2 x^2<\log_2 8x$

이때 밑 2가 $2>1$이므로

$x^2<8x$, $x(x-8)<0$

$\therefore 0<x<8$

따라서 구하는 정수 x의 개수는 1, 2, 3, ⋯, 7의 7이다.

다른 풀이

진수의 조건에 의하여 $bx>0$ ...... ㉢

함수 $f(x)=\log_a bx$의 그래프가 두 점 $(1, 1)$, $(4, -1)$을 지나므로 이 함수는 x의 값이 증가할 때 $f(x)$의 값은 감소하고, x의 값이 양수일 때 함숫값이 존재한다.

즉, $0<a<1$이고 ㉢에서 $b>0$이므로

$f(x^2)>f(8x)$, 즉 $\log_a bx^2>\log_a 8bx$에서

$bx^2<8bx$ $\therefore x^2<8x$

061 답 ③

진수의 조건에 의하여 $x>0$

$(\log_3 x)^2-2\log_3 x+k=0$ ...... ㉠

$\log_3 x=t$라 하면

$t^2-2t+k=0$ ...... ㉡

방정식 ㉠의 두 근을 α, β라 하면 t에 대한 이차방정식 ㉡의 두 근은 $\log_3\alpha$, $\log_3\beta$이다.

이때 $\frac{1}{3}<\alpha<9$, $\frac{1}{3}<\beta<9$이므로

$-1<\log_3\alpha<2$, $-1<\log_3\beta<2$

$f(t)=t^2-2t+k=(t-1)^2+k-1$

이라 하면 함수 $y=f(t)$의 그래프는 오른쪽 그림과 같다. 즉, 이차방정식 ㉡의 두 근이 -1과 2 사이에 있어야 하므로 ㉡의 판별식을 D라 하면

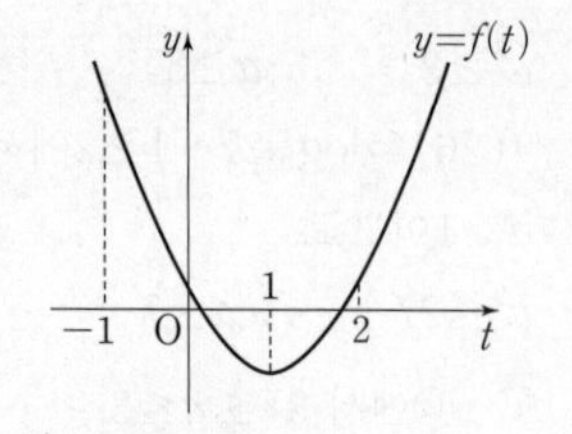

(i) $\frac{D}{4}=(-1)^2-k\ge0$ $\therefore k\le1$

(ii) $f(-1)=3+k>0$ $\therefore k>-3$

(iii) $f(2)=k>0$

(i), (ii), (iii)에서 실수 k의 값의 범위는

$0<k\le1$

최고 등급 도전하기

본문 25~32쪽

062 답 ②

네 점 $A\left(0, \frac{1}{2}\right)$, $B(0, 2)$, $C(k, 2^{k-1})$, $D(k, 2^{k+1})$에 대하여

직선 AD의 방정식은

$$y=\frac{2^{k+1}-\frac{1}{2}}{k}x+\frac{1}{2}$$

직선 BC의 방정식은

$$y=\frac{2^{k-1}-2}{k}x+2$$

두 직선 AD, BC의 교점 P의 x좌표를 구하면

$$\frac{2^{k+1}-\frac{1}{2}}{k}x+\frac{1}{2}=\frac{2^{k-1}-2}{k}x+2$$에서

$$x=\frac{3k}{2^{k+2}-2^k+3}$$

또한, 두 선분 AB, CD의 길이는 각각

$\overline{AB}=2-\frac{1}{2}=\frac{3}{2}$, $\overline{CD}=2^{k+1}-2^{k-1}=2^k\left(2-\frac{1}{2}\right)=\frac{3}{2}\times2^k$

이때 y축과 직선 $x=k$가 평행하므로 $\angle BAP=\angle CDP$이고 $\angle APB=\angle DPC$이므로 두 삼각형 APB, DPC는 서로 닮은 도형(AA 닮음)이다.

두 삼각형 APB, DPC의 넓이의 비가 $1:64$이므로 길이의 비는 $1:8$이다.

즉, $\frac{3}{2}:\frac{3}{2}\times2^k=1:8$에서 $\frac{3}{2}\times2^k=\frac{3}{2}\times8$ $\therefore k=3$

따라서 점 P의 x좌표는 $x=\frac{3\times3}{2^5-2^3+3}=\frac{1}{3}$이므로 점 P의 y좌표는

$$y=\frac{2^2-2}{3}\times\frac{1}{3}+2=\frac{20}{9}$$

다른 풀이

두 삼각형 APB, DPC의 넓이의 비가 $1:64$이므로

$$\frac{3}{2}\times\frac{3k}{2^{k+2}-2^k+3}:\frac{3}{2}\times2^k\times\left(k-\frac{3k}{2^{k+2}-2^k+3}\right)=1:64$$

위의 식을 정리하면

$3\times2^{2k}=3\times64$ $\therefore k=3$

063 답 40

부등식 $\left(\frac{1}{2}\right)^{f(x)}\le\left(\frac{1}{2}\right)^{g(x)}$에서 밑 $\frac{1}{2}$이 $0<\frac{1}{2}<1$이므로

이 부등식의 해는 부등식 $f(x)\ge g(x)$의 해와 같고, 주어진 그래프에서 $f(x)\ge g(x)$를 만족시키는 x의 값의 범위는

$-1\le x\le3$

한편, 부등식 $3^{2x^2+a}\le9^{bx}$에서

$3^{2x^2+a}\le3^{2bx}$

이때 밑 3이 $3>1$이므로

$2x^2+a\le2bx$

$2x^2-2bx+a\le0$

이 부등식의 해가 $-1\le x\le3$이어야 하므로

$$\begin{aligned}2x^2-2bx+a&=2(x+1)(x-3)\\&=2x^2-4x-6\end{aligned}$$

따라서 $2b=4$에서 $b=2$이고 $a=-6$이므로

$a^2+b^2=(-6)^2+2^2=40$

참고

두 함수 $y=f(x)$, $y=g(x)$의 그래프를 살펴보면

$x<-1$, $x>3$일 때, $f(x)<g(x)$

$-1<x<3$일 때, $f(x)>g(x)$

따라서 지수에 미지수를 포함한 부등식을 만족시키는 해가 부등식 $f(x)\ge g(x)$의 해와 같으므로 이 부등식의 해는 함수 $y=f(x)$의 그래프가 함수 $y=g(x)$의 그래프와 만나거나 위쪽에 있는 x의 값의 범위인 $-1\le x\le3$이다.

064 답 512

점 $A(n, 0)$을 지나고 y축에 평행한 직선이 곡선 $y=\log_2 x$와 만나는 점이 B이므로 $B(n, \log_2 n)$이다.

점 B를 직선 $y=x$에 대하여 대칭이동한 점을 B′이라 하면 $B'(\log_2 n, n)$이고 점 B′은 곡선 $y=2^x$ 위에 있다.

이때 곡선 $y=2^{x+1}+1$은 다음 그림과 같이 곡선 $y=2^x$을 x축의 방향으로 -1만큼, y축의 방향으로 1만큼 평행이동한 것이므로 점 C는 점 B′을 x축의 방향으로 -1만큼, y축의 방향으로 1만큼 평행이동한 것이다.

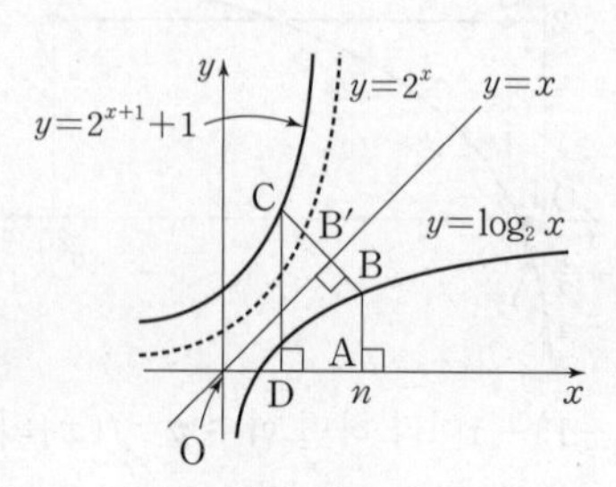

즉, $C(\log_2 n-1, n+1)$, $D(\log_2 n-1, 0)$이다.

$\overline{AB}=\log_2 n$, $\overline{CD}=n+1$이므로

$f(n)=\overline{AB}+\overline{CD}=\log_2 n+(n+1)$

이때 n이 자연수이므로 $f(n)$이 자연수이려면 $\log_2 n$이 자연수이어야 한다. 즉, $n=2^k$ $(k=0, 1, 2, \cdots)$ 꼴이어야 한다.

$f(2^k)=\log_2 2^k+(2^k+1)$
$\quad\quad=(k+1)+2^k$

에서

$n=2^0$일 때, $f(2^0)=(0+1)+2^0=2$

$n=2^1$일 때, $f(2^1)=(1+1)+2^1=4$

$n=2^2$일 때, $f(2^2)=(2+1)+2^2=7$

$\vdots$

$n=2^8$일 때, $f(2^8)=(8+1)+2^8=265$

$n=2^9$일 때, $f(2^9)=(9+1)+2^9=522$

$\vdots$

따라서 $f(n)$이 500보다 큰 자연수가 되도록 하는 n의 최솟값은 2^9, 즉 512이다.

065 답 6

$x^{3n}-2\times x^{2n}-8\times x^n+16=0$에서

$x^n=t$라 하면

$t^3-2t^2-8t+16=0$, $(t-2)(t^2-8)=0$

$\therefore t=2$ 또는 $t=2^{\frac{3}{2}}$ 또는 $t=-2^{\frac{3}{2}}$

$\therefore x^n=2$ 또는 $x^n=2^{\frac{3}{2}}$ 또는 $x^n=-2^{\frac{3}{2}}$

(i) n이 홀수일 때

$x^n=2$ 또는 $x^n=2^{\frac{3}{2}}$ 또는 $x^n=-2^{\frac{3}{2}}$에서 실근은 $2^{\frac{1}{n}}$, $2^{\frac{3}{2n}}$, $-2^{\frac{3}{2n}}$이고 이때의 모든 실근의 합은 $2^{\frac{1}{n}}$이므로 주어진 조건을 만족시키지 않는다.

(ii) n이 짝수일 때

$x^n>0$이어야 하므로

$x^n=2$ 또는 $x^n=2^{\frac{3}{2}}$이고

실근은 $2^{\frac{1}{n}}$, $-2^{\frac{1}{n}}$, $2^{\frac{3}{2n}}$, $-2^{\frac{3}{2n}}$이므로 이때의 모든 실근의 합은 0이다.

또한, 모든 실근의 곱은

$2^{\frac{1}{n}}\times(-2^{\frac{1}{n}})\times 2^{\frac{3}{2n}}\times(-2^{\frac{3}{2n}})=2^{\frac{5}{n}}$

$2^{\frac{5}{n}}>2$에서 $\frac{5}{n}>1$

$\therefore n=2$ 또는 $n=4$

따라서 구하는 n의 값의 합은

$2+4=6$

066 답 23

조건 (가)의 $\dfrac{3}{\log_{\sqrt{a}} 27}+\dfrac{3}{\log_{\sqrt[3]{b}} 9}+\dfrac{2}{\log_{\sqrt[4]{c}} 3}=6$에서

$\dfrac{1}{\log_{\sqrt{a}} 3}+\dfrac{3}{2\log_{\sqrt[3]{b}} 3}+\dfrac{2}{\log_{\sqrt[4]{c}} 3}=6$

$\log_3 \sqrt{a}+\dfrac{3}{2}\log_3 \sqrt[3]{b}+2\log_3 \sqrt[4]{c}=6$

$\dfrac{1}{2}\log_3 a+\dfrac{1}{2}\log_3 b+\dfrac{1}{2}\log_3 c=6$ $\quad\cdots\cdots$ ㉠

조건 (나)에서 $a\sqrt{a}$의 양수인 네제곱근은 $\sqrt[4]{a\sqrt{a}}$이고, b의 양수인 제곱근은 $\sqrt{b}$이므로

$\sqrt[4]{a\sqrt{a}}=\sqrt{b}$ $\quad\therefore a^{\frac{3}{8}}=b^{\frac{1}{2}}$ $\quad\cdots\cdots$ ㉡

조건 (다)에서 $-b$의 실수인 세제곱근은 $\sqrt[3]{-b}$이고, c의 양수인 제곱근은 $\sqrt{c}$이므로

$\sqrt[3]{-b}+\sqrt{c}=0$ $\quad\therefore -\sqrt[3]{-b}=\sqrt{c}$

이때 $\sqrt[3]{-b}=-\sqrt[3]{b}$이므로

$\sqrt[3]{b}=\sqrt{c}$ $\quad\therefore b^{\frac{1}{3}}=c^{\frac{1}{2}}$ $\quad\cdots\cdots$ ㉢

㉡, ㉢에서 $a=b^{\frac{4}{3}}$, $c=b^{\frac{2}{3}}$이므로

이것을 ㉠에 대입하면

$\dfrac{1}{2}\log_3 b^{\frac{4}{3}}+\dfrac{1}{2}\log_3 b+\dfrac{1}{2}\log_3 b^{\frac{2}{3}}=6$

$\dfrac{2}{3}\log_3 b+\dfrac{1}{2}\log_3 b+\dfrac{1}{3}\log_3 b=6$

$\dfrac{3}{2}\log_3 b=6$에서 $\log_3 b=4$ $\quad\therefore b=3^4$

즉, $a=3^{\frac{16}{3}}$, $c=3^{\frac{8}{3}}$이므로

$\log_3 \dfrac{ab}{c}=\log_3 3^{\frac{16}{3}+4-\frac{8}{3}}=\log_3 3^{\frac{20}{3}}=\dfrac{20}{3}$

따라서 $p=3$, $q=20$이므로

$p+q=23$

다른 풀이

㉠에서 $\log_3 a+\log_3 b+\log_3 c=12$, $\log_3 abc=12$

$\therefore abc=3^{12}$

㉡, ㉢에서 $a=b^{\frac{4}{3}}$, $c=b^{\frac{2}{3}}$이므로

$b^{\frac{4}{3}}\times b\times b^{\frac{2}{3}}=b^3=3^{12}$에서 $b=3^4$

$\therefore \log_3 \dfrac{ab}{c}=\log_3 \dfrac{b^{\frac{4}{3}}\times b}{b^{\frac{2}{3}}}=\log_3 b^{\frac{5}{3}}$

$\quad\quad=\log_3 3^{\frac{20}{3}}=\dfrac{20}{3}$

067 답 ①

함수 $y=a^x-5$의 역함수가 $y=\log_a(x+5)$

이때 함수 $y=\log_a(x+3)-2$의 그래프는 함수 $y=\log_a(x+5)$의 그래프를 x축의 방향으로 2만큼, y축의 방향으로 -2만큼 평행이동한 것이다.

곡선 $y=a^x-5$와 직선 $y=2x$의 교점 A의 x좌표를 k $(k>0)$이라 하면 점 $\mathrm{A}(k, 2k)$를 직선 $y=x$에 대하여 대칭이동한 점의 좌표는 $(2k, k)$이고, 이 점은 곡선 $y=\log_a(x+5)$ 위의 점이다.

또한, 점 $(2k, k)$를 x축의 방향으로 2만큼, y축의 방향으로 -2만큼 평행이동한 점 $(2k+2, k-2)$는 곡선 $y=\log_a(x+3)-2$ 위의 점이다.

이때 점 $\mathrm{A}(k, 2k)$를 지나고 기울기가 -1인 직선의 방정식은

$y-2k=-(x-k)$ $\quad\therefore y=-x+3k$ $\quad\cdots\cdots$ ㉠

점 $(2k+2, k-2)$의 좌표를 ㉠에 대입하면

$k-2=-(2k+2)+3k$

가 성립하므로 점 $(2k+2,\ k-2)$는 직선 ㉠ 위의 점이다.

즉, 점 $(2k+2,\ k-2)$는 직선 ㉠과 곡선 $y=\log_a(x+3)-2$ 위의 점이므로 교점인 점 B의 좌표는 $(2k+2,\ k-2)$가 된다.

즉, $\overline{OB}^2=(2k+2)^2+(k-2)^2=65$이므로

$5k^2+4k+8=65,\ 5k^2+4k-57=0$

$(k-3)(5k+19)=0 \qquad \therefore k=3\ (\because k>0)$

따라서 점 A(3, 6)이 곡선 $y=a^x-5$ 위의 점이므로

$a^3-5=6$

$\therefore a^3=11$

068 답 ③

ㄱ. 함수 $y=f(x)-1$의 그래프는 함수 $y=f(x)$의 그래프를 y축의 방향으로 -1만큼 평행이동한 것이므로 함수 $y=f(x)-1$의 그래프는 다음 그림과 같이 $0<x<1$에서 직선 $y=x$보다 아래쪽에 위치한다.

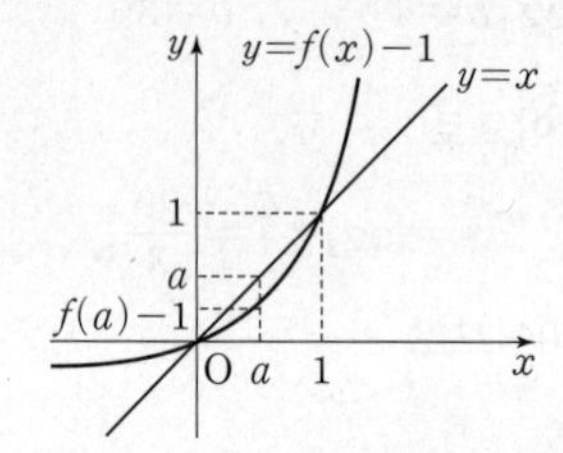

$0<a<1$일 때, $f(a)-1<a$이므로

$2^a-1<a \qquad \therefore 2^a<a+1$ (참)

ㄴ. ㄱ에서 $0<x<1$일 때 함수 $y=f(x)-1$의 그래프가 직선 $y=x$보다 아래쪽에 위치하고, $0<a<b<\frac{1}{2}$이면 $0<2a<2b<1$이므로 x좌표가 각각 $2a$, $2b$인 두 점을 지나는 직선 l의 기울기는 1보다 작다.

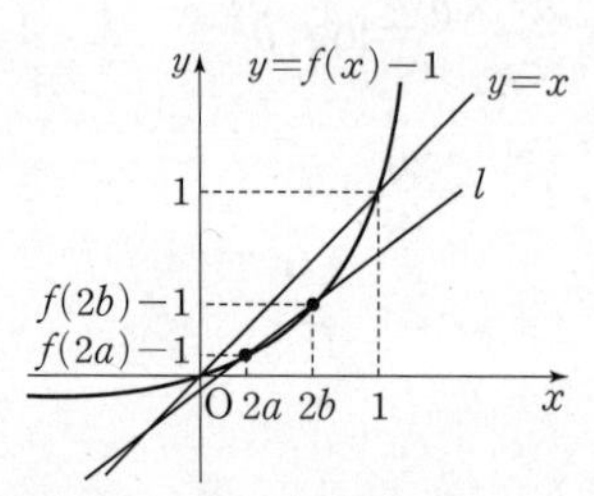

즉, $\frac{\{f(2b)-1\}-\{f(2a)-1\}}{2b-2a}<1$에서

$\frac{2^{2b}-2^{2a}}{2(b-a)}<1,\ 4^b-4^a<2(b-a)$

$\therefore 4^a-4^b>2(a-b)$ (거짓)

ㄷ. $f^{-1}(x)=\log_2 x$이고

$(a+b)^2-2(a^2+b^2)=-(a^2-2ab+b^2)$

$=-(a-b)^2<0$

이므로 $(a+b)^2<2(a^2+b^2)$

이때 밑 2가 $2>1$이므로

$\log_2(a+b)^2<\log_2 2(a^2+b^2)$

$2\log_2(a+b)<1+\log_2(a^2+b^2)$

$\therefore 2f^{-1}(a+b)<1+f^{-1}(a^2+b^2)$ (참)

따라서 옳은 것은 ㄱ, ㄷ이다.

069 답 ④

두 함수 $y=\log_3 x$, $y=-\log_3(18-x)$의 그래프는 다음 그림과 같다.

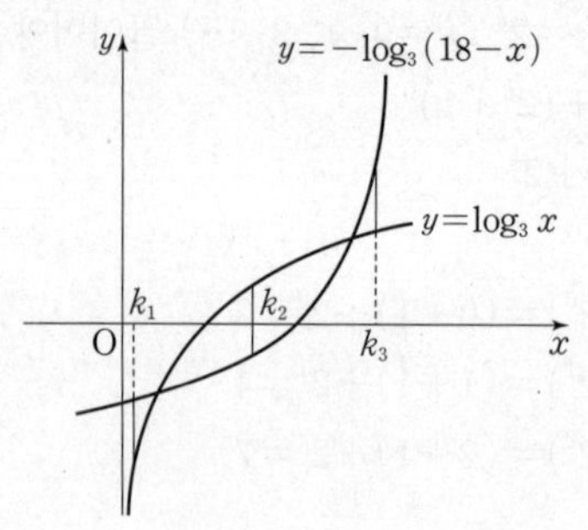

$f(k)=|\log_3 k+\log_3(18-k)|$이고

두 곡선 $y=\log_3 x$, $y=-\log_3(18-x)$의 교점의 x좌표는

$\log_3 x=-\log_3(18-x)$, 즉 $-\log_3 x=\log_3(18-x)$에서

$\frac{1}{x}=18-x,\ x^2-18x+1=0$

$\therefore x=9\pm4\sqrt{5}$

즉, $f(k)=a$를 만족시키는 3개의 실수 k를 각각 $k_1,\ k_2,\ k_3\ (k_1<k_2<k_3)$이라 하면

$0<k_1<9-4\sqrt{5},\ 9-4\sqrt{5}<k_2<9+4\sqrt{5},\ 9+4\sqrt{5}<k_3<18$

이어야 한다.

$9-4\sqrt{5}<k_2<9+4\sqrt{5}$일 때, $f(k)=a$를 만족시키는 실수 k가 k_2뿐이므로 함수 $f(k)$는 $k=k_2$에서 최댓값을 갖는다.

즉, $9-4\sqrt{5}<k<9+4\sqrt{5}$에서

$f(k)=\log_3 k+\log_3(18-k)$

$=\log_3(-k^2+18k)$

$=\log_3\{-(k-9)^2+81\}$

이므로 $f(k)$는 $k=9$에서 최댓값 $\log_3 81=4$를 갖는다.

$\therefore k_2=9,\ a=4$

한편, $0<k<9-4\sqrt{5}$ 또는 $9+4\sqrt{5}<k<18$에서

$f(k)=4$를 만족시키는 k의 값은

$-\log_3(18-k)-\log_3 k=4,\ \log_3 k(18-k)=-4$

$18k-k^2=\frac{1}{81} \qquad \therefore k^2-18k+\frac{1}{81}=0 \qquad \cdots\cdots ㉠$

즉, 이차방정식 ㉠의 두 근이 k_1, k_3이므로 이차방정식의 근과 계수의 관계에 의하여

$k_1k_3=\frac{1}{81}$

$\therefore a\times k_1\times k_2\times k_3=4\times9\times\frac{1}{81}=\frac{4}{9}$

플러스 특강

$0<k\le9-4\sqrt{5}$에서 $f(k)$의 값은 0까지 감소하고, $9+4\sqrt{5}\le k<18$에서 $f(k)$의 값은 0부터 증가하므로 $f(k)=a$를 만족시키는 실수 k가 각 범위에서 하나씩 항상 존재하고, 이는 $k_1,\ k_3\ (k_1<k_3)$이다.

즉, $f(k)=a$를 만족시키는 실수 k가 3개뿐이려면 $9-4\sqrt{5}<k<9+4\sqrt{5}$에서 $f(k)=a$인 k가 오직 하나 존재해야 한다.

이때 $f(k)=\log_3 k-\{-\log_3(18-k)\}=\log_3 k(18-k)$이고 k에 대한 함수 $y=k(18-k)$의 그래프는 직선 $k=9$에 대하여 대칭이므로 $k=9$를 제외하고 같은 함숫값을 항상 2개씩 갖는다. 즉, 주어진 범위에서 조건을 만족시키는 k가 오직 하나이려면 $k_2=9$이다.

070 답 ⑤

주어진 조건에 의하여

A(2, 0), B(k^2+1, 2)

이고 직선 l의 방정식은

$y=-(x-k^2-1)+2$, 즉 $y=-x+k^2+3$

이므로 두 점 C, D는 각각

C(k^2+3, 0), D(0, k^2+3)

이때 삼각형 ABD의 넓이와 삼각형 ACB의 넓이의 비가 3 : 2이므로 점 B는 선분 CD를 2 : 3으로 내분하는 점이다.

이때 점 B의 x좌표는 k^2+1이므로

$\frac{2\times0+3\times(k^2+3)}{2+3}=k^2+1$에서

$3(k^2+3)=5(k^2+1)$

$k^2=2 \qquad \therefore k=\sqrt{2}\ (\because k>1)$

즉, 직선 l의 방정식은 $y=-x+5$이고 C(5, 0), D(0, 5)이다.

곡선 $y=\log_{\sqrt{2}}(x-1)$을 평행이동 또는 x축에 대하여 대칭이동 또는 y축에 대하여 대칭이동 및 이들을 여러 번 결합한 이동을 통해 두 점 C, D를 지나는 곡선이 되는 경우는 다음 두 가지 경우가 있다.

(i) 곡선 $y=\log_{\sqrt{2}}(x-1)$을 x축에 대하여 대칭이동한 후, x축의 방향으로 m만큼, y축의 방향으로 n만큼 평행이동한 경우

곡선 $y=\log_{\sqrt{2}}(x-1)$을 x축에 대하여 대칭이동한 그래프의 식은

$-y=\log_{\sqrt{2}}(x-1)$, 즉 $y=-\log_{\sqrt{2}}(x-1)$

이고 이 곡선을 x축의 방향으로 m만큼, y축의 방향으로 n만큼 평행이동한 그래프의 식은

$y=-\log_{\sqrt{2}}(x-m-1)+n \qquad \cdots\cdots ㉠$

이때 곡선 ㉠이 두 점 C, D를 지나도록 그 개형을 그려 보면 다음 그림과 같다.

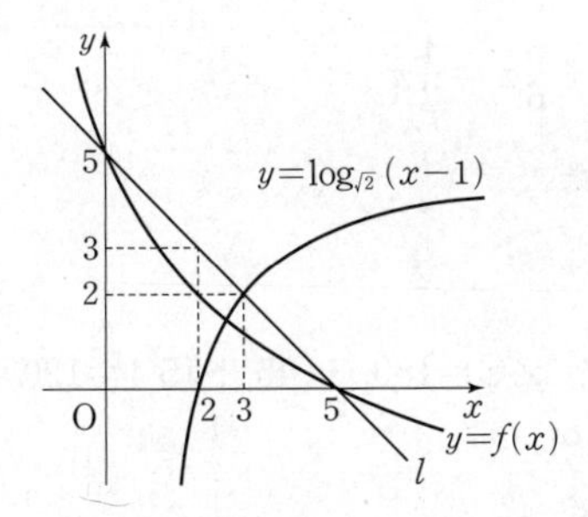

이때 위의 그림과 같이 곡선 $y=f(x)$에서 $f(2)<3$이므로 조건 (나)를 만족시키지 않는다.

(ii) 곡선 $y=\log_{\sqrt{2}}(x-1)$을 y축에 대하여 대칭이동한 후, x축의 방향으로 m만큼, y축의 방향으로 n만큼 평행이동한 경우

곡선 $y=\log_{\sqrt{2}}(x-1)$을 y축에 대하여 대칭이동한 그래프의 식은

$y=\log_{\sqrt{2}}(-x-1)$

이고 이 곡선을 x축의 방향으로 m만큼, y축의 방향으로 n만큼 평행이동한 그래프의 식은

$y=\log_{\sqrt{2}}(-x+m-1)+n \qquad \cdots\cdots ㉡$

이때 곡선 ㉡이 두 점 C, D를 지나도록 그 개형을 그려 보면 다음 그림과 같다.

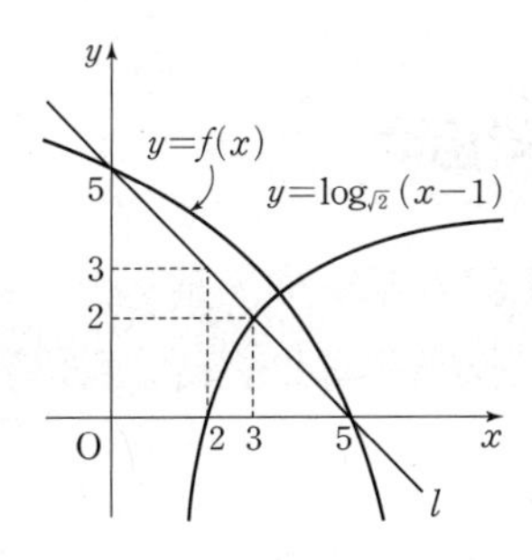

이때 위의 그림과 같이 곡선 $y=f(x)$에서 $f(2)>3$이므로 조건 (나)를 만족시킨다.

곡선 ㉡이 두 점 C(5, 0), D(0, 5)를 지나므로

$f(5)=\log_{\sqrt{2}}(m-6)+n=0 \qquad \cdots\cdots ㉢$

$f(0)=\log_{\sqrt{2}}(m-1)+n=5 \qquad \cdots\cdots ㉣$

에서 ㉣−㉢을 하면

$\log_{\sqrt{2}}(m-1)-\log_{\sqrt{2}}(m-6)=5$

$\log_{\sqrt{2}}\frac{m-1}{m-6}=5,\ \frac{m-1}{m-6}=(\sqrt{2})^5$

$m-1=4\sqrt{2}(m-6)$

$(4\sqrt{2}-1)m=24\sqrt{2}-1$

$\therefore m=\frac{24\sqrt{2}-1}{4\sqrt{2}-1}=\frac{191+20\sqrt{2}}{31}$

따라서 주어진 조건을 만족시키는 곡선 $y=f(x)$의 점근선의 방정식은 $x=m-1$이므로

$x=\frac{191+20\sqrt{2}}{31}-1=\frac{160+20\sqrt{2}}{31}$

기출문제로 개념 확인하기

본문 34~35쪽

071 답 27

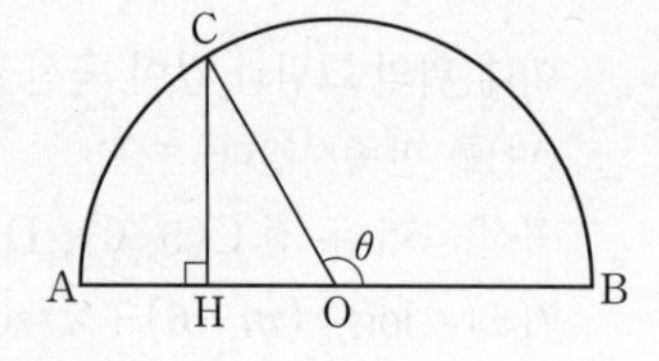

오른쪽 그림에서 반원의 중심을 O라 하면 반원의 지름인 선분 AB의 길이가 12이므로 $\overline{OB}=6$

$\angle COB=\theta$라 하면

부채꼴 OBC의 호의 길이는 6θ

이때 호 BC의 길이가 4π이므로

$6\theta=4\pi \qquad \therefore \theta=\frac{2}{3}\pi$

$\angle COH=\pi-\theta=\pi-\frac{2}{3}\pi=\frac{\pi}{3}$

삼각형 CHO는 직각삼각형이고 $\overline{OC}=6$이므로

$\overline{CH}=\overline{OC}\times\sin\frac{\pi}{3}=6\times\frac{\sqrt{3}}{2}=3\sqrt{3}$

$\therefore \overline{CH}^2=(3\sqrt{3})^2=27$

072 답 ①

$\pi<\theta<\frac{3}{2}\pi$에서 $\tan\theta>0$

$\tan\theta-\frac{6}{\tan\theta}=1$의 양변에 $\tan\theta$를 곱하여 정리하면

$\tan^2\theta-\tan\theta-6=0$, $(\tan\theta+2)(\tan\theta-3)=0$

$\therefore \tan\theta=3$ ($\because \tan\theta>0$)

즉, $\frac{\sin\theta}{\cos\theta}=3$에서 $\sin\theta=3\cos\theta$ ⋯⋯ ㉠

㉠을 $\sin^2\theta+\cos^2\theta=1$에 대입하면

$(3\cos\theta)^2+\cos^2\theta=1$, $10\cos^2\theta=1$

$\therefore \cos\theta=-\frac{1}{\sqrt{10}}$ $\left(\because \pi<\theta<\frac{3}{2}\pi\right)$

이것을 ㉠에 대입하면 $\sin\theta=-\frac{3}{\sqrt{10}}$

$\therefore \sin\theta+\cos\theta=-\frac{4}{\sqrt{10}}=-\frac{2\sqrt{10}}{5}$

073 답 ⑤

$\cos\left(\frac{\pi}{2}+\theta\right)=\frac{\sqrt{5}}{5}$에서 $-\sin\theta=\frac{\sqrt{5}}{5}$

$\therefore \sin\theta=-\frac{\sqrt{5}}{5}$

이때 $\sin\theta<0$, $\tan\theta<0$이므로

$\frac{3}{2}\pi<\theta<2\pi$이고, $\cos\theta>0$이다.

$\therefore \cos\theta=\sqrt{1-\sin^2\theta}=\sqrt{1-\frac{1}{5}}=\frac{2\sqrt{5}}{5}$

074 답 ④

함수 $f(x)=-\sin 2x$의 주기는 $\frac{2\pi}{|2|}=\pi$이므로 함수 $y=f(x)$의 그래프는 오른쪽 그림과 같다.

함수 $f(x)=-\sin 2x$는

$x=\frac{3}{4}\pi$에서 최댓값을 갖고, $x=\frac{\pi}{4}$에서 최솟값을 가지므로

$a=\frac{3}{4}\pi$, $b=\frac{\pi}{4}$

따라서 두 점 $\left(\frac{3}{4}\pi, 1\right)$, $\left(\frac{\pi}{4}, -1\right)$을 지나는 직선의 기울기는

$\frac{1-(-1)}{\frac{3}{4}\pi-\frac{\pi}{4}}=\frac{4}{\pi}$

075 답 ④

x에 대한 이차방정식 $6x^2+4(\cos\theta)x+\sin\theta=0$이 실근을 갖지 않으려면 이 이차방정식의 판별식을 D라 할 때

$\frac{D}{4}=(2\cos\theta)^2-6\sin\theta<0$

$4\cos^2\theta-6\sin\theta<0$, $4(1-\sin^2\theta)-6\sin\theta<0$

$4\sin^2\theta+6\sin\theta-4>0$, $2\sin^2\theta+3\sin\theta-2>0$

$(\sin\theta+2)(2\sin\theta-1)>0$

$\therefore \sin\theta>\frac{1}{2}$ ($\because -1\le\sin\theta\le1$)

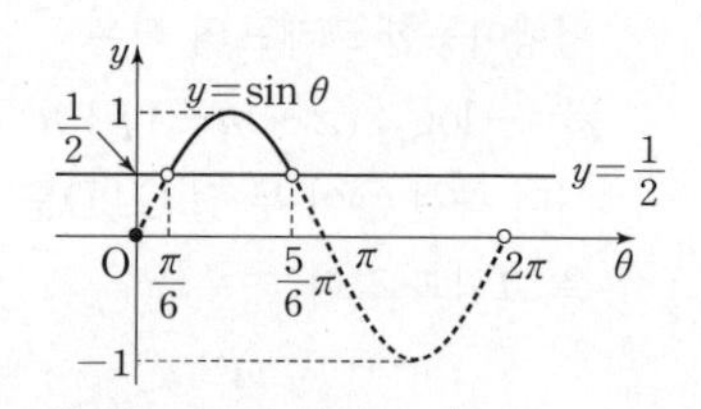

이때 $0\le\theta<2\pi$이므로

$\frac{\pi}{6}<\theta<\frac{5}{6}\pi$

따라서 $\alpha=\frac{\pi}{6}$, $\beta=\frac{5}{6}\pi$이므로

$3\alpha+\beta=3\times\frac{\pi}{6}+\frac{5}{6}\pi=\frac{4}{3}\pi$

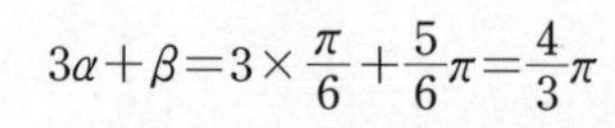

076 답 ③

삼각형 ABC에서 $\angle C=180^\circ-(45^\circ+15^\circ)=120^\circ$이므로

사인법칙에 의하여

$\frac{\overline{BC}}{\sin 45^\circ}=\frac{8}{\sin 120^\circ}$

$\therefore \overline{BC}=\frac{8}{\sin 120^\circ}\times\sin 45^\circ=\frac{8}{\frac{\sqrt{3}}{2}}\times\frac{\sqrt{2}}{2}=\frac{8\sqrt{6}}{3}$

077 답 ③

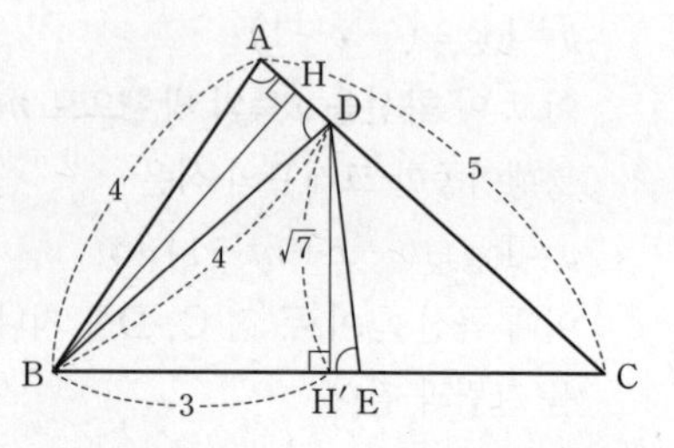

오른쪽 그림과 같이 점 B에서 선분 AC에 내린 수선의 발을 H라 하면

$\overline{AH}=\overline{AB}\cos(\angle BAC)$

$=4\times\frac{1}{8}=\frac{1}{2}$

$\therefore \overline{AD}=2\overline{AH}=2\times\frac{1}{2}=1$

삼각형 ABC에서 코사인법칙에 의하여

$\overline{BC}^2=\overline{CA}^2+\overline{AB}^2-2\times\overline{CA}\times\overline{AB}\times\cos(\angle BAC)$

$\quad=5^2+4^2-2\times5\times4\times\frac{1}{8}=36$

$\therefore \overline{BC}=6$ ($\because \overline{BC}>0$)

삼각형 ABD는 $\angle BAC=\angle BDA$인 이등변삼각형이므로

$\overline{BD}=4$이고, $\overline{CD}=\overline{AC}-\overline{AD}=5-1=4$이므로

삼각형 BCD는 $\overline{BD}=\overline{CD}$인 이등변삼각형이다.

이때 점 D에서 선분 BC에 내린 수선의 발을 H′이라 하면

$\overline{BH'}=\frac{1}{2}\overline{BC}=\frac{1}{2}\times6=3$

직각삼각형 BH′D에서

$\overline{DH'}=\sqrt{\overline{BD}^2-\overline{BH'}^2}=\sqrt{16-9}=\sqrt{7}$

이고, $\cos(\angle BAC)=\frac{1}{8}$에서

$\sin(\angle BAC)=\sqrt{1-\cos^2(\angle BAC)}$

$\quad=\sqrt{1-\frac{1}{64}}=\frac{3\sqrt{7}}{8}$ ($\because 0<\angle BAC<\pi$)

따라서 직각삼각형 DH′E에서

$\overline{DE}=\frac{\overline{DH'}}{\sin(\angle DEH')}$

$\quad=\frac{\overline{DH'}}{\sin(\angle BAC)}$

$\quad=\sqrt{7}\times\frac{8}{3\sqrt{7}}=\frac{8}{3}$

유형별 문제로 수능 대비하기

본문 36~50쪽

078 답 ④

원 O'에서 중심각의 크기가 $\frac{7}{6}\pi$인 부채꼴 AO′B의 넓이를 T_1,

원 O에서 중심각의 크기가 $\frac{5}{6}\pi$인 부채꼴 AOB의 넓이를 T_2라 하면

$S_1=T_1+S_2-T_2$

$\quad=\left(\frac{1}{2}\times3^2\times\frac{7}{6}\pi\right)+S_2-\left(\frac{1}{2}\times3^2\times\frac{5}{6}\pi\right)$

$\quad=\frac{3}{2}\pi+S_2$

$\therefore S_1-S_2=\frac{3}{2}\pi$

079 답 640

$\overline{OA}=r$, $\angle AOB=\theta$라 하면

부채꼴 AOB에서 호 AB의 길이가 18π이므로

$r\theta=18\pi$

또한, 부채꼴 COD에서 $\overline{OC}=\frac{1}{3}r$이므로 호 CD의 길이는

$\frac{1}{3}r\theta=\frac{1}{3}\times18\pi=6\pi$

즉, 도형 S의 둘레의 길이는

$\widehat{AB}+\overline{AC}+\widehat{CD}+\overline{DB}=18\pi+\frac{2}{3}r+6\pi+\frac{2}{3}r$

$\quad=24\pi+\frac{4}{3}r$ ······ ㉠

또한, 도형 S의 넓이는 부채꼴 AOB의 넓이에서 부채꼴 COD의 넓이를 뺀 것과 같으므로

$160\pi=\frac{1}{2}r^2\theta-\frac{1}{2}\times\left(\frac{1}{3}r\right)^2\theta=\frac{4}{9}r^2\theta$에서

$160\pi=\frac{4}{9}r\times r\theta=\frac{4}{9}r\times18\pi$

$\therefore r=20$

$r=20$을 ㉠에 대입하면 도형 S의 둘레의 길이는

$\frac{80}{3}+24\pi$

따라서 $p=\frac{80}{3}$, $q=24$이므로

$p\times q=\frac{80}{3}\times24=640$

080 답 4

$\angle BOD=\theta$라 하면 부채꼴 OBD의 넓이가 $\frac{4}{3}\pi$이므로

$\frac{1}{2}\times4^2\times\theta=\frac{4}{3}\pi \qquad \therefore \theta=\frac{\pi}{6}$

오른쪽 그림과 같이 점 O에서 선분 CD에 내린 수선의 발을 H라 하면

$\angle DOH=\frac{\pi}{2}-\frac{\pi}{6}=\frac{\pi}{3}$

이때

$\overline{OH}=\overline{OD}\cos\frac{\pi}{3}=4\times\frac{1}{2}=2$,

$\overline{DH}=\overline{OD}\sin\frac{\pi}{3}=4\times\frac{\sqrt{3}}{2}=2\sqrt{3}$

이고 삼각형 COD는 $\overline{OC}=\overline{OD}$인 이등변삼각형이므로

$\overline{CH}=\overline{DH}$, 즉 $\overline{CD}=2\overline{DH}=4\sqrt{3}$

$\angle COD=2\angle DOH=\frac{2}{3}\pi$

따라서 구하는 활꼴의 넓이는

$\frac{1}{2}\times4^2\times\frac{2}{3}\pi-\frac{1}{2}\times4\sqrt{3}\times2=\frac{16}{3}\pi-4\sqrt{3}$

즉, $p=\frac{16}{3}$, $q=-4$이므로

$3(p+q)=3\times\left(\frac{16}{3}-4\right)=4$

081 답 4

θ를 나타내는 동경과 2θ를 나타내는 동경이 x축에 대하여 대칭이므로

$\theta+2\theta=2k\pi$ (k는 정수)에서

$3\theta=2k\pi \qquad \therefore \theta=\frac{2k}{3}\pi$

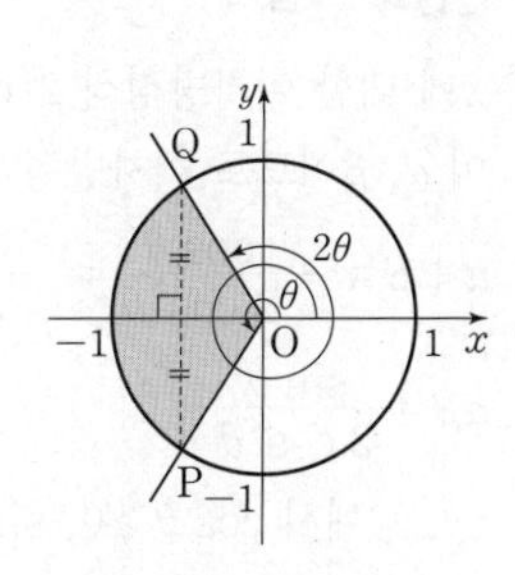

$\pi<\theta<\frac{3}{2}\pi$이므로 $k=2$일 때

$\theta=\frac{4}{3}\pi$

따라서 $\angle POQ=\frac{2}{3}\pi$이므로 부채꼴 OPQ의 넓이는

$\frac{1}{2}\times 1^2\times\frac{2}{3}\pi=\frac{\pi}{3}$

즉, $p=3$, $q=1$이므로

$p+q=4$

082 답 80

원점을 중심으로 하고 반지름의 길이가 3인 원이 세 동경 OP, OQ, OR와 만나는 점을 각각 A, B, C라 하자.

점 P가 제1사분면 위에 있고, $\sin\alpha=\frac{1}{3}$이므로

$A(2\sqrt{2}, 1)$

점 Q가 점 P와 직선 $y=x$에 대하여 대칭이므로

동경 OQ도 동경 OP와 직선 $y=x$에 대하여 대칭이다.

$\therefore B(1, 2\sqrt{2})$

또한, 점 R가 점 Q와 원점에 대하여 대칭이므로

동경 OR도 동경 OQ와 원점에 대하여 대칭이다.

$\therefore C(-1, -2\sqrt{2})$

따라서 삼각함수의 정의에 의하여

$\sin\beta=\frac{2\sqrt{2}}{3}$, $\tan\gamma=\frac{-2\sqrt{2}}{-1}=2\sqrt{2}$

$\therefore 9(\sin^2\beta+\tan^2\gamma)=9\times\left(\frac{8}{9}+8\right)=80$

083 답 ③

$\overline{OQ}=\cos\theta$, $\overline{AP}=\tan\theta$, $\overline{BQ}=\sin\theta$이므로

$\overline{OQ}\times\overline{AP}=2\overline{BQ}^2$에서

$\cos\theta\tan\theta=2\sin^2\theta$, $\cos\theta\times\frac{\sin\theta}{\cos\theta}=2\sin^2\theta$

$2\sin^2\theta=\sin\theta$, $\sin\theta(2\sin\theta-1)=0$

$\therefore \sin\theta=\frac{1}{2}$ ($\because \sin\theta\neq0$)

따라서 삼각형 OAB의 넓이는

$\frac{1}{2}\times\overline{OA}\times\overline{BQ}=\frac{1}{2}\times1\times\frac{1}{2}=\frac{1}{4}$

084 답 ③

x에 대한 이차방정식 $2(\cos^2\theta)x^2+(\cos\theta)x+\sin\theta=0$의 두 근이 α, β이므로 이차방정식의 근과 계수의 관계에 의하여

$\alpha+\beta=-\frac{\cos\theta}{2\cos^2\theta}=-\frac{1}{2\cos\theta}<0$ …… ㉠

$\alpha\beta=\frac{\sin\theta}{2\cos^2\theta}<0$ …… ㉡

㉠, ㉡에서 $\cos\theta>0$, $\sin\theta<0$이므로

$|\cos\theta\tan\theta|+|\cos\theta|-\sqrt{(\sin\theta-\cos\theta)^2}$

$=|\sin\theta|+|\cos\theta|-|\sin\theta-\cos\theta|$

$=(-\sin\theta)+\cos\theta+(\sin\theta-\cos\theta)=0$

085 답 7

$\sin\theta\cos\theta>0$에서

$\sin\theta>0$, $\cos\theta>0$ 또는 $\sin\theta<0$, $\cos\theta<0$이므로

각 θ는 제1사분면의 각 또는 제3사분면의 각이다.

한편, 점 P의 x좌표가 -1이므로 점 P는 제2사분면 위의 점 또는 제3사분면 위의 점이다.

이때 동경 OP가 나타내는 각의 크기가 θ이므로

각 θ는 제3사분면의 각이다.

점 P가 원 $x^2+y^2=4$ 위의 점이므로

점 P의 y좌표는 $(-1)^2+y^2=4$에서

$y^2=3$ $\quad\therefore y=-\sqrt{3}$ ($\because y<0$)

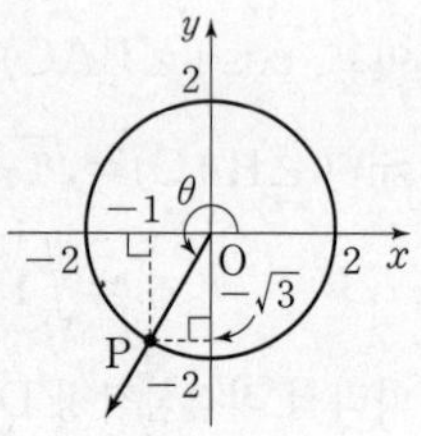

즉, 점 P의 좌표는 $(-1, -\sqrt{3})$이므로

$\cos\theta=-\frac{1}{2}$, $\tan\theta=\sqrt{3}$

$\therefore \cos\theta+\sqrt{3}\tan\theta=-\frac{1}{2}+\sqrt{3}\times\sqrt{3}=\frac{5}{2}$

따라서 $p=2$, $q=5$이므로

$p+q=2+5=7$

086 답 ①

조건 (가)에서 $\frac{\cos\theta}{1+\sin\theta}+\frac{1}{\cos\theta}+\tan\theta=6$이므로

$\frac{\cos\theta}{1+\sin\theta}+\frac{1}{\cos\theta}+\frac{\sin\theta}{\cos\theta}=6$

$\frac{\cos^2\theta+(1+\sin\theta)^2}{(1+\sin\theta)\cos\theta}=6$

$\frac{\cos^2\theta+1+2\sin\theta+\sin^2\theta}{(1+\sin\theta)\cos\theta}=6$

$\frac{2(1+\sin\theta)}{(1+\sin\theta)\cos\theta}=6$, $\frac{2}{\cos\theta}=6$

$\therefore \cos\theta=\frac{1}{3}$

조건 (나)에서 $\sin\theta\cos\theta<0$이므로

$\frac{1}{3}\sin\theta<0$, $\sin\theta<0$

$\therefore \sin\theta=-\sqrt{1-\cos^2\theta}=-\sqrt{1-\left(\frac{1}{3}\right)^2}=-\frac{2\sqrt{2}}{3}$

087 답 7

$\tan\alpha=\frac{3}{4}$이므로 두 점 A, P를 지나는 직선의 방정식은

$y=\frac{3}{4}x+1$

이때 점 Q는 점 P를 원점 O에 대하여 대칭이동시킨 점이므로
점 O는 선분 PQ의 중점이고, 선분 PQ는 원 $x^2+y^2=1$의 지름이다.
즉, 지름 PQ에 대하여 $\angle PAQ=\frac{\pi}{2}$이므로 삼각형 PAQ는 직각삼각형이다.
두 직선 AP와 AQ는 서로 수직이고, 직선 AP의 기울기가 $\frac{3}{4}$이므로 직선 AQ의 방정식은
$y=-\frac{4}{3}x+1$
직선 AQ와 원 $x^2+y^2=1$의 교점의 x좌표는
$x^2+\left(-\frac{4}{3}x+1\right)^2=1$에서
$\frac{25}{9}x^2-\frac{8}{3}x=0,\ x(25x-24)=0$
$\therefore x=0$ 또는 $x=\frac{24}{25}$
즉, 점 A의 x좌표가 0이므로 점 Q의 x좌표는 $\frac{24}{25}$이고, y좌표는
$y=-\frac{4}{3}\times\frac{24}{25}+1=-\frac{7}{25}$
$\therefore Q\left(\frac{24}{25},\ -\frac{7}{25}\right)$
이때 삼각함수의 정의에 의하여
$\cos\theta=\frac{24}{25},\ \sin\theta=-\frac{7}{25},\ \tan\theta=\frac{-\frac{7}{25}}{\frac{24}{25}}=-\frac{7}{24}$이므로
$\frac{1}{\sin\theta}=-\frac{25}{7},\ \frac{1}{\tan\theta}=-\frac{24}{7}$
$\therefore \left|\frac{1}{\sin\theta}+\frac{1}{\tan\theta}\right|=\left|-\frac{25}{7}-\frac{24}{7}\right|=7$

088 답 ③

함수 $y=a\sin b\pi x$의 주기는
$\frac{2\pi}{|b\pi|}=\frac{2}{b}$ ($\because b>0$)
이므로 두 점 A, B는
$A\left(\frac{1}{2b},\ a\right),\ B\left(\frac{5}{2b},\ a\right)$
이때 삼각형 OAB의 넓이가 5이므로
$\frac{1}{2}\times a\times\left(\frac{5}{2b}-\frac{1}{2b}\right)=5,\ \frac{a}{b}=5$
$\therefore a=5b$ ······ ㉠
직선 OA의 기울기와 직선 OB의 기울기의 곱이 $\frac{5}{4}$이므로
$\frac{a}{\frac{1}{2b}}\times\frac{a}{\frac{5}{2b}}=2ab\times\frac{2ab}{5}=\frac{4a^2b^2}{5}=\frac{5}{4}$
$a^2b^2=\frac{25}{16}$
$\therefore ab=\frac{5}{4}$ ······ ㉡
㉠, ㉡에서 $a=\frac{5}{2},\ b=\frac{1}{2}$이므로
$a+b=3$

089 답 ③

함수 $f(x)=a\sin bx$의 주기가 π이므로
$\frac{2\pi}{|b|}=\pi$에서 $|b|=2$ $\therefore b=2$ ($\because b>0$)
함수 $f(x)=a\sin bx$의 최댓값이 3이므로
$|a|=3$ $\therefore a=3$ ($\because a>0$)
즉, $f(x)=3\sin 2x$이므로 함수 $y=f(x)$의 그래프와
직선 $y=\frac{1}{\pi}x-3$은 다음 그림과 같다.

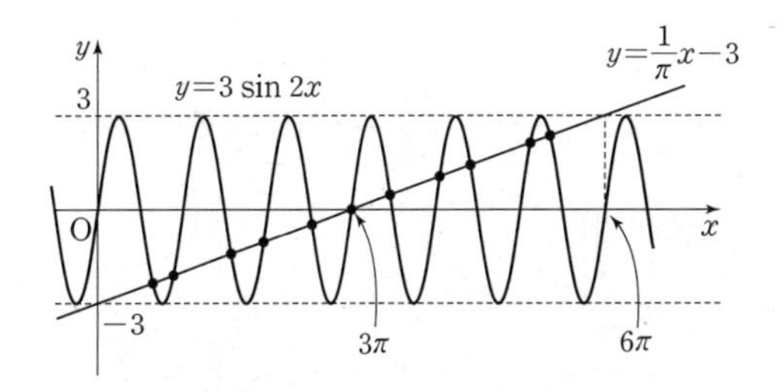

따라서 함수 $y=f(x)$의 그래프와 직선 $y=\frac{1}{\pi}x-3$의 교점의 개수는 11이다.

090 답 24

함수 $y=a\sin bx$의 주기가 2이므로
$\frac{2\pi}{|b|}=2$에서 $|b|=\pi$ $\therefore b=\pi$ ($\because b>0$)
함수 $y=a\sin bx$의 최솟값이 -2이므로
$|a|=2$ $\therefore a=2$ ($\because a>0$)
즉, $f(x)=2\sin\pi x$이므로 함수 $y=f(x)$의 그래프와 함수
$y=\frac{|x|}{n}$ ($n=1, 2, 3$)의 그래프는 다음 그림과 같다.

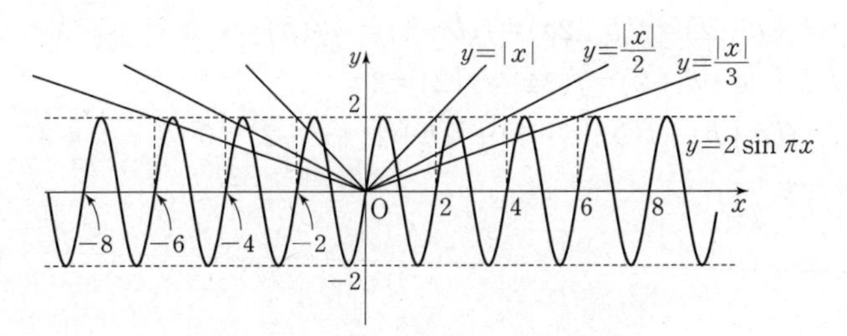

즉, 위의 그림에서 함수 $y=2\sin\pi x$의 그래프와 함수
$y=\frac{|x|}{n}$ ($n=1, 2, 3$)의 그래프의 교점의 개수 $g(n)$을 각각 구하면
$g(1)=4,\ g(2)=8,\ g(3)=12$
$\therefore g(1)+g(2)+g(3)=4+8+12=24$

091 답 ④

함수 $y=\sin x$의 그래프에서 두 점 (a, k), (c, k)가 직선 $x=\frac{\pi}{2}$에 대하여 대칭이므로
$\frac{a+c}{2}=\frac{\pi}{2}$ $\therefore a+c=\pi$
함수 $y=\cos x$의 그래프에서 두 점 (b, k), (d, k)가 직선 $x=\pi$에 대하여 대칭이므로

$\frac{b+d}{2}=\pi \quad \therefore b+d=2\pi$

이때 $\theta=\frac{a+b+c+d}{4}=\frac{\pi+2\pi}{4}=\frac{3}{4}\pi$이므로

$\sin\theta=\sin\frac{3}{4}\pi=\frac{1}{\sqrt{2}}$, $\cos\theta=\cos\frac{3}{4}\pi=-\frac{1}{\sqrt{2}}$

$\therefore \frac{1}{\sin\theta}-\frac{1}{\cos\theta}=\sqrt{2}-(-\sqrt{2})=2\sqrt{2}$

092 답 ④

$f(x)=3\sin\frac{\pi}{4}x$에서 주기는 $\frac{2\pi}{\frac{\pi}{4}}=8$이므로 함수 $y=f(x)$의 그래프는 다음 그림과 같다.

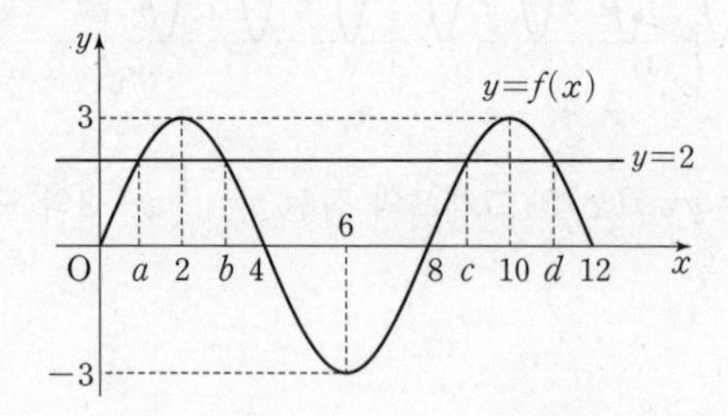

위의 그림에서 직선 $y=2$와 곡선 $y=3\sin\frac{\pi}{4}x$가 만나는 네 점의 x좌표 a, b, c, d에 대하여 두 점 $(a, 2)$, $(b, 2)$는 직선 $x=2$에 대하여 대칭이고, 두 점 $(b, 2)$, $(c, 2)$는 직선 $x=6$에 대하여 대칭이며 두 점 $(c, 2)$, $(d, 2)$는 직선 $x=10$에 대하여 대칭이다.

즉, $\frac{a+b}{2}=2$, $\frac{b+c}{2}=6$, $\frac{c+d}{2}=10$이므로

$a+b=4$, $b+c=12$, $c+d=20$

이때 $b+c+d=b+20$, $b+2c+d=(b+c)+(c+d)=32$이므로

$f(a+b)=f(4)=0$

$f(b+c+d)=f(b+20)=f(b+4)=-f(b)=-2$

$f(b+2c+d+2)=f(34)=f(2)=3$

$\therefore f(a+b)+f(b+c+d)+f(b+2c+d+2)=0+(-2)+3$
$=1$

093 답 ①

조건 (가)에서 $\theta+2n\pi=4\theta$ (n은 정수)이므로

$\theta=\frac{2n}{3}\pi$

$0<\theta<2\pi$이므로 $0<\frac{2n}{3}\pi<2\pi$에서

$0<n<3$

이때 n은 정수이므로

$n=1$ 또는 $n=2$ …… ㉠

조건 (나)의 $\frac{\sin\theta}{\cos\theta}<0$에서 $\sin\theta$와 $\cos\theta$의 부호가 서로 다르므로

$\frac{\pi}{2}<\theta<\pi$ 또는 $\frac{3}{2}\pi<\theta<2\pi$ …… ㉡

㉠, ㉡을 동시에 만족시키는 각 θ의 크기는 $n=1$일 때이므로

$\theta=\frac{2}{3}\pi$

$\therefore \sin(\theta-\pi)+\cos\left(\frac{3}{2}\pi-\theta\right)=-\sin(\pi-\theta)-\sin\theta$
$=-\sin\theta-\sin\theta$
$=-2\sin\theta$
$=-2\sin\frac{2}{3}\pi$
$=-2\times\frac{\sqrt{3}}{2}=-\sqrt{3}$

094 답 ③

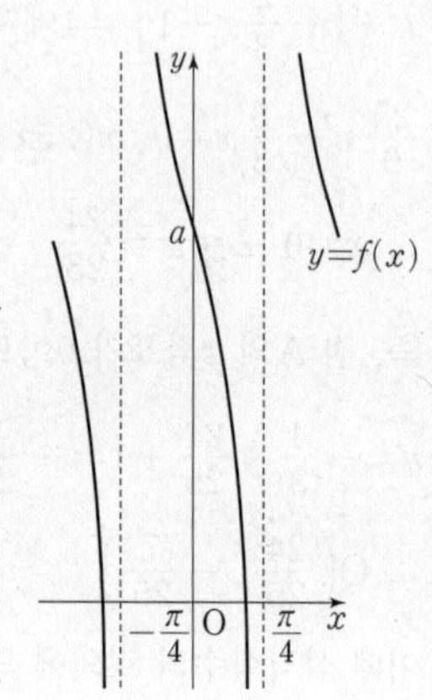

함수 $f(x)$의 주기는 $\frac{\pi}{2}$이므로 함수 $y=f(x)$의 그래프의 개형은 오른쪽 그림과 같다.

이때 함수 $f(x)$는 $-\frac{\pi}{6}\le x\le b$에서 최솟값이 존재하므로 상수 b의 값의 범위는

$-\frac{\pi}{6}<b<\frac{\pi}{4}$ …… ㉠

즉, 함수 $f(x)$는 $x=-\frac{\pi}{6}$일 때 최댓값 7을 갖고, $x=b$일 때 최솟값 3을 가지므로

$f\left(-\frac{\pi}{6}\right)=a-\sqrt{3}\tan\left(-\frac{\pi}{3}\right)=7$

$f(b)=4-\sqrt{3}\tan 2b=3$

$a-\sqrt{3}\tan\left(-\frac{\pi}{3}\right)=7$에서

$a+\sqrt{3}\tan\frac{\pi}{3}=7$, $a+3=7$

$\therefore a=4$

$4-\sqrt{3}\tan 2b=3$에서 $\tan 2b=\frac{\sqrt{3}}{3}$

이때 ㉠에 의하여 $2b=\frac{\pi}{6}$

$\therefore b=\frac{\pi}{12}$

$\therefore a\times b=4\times\frac{\pi}{12}=\frac{\pi}{3}$

095 답 ③

$f(x)=\cos^2\left(\frac{3}{2}\pi-x\right)+3\cos^2 x-2\sin(\pi+x)+k$
$=(-\sin x)^2+3(1-\sin^2 x)-2\times(-\sin x)+k$
$=-2\sin^2 x+2\sin x+3+k$

즉, $f(x)$에서 $\sin x=t$ $(-1\le t\le 1)$로 치환한 식을 $g(t)$라 하면

$g(t)=-2t^2+2t+3+k=-2\left(t-\frac{1}{2}\right)^2+k+\frac{7}{2}$

이때 $-1\le t\le 1$이므로 함수 $g(t)$는 $t=\frac{1}{2}$일 때 최댓값 $k+\frac{7}{2}$을 갖는다.

즉, $k+\frac{7}{2}=2$이므로 $k=-\frac{3}{2}$

또한, 함수 $g(t)$는 $t=-1$일 때 최솟값 $m=k-1$을 가지므로

$k-1=-\frac{3}{2}-1=-\frac{5}{2}$

$\therefore \frac{m}{k}=\frac{-\frac{5}{2}}{-\frac{3}{2}}=\frac{5}{3}$

096 답 ②

$f(x)=(\cos^2 x+\sin x)^2+\sin^2 x-\sin x+k$

$=(1-\sin^2 x+\sin x)^2+(\sin^2 x-\sin x)+k$

$\sin^2 x-\sin x=t$라 하면

$t=\left(\sin x-\frac{1}{2}\right)^2-\frac{1}{4}$이고

$-1\le \sin x\le 1$이므로 $-\frac{1}{4}\le t\le 2$

즉, $f(x)$에서 $\sin^2 x-\sin x=t\ \left(-\frac{1}{4}\le t\le 2\right)$로 치환한 식을 $g(t)$라 하면

$g(t)=(1-t)^2+t+k=t^2-t+1+k$

$=\left(t-\frac{1}{2}\right)^2+\frac{3}{4}+k$

이때 $-\frac{1}{4}\le t\le 2$이므로 함수 $g(t)$는 $t=\frac{1}{2}$일 때 최솟값 $k+\frac{3}{4}$을 갖는다.

즉, $k+\frac{3}{4}=\frac{1}{4}$이므로 $k=-\frac{1}{2}$

또한, 함수 $g(t)$는 $t=2$일 때 최댓값 $M=k+3$을 가지므로

$M=k+3=-\frac{1}{2}+3=\frac{5}{2}$

$\therefore k+M=-\frac{1}{2}+\frac{5}{2}=2$

097 답 ⑤

$\sin\left(\frac{\pi}{2}-x\right)=\cos x$, $\sin(\pi+x)=-\sin x$이므로

$f(x)=\frac{5-4\sin^2(\pi+x)}{\sin\left(\frac{\pi}{2}-x\right)}=\frac{5-4\sin^2 x}{\cos x}$

$=\frac{5-4(1-\cos^2 x)}{\cos x}=\frac{4\cos^2 x+1}{\cos x}$

$=4\cos x+\frac{1}{\cos x}$

이때 $0<x<\frac{\pi}{2}$에서 $\cos x>0$이므로 산술평균과 기하평균의 관계에 의하여

$4\cos x+\frac{1}{\cos x}\ge 2\sqrt{4\cos x\times\frac{1}{\cos x}}=2\times 2=4$

(단, 등호는 $4\cos x=\frac{1}{\cos x}$, 즉 $\cos x=\frac{1}{2}$일 때 성립한다.)

즉, 함수 $f(x)$는 $\cos x=\frac{1}{2}$일 때 최솟값 4를 가지므로

$\cos p=\frac{1}{2}$, $q=4$

이때 $0<x<\frac{\pi}{2}$이므로 $\cos p=\frac{1}{2}$에서 $p=\frac{\pi}{3}$

$\therefore \tan p=\tan\frac{\pi}{3}=\sqrt{3}$

$\therefore q+\tan^2 p=4+(\sqrt{3})^2=7$

098 답 ③

$\sin\frac{\pi}{7}=\cos\left(\frac{\pi}{2}-\frac{\pi}{7}\right)=\cos\frac{5}{14}\pi$

이므로 $\cos x\le\sin\frac{\pi}{7}$에서

$\cos x\le\cos\frac{5}{14}\pi$

다음 그림과 같이 $0\le x\le 2\pi$에서 함수 $y=\cos x$의 그래프와 직선 $y=\cos\frac{5}{14}\pi$의 두 교점을 각각 x_1, x_2 $(0<x_1<\pi<x_2<2\pi)$라 하자.

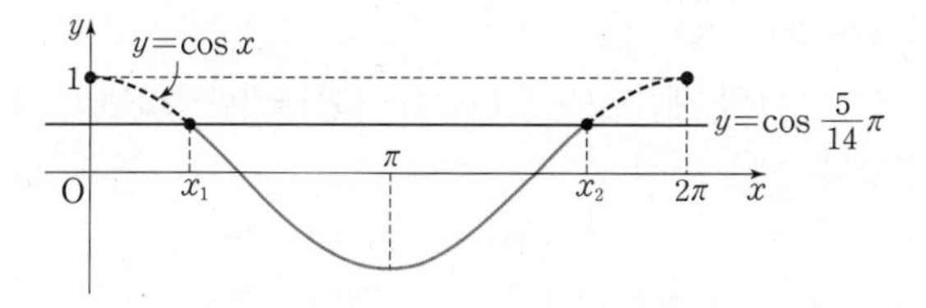

$x_1=\frac{5}{14}\pi$이고, 함수 $y=\cos x$의 그래프는 직선 $x=\pi$에 대하여 대칭이므로 $\frac{x_1+x_2}{2}=\pi$에서

$x_2=2\pi-x_1=2\pi-\frac{5}{14}\pi=\frac{23}{14}\pi$

주어진 부등식을 만족시키는 x의 값의 범위는

$\frac{5}{14}\pi\le x\le\frac{23}{14}\pi$

따라서 $\alpha=\frac{5}{14}\pi$, $\beta=\frac{23}{14}\pi$이므로

$\beta-\alpha=\frac{23}{14}\pi-\frac{5}{14}\pi=\frac{9}{7}\pi$

099 답 ④

$(\sin 3x+\cos 3x)^2-\sqrt{3}\sin 3x=1$에서

$(\sin 3x+\cos 3x)^2-\sqrt{3}\sin 3x-1=0$

$\sin^2 3x+2\sin 3x\cos 3x+\cos^2 3x-\sqrt{3}\sin 3x-1=0$

이때 $\sin^2 3x+\cos^2 3x=1$이므로

$2\sin 3x\cos 3x-\sqrt{3}\sin 3x=0$

$\sin 3x(2\cos 3x-\sqrt{3})=0$

$\therefore \sin 3x=0$ 또는 $\cos 3x=\frac{\sqrt{3}}{2}$

이때 $0\le x<\frac{2}{3}\pi$에서 $0\le 3x<2\pi$이므로

(i) $\sin 3x=0$을 만족시키는 x의 값을 구하면

$3x=0$ 또는 $3x=\pi$에서

$x=0$ 또는 $x=\frac{\pi}{3}$

(ii) $\cos 3x=\frac{\sqrt{3}}{2}$을 만족시키는 x의 값을 구하면

$3x=\frac{\pi}{6}$ 또는 $3x=\frac{11}{6}\pi$에서

$x=\frac{\pi}{18}$ 또는 $x=\frac{11}{18}\pi$

(i), (ii)에서 모든 해의 합은

$0+\frac{\pi}{3}+\frac{\pi}{18}+\frac{11}{18}\pi=\pi$

100 답 6

$\sin^2 x+6\cos x\le 3(a-4)$에서

$(1-\cos^2 x)+6\cos x\le 3(a-4)$

$\cos^2 x-6\cos x+3a-13\ge 0$ …… ㉠

㉠의 좌변을 $\cos x=t$ $(-1\le t\le 1)$로 치환한 식을 $f(t)$라 하면

$f(t)=t^2-6t+3a-13$

$\quad=(t-3)^2+3a-22$

즉, $-1\le t\le 1$일 때, 함수 $f(t)=(t-3)^2+3a-22$는 $t=1$에서 최솟값을 갖는다.

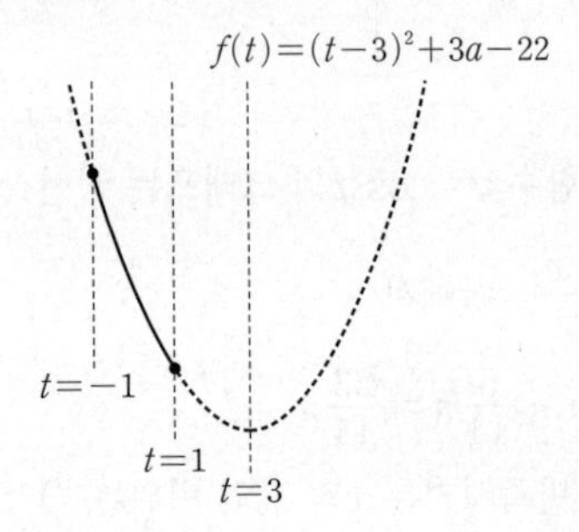

모든 실수 x에 대하여 주어진 부등식이 성립하려면 $f(1)\ge 0$이 성립해야 하므로

$(1-3)^2+3a-22\ge 0$에서 $3a-18\ge 0$

$\therefore a\ge 6$

따라서 실수 a의 최솟값은 6이다.

101 답 88

원 $(x-1)^2+y^2=\frac{1}{4}$과 직선 $2(\cos\theta)x+2(\sin\theta)y=0$이 서로 다른 두 점에서 만나려면 주어진 원의 중심 $(1, 0)$과 직선 사이의 거리가 원의 반지름의 길이보다 작아야 하므로

$\frac{|2\cos\theta|}{\sqrt{4\cos^2\theta+4\sin^2\theta}}<\frac{1}{2}$, $|\cos\theta|<\frac{1}{2}$

$\therefore -\frac{1}{2}<\cos\theta<\frac{1}{2}$ …… ㉠

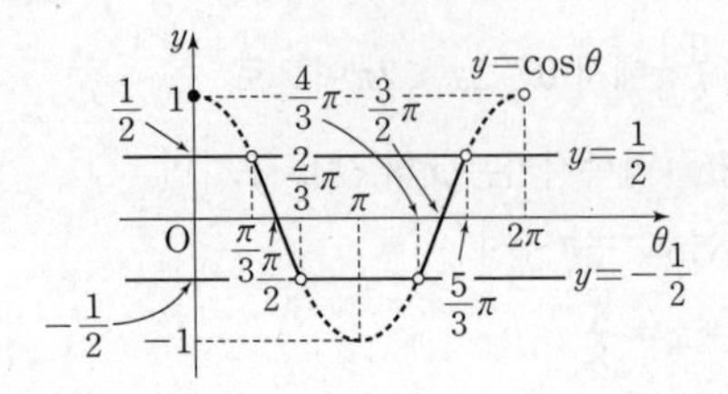

위의 그림에서 부등식 ㉠의 해는

$\frac{\pi}{3}<\theta<\frac{2}{3}\pi$ 또는 $\frac{4}{3}\pi<\theta<\frac{5}{3}\pi$

따라서 $\alpha=\frac{1}{3}$, $\beta=\frac{2}{3}$, $\gamma=\frac{4}{3}$, $\delta=\frac{5}{3}$이므로

$36(\alpha\beta+\gamma\delta)=36\times\left(\frac{1}{3}\times\frac{2}{3}+\frac{4}{3}\times\frac{5}{3}\right)$

$\quad=36\times\left(\frac{2}{9}+\frac{20}{9}\right)=88$

102 답 ⑤

x에 대한 이차방정식 $x^2-4(\cos\theta)x-6\sin\theta=0$이 서로 다른 두 양의 실근을 가지려면

(i) 이차방정식 $x^2-4(\cos\theta)x-6\sin\theta=0$의 판별식을 D라 할 때

$\frac{D}{4}=(-2\cos\theta)^2+6\sin\theta>0$

$4(1-\sin^2\theta)+6\sin\theta>0$, $2\sin^2\theta-3\sin\theta-2<0$

$(2\sin\theta+1)(\sin\theta-2)<0$

$\therefore -\frac{1}{2}<\sin\theta\le 1$ ($\because -1\le\sin\theta\le 1$)

(ii) 두 근의 합이 양수이어야 하므로 이차방정식의 근과 계수의 관계에 의하여

$4\cos\theta>0$ $\quad\therefore \cos\theta>0$

(iii) 두 근의 곱이 양수이어야 하므로 이차방정식의 근과 계수의 관계에 의하여

$-6\sin\theta>0$ $\quad\therefore \sin\theta<0$

(i), (ii), (iii)에서 $-\frac{1}{2}<\sin\theta<0$, $\cos\theta>0$

$-\frac{1}{2}<\sin\theta<0$에서

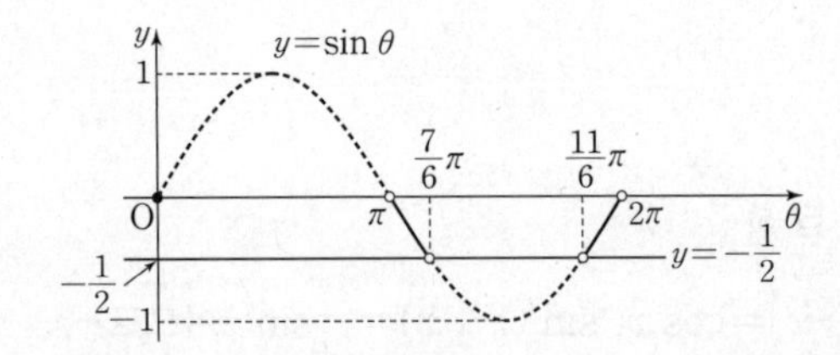

$\therefore \pi<\theta<\frac{7}{6}\pi$ 또는 $\frac{11}{6}\pi<\theta<2\pi$ …… ㉠

$\cos\theta>0$에서

$\therefore 0\le\theta<\frac{\pi}{2}$ 또는 $\frac{3}{2}\pi<\theta<2\pi$ …… ㉡

㉠, ㉡에서 $\frac{11}{6}\pi<\theta<2\pi$

따라서 $\alpha=\frac{11}{6}\pi$, $\beta=2\pi$이므로

$\alpha+\beta=\frac{23}{6}\pi$

103 답 ④

$f(|\sin x|)=\cos(|\sin x|)=\frac{\sqrt{2}}{2}$에서 $|\sin x|=t$라 하면

$0\le x<2\pi$에서 $0\le t\le 1$이고 주어진 방정식은

$\cos t=\frac{\sqrt{2}}{2}$ $\quad\therefore t=\frac{\pi}{4}$

즉, $|\sin x|=\frac{\pi}{4}$에서 $\sin x=\frac{\pi}{4}$ 또는 $\sin x=-\frac{\pi}{4}$

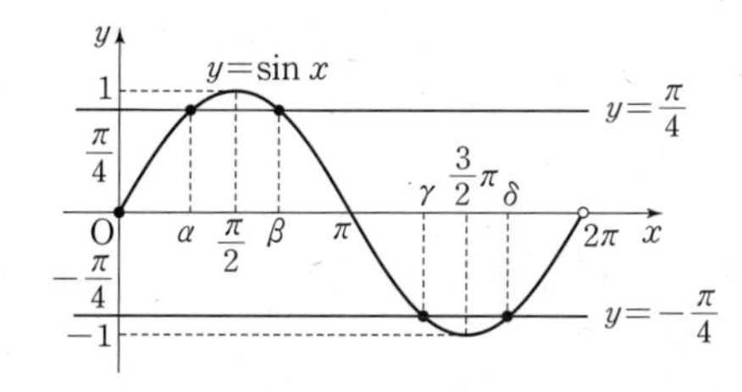

(i) $\sin x=\frac{\pi}{4}$일 때

위의 그림과 같이 방정식 $\sin x=\frac{\pi}{4}$의 두 실근을 α, β라 하면 함수 $y=\sin x$의 그래프에서 두 점 $\left(\alpha, \frac{\pi}{4}\right)$, $\left(\beta, \frac{\pi}{4}\right)$는 직선 $x=\frac{\pi}{2}$에 대하여 대칭이므로

$\frac{\alpha+\beta}{2}=\frac{\pi}{2}$ $\quad\therefore \alpha+\beta=\pi$

(ii) $\sin x=-\frac{\pi}{4}$일 때

위의 그림과 같이 방정식 $\sin x=-\frac{\pi}{4}$의 두 실근을 γ, δ라 하면 함수 $y=\sin x$의 그래프에서 두 점 $\left(\gamma, -\frac{\pi}{4}\right)$, $\left(\delta, -\frac{\pi}{4}\right)$는 직선 $x=\frac{3}{2}\pi$에 대하여 대칭이므로

$\frac{\gamma+\delta}{2}=\frac{3}{2}\pi$ $\quad\therefore \gamma+\delta=3\pi$

(i), (ii)에서 주어진 방정식의 모든 실근의 합은

$\alpha+\beta+\gamma+\delta=\pi+3\pi=4\pi$

104 답 ④

$\cos^2 x+a\sin x\cos x-\sin^2 x-1=0$에서

$(1-\sin^2 x)+a\sin x\cos x-\sin^2 x-1=0$

$\sin x(2\sin x-a\cos x)=0$

$\therefore \sin x=0$ 또는 $2\sin x=a\cos x$

$0<x<2\pi$에서

(i) $\sin x=0$일 때, $x=\pi$ $\quad\cdots\cdots$ ㉠

(ii) $2\sin x=a\cos x$일 때

$\frac{\sin x}{\cos x}=\frac{a}{2}$ (단, $\cos x\ne 0$) $\quad\therefore \tan x=\frac{a}{2}$ $\quad\cdots\cdots$ ㉡

주어진 방정식의 모든 실근의 합이 $\frac{7}{3}\pi$이고, ㉠에서 $x=\pi$이므로 ㉡의 실근은 $\frac{4}{3}\pi$뿐이거나 ㉡의 모든 실근의 합이 $\frac{4}{3}\pi$이어야 한다.

이때 $a=0$이면 ㉡에서 $x=\pi$이므로 조건을 만족시키지 않는다.

즉, $a\ne 0$이고, 함수 $y=\tan x$의 주기는 π이므로 방정식 ㉡은 항상 두 실근 $x=\theta$, $x=\pi+\theta$ $\left(0<\theta<\frac{\pi}{2}\right.$ 또는 $\left.\frac{\pi}{2}<\theta<\pi\right)$를 갖는다.

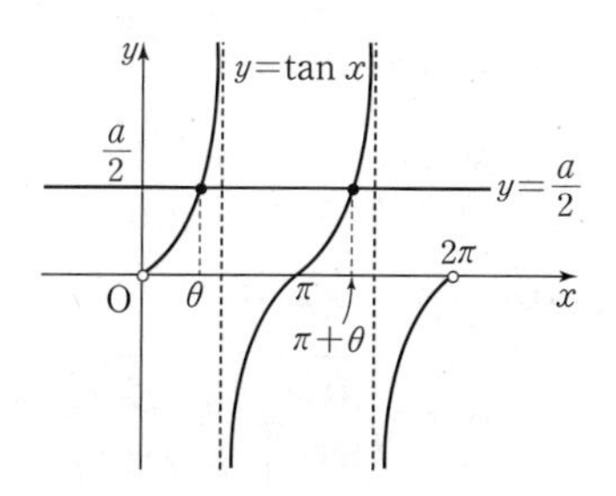

즉, $\theta+(\pi+\theta)=\frac{4}{3}\pi$에서 $2\theta=\frac{\pi}{3}$ $\quad\therefore \theta=\frac{\pi}{6}$

따라서 $\tan\frac{\pi}{6}=\frac{\sqrt{3}}{3}=\frac{a}{2}$이므로

$a=\frac{2\sqrt{3}}{3}$

105 답 ①

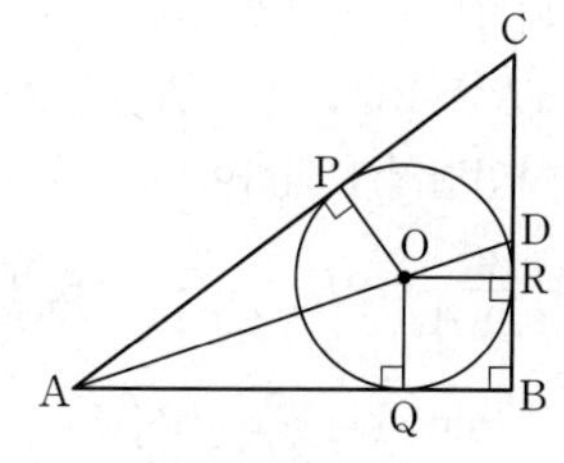

오른쪽 그림과 같이 삼각형 ABC에 내접하는 원이 세 선분 CA, AB, BC와 만나는 점을 각각 P, Q, R라 하자.

사각형 OQBR는 한 변의 길이가 3인 정사각형이므로

$\overline{DR}=\overline{DB}-\overline{RB}=1$

이때 $\overline{DO}=\sqrt{\overline{OR}^2+\overline{DR}^2}=\sqrt{3^2+1^2}=\sqrt{10}$이므로

$\sin(\angle DOR)=\frac{1}{\sqrt{10}}=\frac{\sqrt{10}}{10}$

삼각형 DOR와 삼각형 OAQ는 서로 닮음이고 닮음비는 1 : 3이므로 $\overline{AQ}=3\times\overline{OR}=9$

이때 점 O가 삼각형 ABC의 내심이므로

$\overline{PA}=\overline{AQ}=9$, $\angle CAD=\angle DAB$

즉, 각의 이등분선의 성질에 의하여 $\overline{AB}:\overline{AC}=\overline{BD}:\overline{DC}$이므로

$(9+3):(9+\overline{CP})=4:(\overline{CR}-1)$에서

$9+\overline{CP}=3(\overline{CR}-1)$ $\quad\cdots\cdots$ ㉠

이때 $\overline{CP}=\overline{CR}$이므로 ㉠에 대입하면

$9+\overline{CR}=3\overline{CR}-3$, $\overline{CR}=6$

$\therefore \overline{CD}=\overline{CR}-\overline{DR}=6-1=5$

직선 OR와 직선 AB가 평행하므로

$\angle DAB=\angle DOR$, 즉 $\angle CAD=\angle DOR$

삼각형 ADC의 외접원의 반지름의 길이를 R라 하면

사인법칙에 의하여

$2R=\frac{\overline{CD}}{\sin(\angle CAD)}=\frac{5}{\frac{\sqrt{10}}{10}}=5\sqrt{10}$ $\quad\therefore R=\frac{5\sqrt{10}}{2}$

따라서 삼각형 ADC의 외접원의 넓이는

$\pi\times\left(\frac{5\sqrt{10}}{2}\right)^2=\frac{125}{2}\pi$

106 답 ①

두 원 C_1, C_2의 반지름의 길이를 각각 R_1, R_2라 하자.

삼각형 ABC에서 사인법칙에 의하여

$\dfrac{\overline{AB}}{\sin\frac{\pi}{3}}=2R_1 \qquad \therefore R_1=\dfrac{\overline{AB}}{2\sin\frac{\pi}{3}}=\dfrac{\overline{AB}}{2\times\frac{\sqrt{3}}{2}}=\dfrac{\overline{AB}}{\sqrt{3}}$

삼각형 ABD에서 사인법칙에 의하여

$\dfrac{\overline{AB}}{\sin\frac{\pi}{4}}=2R_2 \qquad \therefore R_2=\dfrac{\overline{AB}}{2\sin\frac{\pi}{4}}=\dfrac{\overline{AB}}{2\times\frac{\sqrt{2}}{2}}=\dfrac{\overline{AB}}{\sqrt{2}}$

$\therefore \dfrac{S_2}{S_1}=\dfrac{\pi(R_2)^2}{\pi(R_1)^2}=\dfrac{\left(\frac{\overline{AB}}{\sqrt{2}}\right)^2}{\left(\frac{\overline{AB}}{\sqrt{3}}\right)^2}=\dfrac{3}{2}$

107 답 ⑤

삼각형 ABC의 외접원의 반지름의 길이를 R라 하면

외접원의 넓이가 18π이므로

$\pi R^2=18\pi \qquad \therefore R=3\sqrt{2}$

사인법칙에 의하여

$\dfrac{\overline{BC}}{\sin A}=2R,\ \dfrac{6}{\sin A}=6\sqrt{2}$

$\therefore \sin A=\dfrac{6}{6\sqrt{2}}=\dfrac{\sqrt{2}}{2}$

$0<\angle A<\dfrac{\pi}{2}$이므로 $\angle A=\dfrac{\pi}{4}$

사인법칙에 의하여

$\dfrac{\overline{AB}}{\sin C}=2R,\ \dfrac{\overline{AB}}{\sin\frac{\pi}{3}}=6\sqrt{2}$

$\therefore \overline{AB}=6\sqrt{2}\sin\dfrac{\pi}{3}=6\sqrt{2}\times\dfrac{\sqrt{3}}{2}=3\sqrt{6}$

$\therefore \tan A+\overline{AB}^2=\tan\dfrac{\pi}{4}+(3\sqrt{6})^2$

$=1+54=55$

108 답 70

점 B는 접점이므로 $\angle CBH=\theta$라 하면 원의 접선과 현이 이루는 각의 성질에 의하여

$\angle CBH=\angle CAB=\theta$

삼각형 ABC의 외접원의 반지름의 길이를 R라 하면

둘레의 길이가 9π이므로

$2\pi R=9\pi \qquad \therefore R=\dfrac{9}{2}$

삼각형 ABC에서 사인법칙에 의하여

$\dfrac{\overline{BC}}{\sin\theta}=2R,\ \dfrac{5}{\sin\theta}=2\times\dfrac{9}{2}=9$

$\therefore \sin\theta=\dfrac{5}{9}$

즉, $\cos\theta=\sqrt{1-\sin^2\theta}=\sqrt{1-\left(\dfrac{5}{9}\right)^2}=\dfrac{2\sqrt{14}}{9}\ \left(\because 0<\theta<\dfrac{\pi}{2}\right)$

삼각형 BHC에서

$\overline{BH}=\overline{BC}\cos\theta=5\times\dfrac{2\sqrt{14}}{9}=\dfrac{10\sqrt{14}}{9}$

$\overline{CH}=\overline{BC}\sin\theta=5\times\dfrac{5}{9}=\dfrac{25}{9}$

$\therefore \overline{BH}+\overline{CH}=\dfrac{10\sqrt{14}}{9}+\dfrac{25}{9}$

따라서 $a=\dfrac{25}{9}$, $b=\dfrac{10}{9}$이므로

$18(a+b)=18\times\left(\dfrac{25}{9}+\dfrac{10}{9}\right)=70$

109 답 10

삼각형 ABC에서

$\sin(A+B)=\sin B$이므로

$\sin(\pi-C)=\sin B$

$\therefore \sin B=\sin C \qquad \cdots\cdots ㉠$

이때 $0<\angle B+\angle C<\pi$이므로

$\angle B=\angle C=\dfrac{\pi}{6}$

$\therefore \angle A=\pi-\left(\dfrac{\pi}{6}+\dfrac{\pi}{6}\right)=\dfrac{2}{3}\pi$

삼각형 ABC에서 사인법칙에 의하여

$\dfrac{\overline{BC}}{\sin A}=2R$이므로

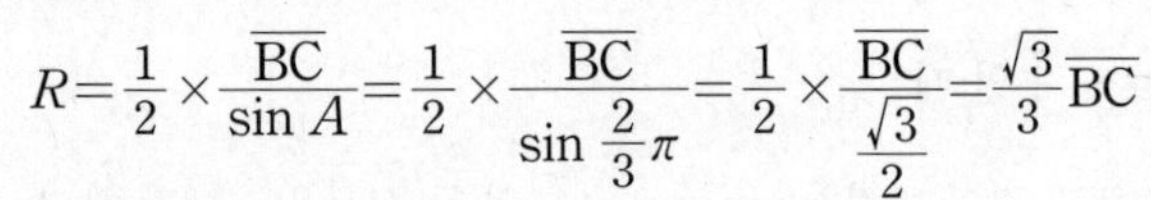

$R=\dfrac{1}{2}\times\dfrac{\overline{BC}}{\sin A}=\dfrac{1}{2}\times\dfrac{\overline{BC}}{\sin\frac{2}{3}\pi}=\dfrac{1}{2}\times\dfrac{\overline{BC}}{\frac{\sqrt{3}}{2}}=\dfrac{\sqrt{3}}{3}\overline{BC}$

삼각형 ABC의 외접원의 넓이가 12π이므로

$\pi\times\left(\dfrac{\sqrt{3}}{3}\overline{BC}\right)^2=\dfrac{\pi}{3}\times\overline{BC}^2=12\pi,\ \overline{BC}^2=36$

$\therefore \overline{BC}=6\ (\because \overline{BC}>0)$

따라서 $R=\sqrt{12}=2\sqrt{3}$이고 삼각형 OBC의 둘레의 길이는

$\overline{OB}+\overline{OC}+\overline{BC}=2\sqrt{3}+2\sqrt{3}+6=6+4\sqrt{3}$

이므로 $p=6,\ q=4$

$\therefore p+q=6+4=10$

110 답 ③

조건 (가)에서 $\sin^2 A-\cos^2 B=-\cos^2 C$이므로

$\sin^2 A-(1-\sin^2 B)=-(1-\sin^2 C)$

$\therefore \sin^2 A+\sin^2 B=\sin^2 C \qquad \cdots\cdots ㉠$

삼각형 ABC의 외접원의 반지름의 길이를 R라 하면

사인법칙에 의하여

$\dfrac{\overline{BC}}{\sin A}=\dfrac{\overline{AC}}{\sin B}=\dfrac{\overline{AB}}{\sin C}=2R$

$\therefore \sin A=\dfrac{\overline{BC}}{2R},\ \sin B=\dfrac{\overline{AC}}{2R},\ \sin C=\dfrac{\overline{AB}}{2R} \qquad \cdots\cdots ㉡$

㉡을 ㉠에 대입하면

$\left(\dfrac{\overline{BC}}{2R}\right)^2+\left(\dfrac{\overline{AC}}{2R}\right)^2=\left(\dfrac{\overline{AB}}{2R}\right)^2$

$\therefore \overline{BC}^2+\overline{AC}^2=\overline{AB}^2$

즉, 삼각형 ABC는 $\angle C=\dfrac{\pi}{2}$인 직각삼각형이다.

조건 (나)에서 $4\sin A=3\sin B$이므로 이 식에 ㉡을 대입하면

$\frac{4\overline{BC}}{2R}=\frac{3\overline{AC}}{2R}$ $\quad\therefore \overline{BC}=\frac{3}{4}\overline{AC}$

삼각형 ABC의 넓이가 24이므로

$\frac{1}{2}\times\overline{BC}\times\overline{AC}=24$에서

$\frac{1}{2}\times\frac{3}{4}\overline{AC}\times\overline{AC}=24$

$\overline{AC}^2=64 \quad \therefore \overline{AC}=8$

$\therefore \overline{BC}=\frac{3}{4}\overline{AC}=\frac{3}{4}\times8=6$

$\therefore \overline{AB}=\sqrt{\overline{AC}^2+\overline{BC}^2}=\sqrt{8^2+6^2}=10$

111 답 98

삼각형 BCD에서 사인법칙에 의하여

$\frac{\overline{BD}}{\sin(\angle BCD)}=2R_1$, $\frac{\overline{BD}}{\sin\frac{3}{4}\pi}=2R_1$이므로

$R_1=\frac{\sqrt{2}}{2}\times\overline{BD}$

이고, 삼각형 ABD에서 사인법칙에 의하여

$\frac{\overline{BD}}{\sin(\angle DAB)}=2R_2$, $\frac{\overline{BD}}{\sin\frac{2}{3}\pi}=2R_2$이므로

$R_2=\boxed{\frac{\sqrt{3}}{3}}\times\overline{BD}$

이다. 삼각형 ABD에서 코사인법칙에 의하여

$\overline{BD}^2=\overline{AB}^2+\overline{AD}^2-2\times\overline{AB}\times\overline{AD}\times\cos(\angle DAB)$

$=2^2+1^2-2\times2\times1\times\cos\frac{2}{3}\pi$

$=2^2+1^2-(\boxed{-2})=7$

이므로

$R_1\times R_2=\frac{\sqrt{2}}{2}\overline{BD}\times\frac{\sqrt{3}}{3}\overline{BD}=\frac{\sqrt{6}}{6}\overline{BD}^2=\boxed{\frac{7\sqrt{6}}{6}}$

이다.

$\therefore p=\frac{\sqrt{3}}{3}$, $q=-2$, $r=\frac{7\sqrt{6}}{6}$

$\therefore 9\times(p\times q\times r)^2=9\times\left\{\frac{\sqrt{3}}{3}\times(-2)\times\frac{7\sqrt{6}}{6}\right\}^2=98$

112 답 13

삼각형 ABC에서 코사인법칙에 의하여

$\overline{BC}^2=7^2+5^2-2\times7\times5\times\cos\frac{\pi}{3}$

$=49+25-70\times\frac{1}{2}=39$

$\therefore \overline{BC}=\sqrt{39}$

삼각형 ABC의 외접원의 반지름의 길이를 R라 하면

사인법칙에 의하여

$\frac{\overline{BC}}{\sin A}=\frac{\sqrt{39}}{\sin\frac{\pi}{3}}=2R$

$\therefore R=\frac{\sqrt{39}}{2\sin\frac{\pi}{3}}=\frac{\sqrt{39}}{2\times\frac{\sqrt{3}}{2}}=\sqrt{13}$

따라서 외접원의 넓이 S는

$S=\pi\times(\sqrt{13})^2=13\pi$

$\therefore \frac{S}{\pi}=\frac{13\pi}{\pi}=13$

113 답 ④

부채꼴 OAB의 반지름의 길이를 r라 하면

$\overline{OA}=\overline{OB}=r$

$\angle AOB=\frac{\pi}{4}$이고 호 AB의 길이가 3π이므로

$3\pi=r\times\frac{\pi}{4} \quad \therefore r=12$

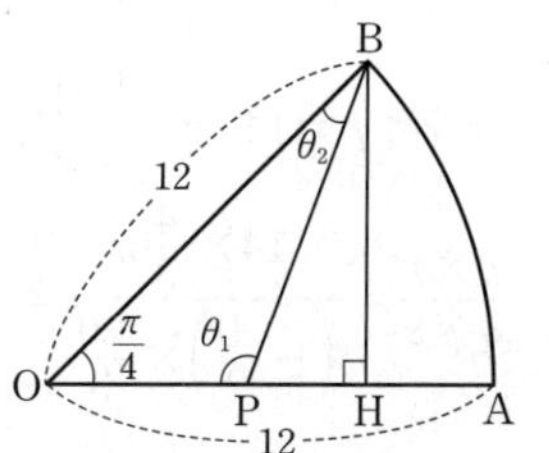

직각삼각형 OHB에서

$\overline{OH}=\overline{OB}\cos\frac{\pi}{4}=12\times\frac{\sqrt{2}}{2}=6\sqrt{2}$

$\overline{BH}=\overline{OH}=6\sqrt{2}$

선분 OH를 2 : 1로 내분하는 점이 P이므로

$\overline{OP}=\frac{2}{3}\overline{OH}=\frac{2}{3}\times6\sqrt{2}=4\sqrt{2}$

$\overline{PH}=\overline{OH}-\overline{OP}=6\sqrt{2}-4\sqrt{2}=2\sqrt{2}$

직각삼각형 BPH에서

$\overline{BP}=\sqrt{\overline{BH}^2+\overline{PH}^2}=\sqrt{(6\sqrt{2})^2+(2\sqrt{2})^2}=4\sqrt{5}$

한편, $\theta_1=\pi-\angle BPH$이므로

$\sin\theta_1=\sin(\pi-\angle BPH)$

$=\sin(\angle BPH)=\frac{\overline{BH}}{\overline{BP}}$

$=\frac{6\sqrt{2}}{4\sqrt{5}}=\frac{3\sqrt{10}}{10}$

삼각형 BOP에서 코사인법칙에 의하여

$\cos\theta_2=\frac{\overline{OB}^2+\overline{BP}^2-\overline{OP}^2}{2\times\overline{OB}\times\overline{BP}}$

$=\frac{12^2+(4\sqrt{5})^2-(4\sqrt{2})^2}{2\times12\times4\sqrt{5}}=\frac{2\sqrt{5}}{5}$

$\therefore \sin\theta_1\times\cos\theta_2=\frac{3\sqrt{10}}{10}\times\frac{2\sqrt{5}}{5}=\frac{3\sqrt{2}}{5}$

114 답 ②

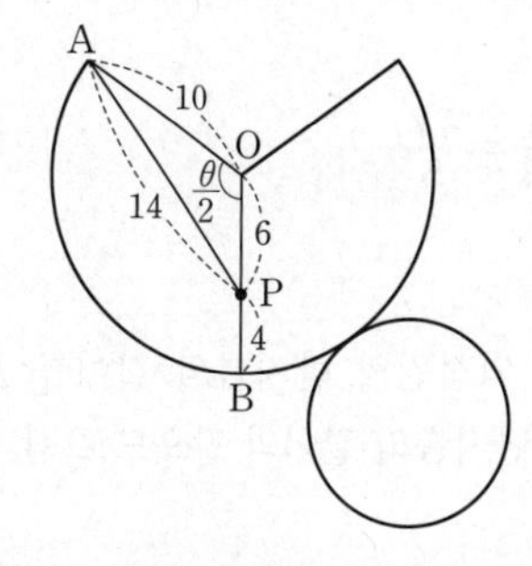

그림과 같은 원뿔의 전개도에서 점 A에서 점 P까지 이동한 최단 거리는 선분 AP의 길이와 같으므로

$\overline{AP}=\boxed{14}$

옆면인 부채꼴의 중심각의 크기를 θ라 하고 원뿔의 밑면의 반지름의 길이를 R라 하면 밑면의 둘레의 길이와 옆면인 부채꼴의 호의 길이는 같으므로

$10\theta=2\pi R \quad \therefore R=\frac{5\theta}{\pi} \quad \cdots\cdots$ ㉠

삼각형 OAP에서 코사인법칙에 의하여

$\cos\frac{\theta}{2}=\frac{6^2+10^2-14^2}{2\times6\times10}=-\frac{60}{120}=\boxed{-\frac{1}{2}}$

이때 $0<\frac{\theta}{2}<\pi$이므로

$\frac{\theta}{2}=\frac{2}{3}\pi$이고 $\theta=\boxed{\frac{4}{3}\pi}$

㉠에서 $R=\frac{5}{\pi}\times\frac{4}{3}\pi=\boxed{\frac{20}{3}}$

따라서 $p=14,\ q=-\frac{1}{2},\ r=\frac{4}{3}\pi,\ s=\frac{20}{3}$이므로

$\frac{p\times r}{q\times s}=\frac{14\times\frac{4}{3}\pi}{\left(-\frac{1}{2}\right)\times\frac{20}{3}}=-\frac{28}{5}\pi$

115 답 ②

사각형 ABCD가 원에 내접하므로 $\angle\text{BAD}=\theta$라 하면

$\angle\text{BCD}=\pi-\theta$

삼각형 ABD에서 코사인법칙에 의하여

$\overline{\text{BD}}^2=\overline{\text{AB}}^2+\overline{\text{DA}}^2-2\times\overline{\text{AB}}\times\overline{\text{DA}}\times\cos(\angle\text{BAD})$

$=1^2+4^2-2\times1\times4\times\cos\theta$

$=17-8\cos\theta \quad \cdots\cdots$ ㉠

이때 $\cos(\angle\text{BCD})=\cos(\pi-\theta)=-\cos\theta$이므로 삼각형 BCD에서 코사인법칙에 의하여

$\overline{\text{BD}}^2=\overline{\text{BC}}^2+\overline{\text{CD}}^2-2\times\overline{\text{BC}}\times\overline{\text{CD}}\times\cos(\angle\text{BCD})$

$=2^2+3^2-2\times2\times3\times(-\cos\theta)$

$=13+12\cos\theta \quad \cdots\cdots$ ㉡

㉠, ㉡에서

$17-8\cos\theta=13+12\cos\theta$

$20\cos\theta=4 \quad \therefore \cos\theta=\frac{1}{5}$

$0<\theta<\pi$이므로

$\sin\theta=\sqrt{1-\cos^2\theta}=\sqrt{1-\left(\frac{1}{5}\right)^2}=\frac{2\sqrt{6}}{5}$

㉡에서

$\overline{\text{BD}}^2=13+12\times\frac{1}{5}=\frac{77}{5}$

$\therefore \overline{\text{BD}}=\sqrt{\frac{77}{5}}$

사각형 ABCD의 외접원의 반지름의 길이를 R라 하면 삼각형 ABD의 외접원의 반지름의 길이와 같으므로 삼각형 ABD에서 사인법칙에 의하여

$\frac{\overline{\text{BD}}}{\sin\theta}=2R,\ \frac{\sqrt{\frac{77}{5}}}{\frac{2\sqrt{6}}{5}}=2R$

따라서 $R=\frac{\sqrt{385}}{4\sqrt{6}}$이므로 구하는 외접원의 넓이는

$\pi\times\left(\frac{\sqrt{385}}{4\sqrt{6}}\right)^2=\frac{385}{96}\pi$

116 답 8

다음 그림과 같이 두 꼭짓점 A, D에서 선분 BC에 내린 수선의 발을 각각 P, Q라 하고 $\overline{\text{AB}}=a,\ \overline{\text{AD}}=b\ (a>0,\ b>0)$이라 하자.

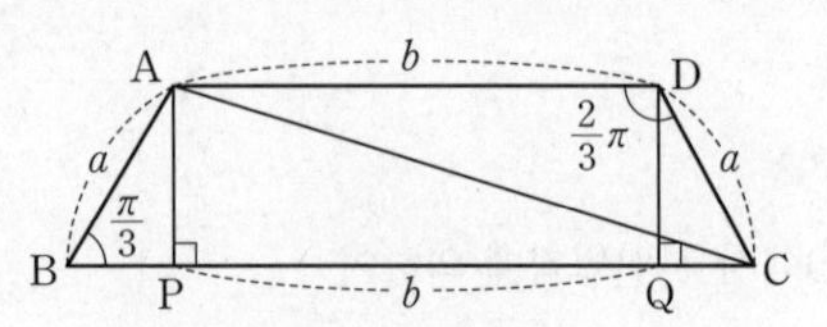

이때 등변사다리꼴 ABCD에서

$\overline{\text{AB}}=\overline{\text{CD}},\ \overline{\text{BP}}=\overline{\text{CQ}},\ \angle\text{ADC}=\frac{2}{3}\pi$이므로

$\angle\text{ABC}=\pi-\frac{2}{3}\pi=\frac{\pi}{3}$

$\therefore \overline{\text{BP}}=\overline{\text{CQ}}=a\cos\frac{\pi}{3}=\frac{a}{2}$

$\overline{\text{AP}}=\overline{\text{DQ}}=a\sin\frac{\pi}{3}=\frac{\sqrt{3}}{2}a$

즉, $\overline{\text{BC}}=\frac{a}{2}+b+\frac{a}{2}=a+b$

사각형 ABCD의 둘레의 길이가 36이므로

$a+(a+b)+a+b=36$

$\therefore 3a+2b=36 \quad \cdots\cdots$ ㉠

또한, 사각형 ABCD의 넓이가 $40\sqrt{3}$이므로

$\frac{1}{2}\times\{(a+b)+b\}\times\frac{\sqrt{3}}{2}a=40\sqrt{3}$

$\therefore a(a+2b)=160 \quad \cdots\cdots$ ㉡

㉠에서 $2b=36-3a$이므로 ㉡에 대입하면

$a\{a+(36-3a)\}=160$

$a^2-18a+80=0$

$(a-8)(a-10)=0$

$\therefore a=8$ 또는 $a=10$

(i) $a=8$일 때

$a=8$을 $2b=36-3a$에 대입하면

$2b=36-3\times8=12$, 즉 $b=6$이므로

$\overline{\text{BC}}=8+6=14$

삼각형 ABC에서 코사인법칙에 의하여

$\overline{\text{AC}}^2=8^2+14^2-2\times8\times14\times\cos\frac{\pi}{3}$

$=64+196-2\times8\times14\times\frac{1}{2}$

$=148$

$\therefore \overline{\text{AC}}=\sqrt{148}=2\sqrt{37}$

(ii) $a=10$일 때

$a=10$을 $2b=36-3a$에 대입하면

$2b=36-3\times10=6$, 즉 $b=3$이므로

$\overline{\text{BC}}=10+3=13$

삼각형 ABC에서 코사인법칙에 의하여

$$\overline{AC}^2=10^2+13^2-2\times10\times13\times\cos\frac{\pi}{3}$$

$$=100+169-2\times10\times13\times\frac{1}{2}=139$$

$\therefore\ \overline{AC}=\sqrt{139}$

(i), (ii)에서 선분 AC의 길이는 $a=8$일 때 최대이므로 조건을 만족시키는 선분 AB의 길이는 8이다.

117 답 ④

삼각형 ABC에서 코사인법칙에 의하여

$$\overline{AC}^2=\overline{AB}^2+\overline{BC}^2-2\times\overline{AB}\times\overline{BC}\times\cos(\angle ABC)$$

$$=4^2\times4^2-2\times4\times4\times\cos120^\circ$$

$$=16+16-32\times\left(-\frac{1}{2}\right)=48$$

또한, $\angle CBH=\theta$라 하면

삼각형 BHC에서 코사인법칙에 의하여

$$\overline{CH}^2=\overline{BC}^2+\overline{BH}^2-2\times\overline{BC}\times\overline{BH}\times\cos\theta$$

$$=4^2+a^2-2\times4\times a\times\cos\theta$$

$$=16+a^2-8a\cos\theta$$

한편,

$\angle ABC+\angle GBH=120^\circ+60^\circ=180^\circ$

이므로

$\angle ABG=180^\circ-\theta$

즉, 삼각형 AGB에서 코사인법칙에 의하여

$$\overline{AG}^2=\overline{GB}^2+\overline{BA}^2-2\times\overline{GB}\times\overline{BA}\times\cos(\angle ABG)$$

$$=a^2+4^2-2\times a\times4\times\cos(180^\circ-\theta)$$

$$=a^2+16+8a\cos\theta$$

이때 사각형 AGHC에서 $\overline{AH}\perp\overline{CG}$이므로

$$\overline{AC}^2+\overline{GH}^2=\overline{AG}^2+\overline{CH}^2$$

$$48+a^2=(a^2+16+8a\cos\theta)+(16+a^2-8a\cos\theta)$$

$48+a^2=32+2a^2 \qquad \therefore\ a^2=16$

사각형의 성질

사각형 ABCD에서 두 대각선이 서로 수직일 때, 즉 $\overline{AC}\perp\overline{BD}$일 때

$\overline{AB}^2+\overline{CD}^2=\overline{AD}^2+\overline{BC}^2$

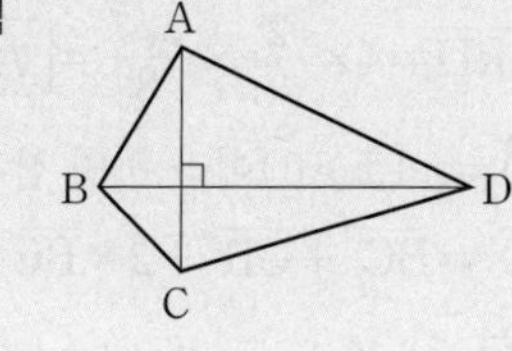

118 답 ①

$\overline{AC}=x\ (x>0)$이라 하면 삼각형 ABC에서 코사인법칙에 의하여

$$\overline{BC}^2=\overline{AC}^2+\overline{AB}^2-2\times\overline{AC}\times\overline{AB}\times\cos(\angle BAC)$$

$$(\sqrt{13})^2=x^2+3^2-2\times x\times3\times\cos\frac{\pi}{3}$$

$x^2-3x-4=0,\ (x+1)(x-4)=0 \qquad \therefore\ x=4\ (\because\ x>0)$

$\therefore\ \overline{AC}=4$

즉, 삼각형 ABC의 넓이 S_1은

$$S_1=\frac{1}{2}\times\overline{AB}\times\overline{AC}\times\sin(\angle BAC)$$

$$=\frac{1}{2}\times3\times4\times\frac{\sqrt{3}}{2}=3\sqrt{3}$$

삼각형 ACD의 넓이 S_2는

$$S_2=\frac{1}{2}\times\overline{AD}\times\overline{CD}\times\sin(\angle ADC)$$

$$=\frac{9}{2}\sin(\angle ADC)$$

이고, $S_2=\frac{5}{6}S_1=\frac{5\sqrt{3}}{2}$이므로

$$\frac{9}{2}\sin(\angle ADC)=\frac{5\sqrt{3}}{2}$$

$$\therefore\ \sin(\angle ADC)=\frac{5\sqrt{3}}{9}$$

따라서 삼각형 ACD에서 사인법칙에 의하여

$$\frac{\overline{AC}}{\sin(\angle ADC)}=2R$$

$$\frac{4}{\frac{5\sqrt{3}}{9}}=2R \qquad \therefore\ R=\frac{6\sqrt{3}}{5}$$

$$\therefore\ \frac{R}{\sin(\angle ADC)}=\frac{\frac{6\sqrt{3}}{5}}{\frac{5\sqrt{3}}{9}}=\frac{54}{25}$$

119 답 ④

오른쪽 그림과 같이 선분 AC를 긋고, $\overline{AC}=x\ (x>0)$이라 하면 삼각형 ABC에서 코사인법칙에 의하여

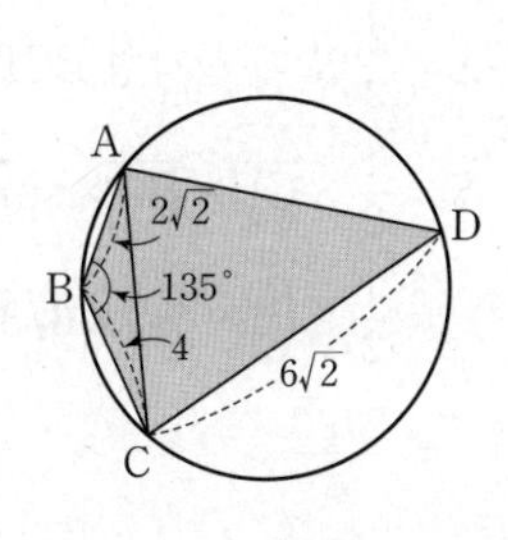

$$x^2=(2\sqrt{2})^2+4^2-2\times2\sqrt{2}\times4\times\cos135^\circ$$

$$=8+16-2\times2\sqrt{2}\times4\times\left(-\frac{\sqrt{2}}{2}\right)$$

$$=40$$

$\therefore\ x=2\sqrt{10}\ (\because\ x>0)$

이때 사각형 ABCD가 원에 내접하므로

$\angle D=180^\circ-\angle B=180^\circ-135^\circ=45^\circ$

$\overline{AD}=y\ (y>4)$라 하면 삼각형 ACD에서 코사인법칙에 의하여

$$(2\sqrt{10})^2=(6\sqrt{2})^2+y^2-2\times6\sqrt{2}\times y\times\cos45^\circ$$

$$40=72+y^2-2\times6\sqrt{2}\times y\times\frac{\sqrt{2}}{2}$$

$y^2-12y+32=0,\ (y-4)(y-8)=0$

$\therefore\ y=8\ (\because\ y>4)$

따라서 사각형 ABCD의 넓이는

(삼각형 ABC의 넓이)+(삼각형 ACD의 넓이)

$$=\frac{1}{2}\times2\sqrt{2}\times4\times\sin135^\circ+\frac{1}{2}\times6\sqrt{2}\times8\times\sin45^\circ$$

$$=\frac{1}{2}\times2\sqrt{2}\times4\times\frac{\sqrt{2}}{2}+\frac{1}{2}\times6\sqrt{2}\times8\times\frac{\sqrt{2}}{2}$$

$$=4+24=28$$

120 답 108

삼각형 ABC의 외접원의 반지름의 길이가 6이므로
삼각형 ABC에서 사인법칙에 의하여

$$\frac{\overline{BC}}{\sin\frac{2}{3}\pi}=2\times6$$

$\therefore\ \overline{BC}=12\sin\frac{2}{3}\pi=12\times\frac{\sqrt{3}}{2}=6\sqrt{3}$

또한, $\angle ABC=\angle ACB=\frac{1}{2}\left(\pi-\frac{2}{3}\pi\right)=\frac{\pi}{6}$이므로

삼각형 ABC에서 사인법칙에 의하여

$$\frac{\overline{AC}}{\sin\frac{\pi}{6}}=2\times6$$

$\therefore\ \overline{AC}=12\times\sin\frac{\pi}{6}=12\times\frac{1}{2}=6$

$\therefore\ \overline{AB}=\overline{AC}=6$

$\overline{AP}=x\ (0\le x\le6)$이라 하면 삼각형 ABP에서 코사인법칙에 의하여

$\overline{BP}^2=6^2+x^2-2\times6\times x\times\cos\frac{2}{3}\pi$

$\quad=36+x^2-2\times6\times x\times\left(-\frac{1}{2}\right)$

$\quad=x^2+6x+36$

$\overline{BP}^2+\overline{CP}^2=(x^2+6x+36)+(6-x)^2$

$\quad=2x^2-6x+72$

$\quad=2\left(x-\frac{3}{2}\right)^2+\frac{135}{2}$

이므로 $x=\frac{3}{2}$일 때 $\overline{BP}^2+\overline{CP}^2$의 값이 최소이다.

$x=\frac{3}{2}$일 때 삼각형 BCP의 넓이 S는

$S=\frac{1}{2}\times\overline{CP}\times\overline{BC}\times\sin\frac{\pi}{6}$

$\quad=\frac{1}{2}\times\left(6-\frac{3}{2}\right)\times6\sqrt{3}\times\frac{1}{2}$

$\quad=\frac{27\sqrt{3}}{4}$

$\therefore\ \left(\frac{8S}{9}\right)^2=\left(\frac{8}{9}\times\frac{27\sqrt{3}}{4}\right)^2=(6\sqrt{3})^2=108$

121 답 ④

삼각형 ABP와 삼각형 DCP에서
$\angle APB=\angle DPC$ (맞꼭지각),
$\angle BAP=\angle CDP$ (원주각)
즉, 삼각형 ABP와 삼각형 DCP는 서로 닮음(AA 닮음)이므로
$\overline{AP}:\overline{DP}=\overline{BP}:\overline{CP}$
$\overline{BP}=a$, $\overline{DP}=b\ (a>0,\ b>0)$이라 하면
$9:b=a:4$이므로 $ab=36$ …… ㉠
$\angle APB=\theta$라 하면
$\angle CPD=\theta$, $\angle BPC=\pi-\theta$이므로

(삼각형 ABP의 넓이)$=\frac{1}{2}\times\overline{AP}\times\overline{BP}\times\sin\theta$

$\quad=\frac{9}{2}a\sin\theta$

(삼각형 BCP의 넓이)$=\frac{1}{2}\times\overline{BP}\times\overline{CP}\times\sin(\pi-\theta)$

$\quad=2a\sin\theta$

(삼각형 CDP의 넓이)$=\frac{1}{2}\times\overline{CP}\times\overline{DP}\times\sin\theta$

$\quad=2b\sin\theta$

이때 $\triangle ABC=\triangle ABP+\triangle BCP$이고
$\triangle BCD=\triangle BCP+\triangle CDP$이므로

$S_1=\frac{9}{2}a\sin\theta+2a\sin\theta=\frac{13}{2}a\sin\theta$

$S_2=2a\sin\theta+2b\sin\theta=2(a+b)\sin\theta$

이때 $S_1:S_2=13:6$이므로

$\frac{13}{2}a\sin\theta:2(a+b)\sin\theta=13:6$

$26(a+b)\sin\theta=39a\sin\theta$

$26(a+b)=39a\ (\because\ \sin\theta\neq0)$

$\therefore\ a=2b$ …… ㉡

㉠, ㉡을 연립하여 풀면
$a=6\sqrt{2},\ b=3\sqrt{2}$
$\therefore\ \overline{BD}=a+b=6\sqrt{2}+3\sqrt{2}=9\sqrt{2}$

최고 등급 도전하기

본문 51~58쪽

122 답 ⑤

삼각형 ABC에서 코사인법칙에 의하여

$\cos(\angle BCD)=\frac{4^2+5^2-6^2}{2\times4\times5}=\frac{5}{40}=\boxed{\frac{1}{8}}$ …… ㉠

삼각형 ABC에서 $0<\angle BCD<\pi$이므로

$\sin(\angle BCD)=\sqrt{1-\cos^2(\angle BCD)}=\sqrt{1-\left(\frac{1}{8}\right)^2}=\frac{3\sqrt{7}}{8}$

삼각형 BCD에서 사인법칙에 의하여

$\frac{\overline{BC}}{\sin(\angle BDC)}=\frac{\overline{BD}}{\sin(\angle BCD)}$이므로

$$\frac{4}{\sin\frac{\pi}{3}}=\frac{\overline{BD}}{\sin(\angle BCD)}$$

$\therefore\ \overline{BD}=4\times\frac{2}{\sqrt{3}}\times\frac{3\sqrt{7}}{8}=\boxed{\sqrt{21}}$

$\overline{CD}=x\ (x>0)$이라 하면 삼각형 BCD에서 코사인법칙에 의하여

$\overline{BD}^2=\overline{BC}^2+\overline{CD}^2-2\times\overline{BC}\times\overline{CD}\times\cos(\angle BCD)$

$(\sqrt{21})^2=4^2+x^2-2\times4\times x\times\frac{1}{8}$

$x^2-x-5=0 \qquad \therefore\ x=\frac{\sqrt{21}+1}{2}\ (\because\ x>0)$

$\therefore\ \overline{CD}=\boxed{\frac{\sqrt{21}+1}{2}}$

따라서 $p=\frac{1}{8}$, $q=\sqrt{21}$, $r=\frac{\sqrt{21}+1}{2}$이므로

$(q-8p)\times r=(\sqrt{21}-1)\times\frac{\sqrt{21}+1}{2}=10$

123 답 36

조건 (가)에 의하여 함수 $f(x)$의 주기는 2π이다.

즉, $\frac{\pi}{|a|}=2\pi$에서 $|a|=\frac{1}{2}$

$\therefore a=\frac{1}{2}$ ($\because a>0$)

$\therefore f(x)=9\tan\left(\frac{1}{2}x+\frac{\pi}{6}\right)$

조건 (나)에서 함수 $y=g(x)$의 그래프가 점 (3, 5)를 지나므로

$5=\log_3 3+b$, $5=1+b$

$\therefore b=4$

$\therefore g(x)=\log_3 x+4$

이때 $0\le x\le\frac{\pi}{3}$에서

$\frac{\pi}{6}\le\frac{1}{2}x+\frac{\pi}{6}\le\frac{\pi}{3}$ ...... ㉠

㉠에서 함수 $f(x)$는 x의 값이 증가하면 $f(x)$의 값도 증가하므로

$9\tan\frac{\pi}{6}\le f(x)\le 9\tan\frac{\pi}{3}$

$\therefore 3\sqrt{3}\le f(x)\le 9\sqrt{3}$

$(g\circ f)(x)=g(f(x))$에서

$f(x)=t$라 하면

$g(f(x))=g(t)=\log_3 t+4$

$3\sqrt{3}\le t\le 9\sqrt{3}$에서 함수 $g(t)$는 t의 값이 증가하면 $g(t)$의 값도 증가하고

$g(3\sqrt{3})=\log_3 3\sqrt{3}+4=\frac{3}{2}\log_3 3+4=\frac{11}{2}$,

$g(9\sqrt{3})=\log_3 9\sqrt{3}+4=\frac{5}{2}\log_3 3+4=\frac{13}{2}$

이므로

$\frac{11}{2}\le g(t)\le\frac{13}{2}$

따라서 $M=\frac{13}{2}$, $m=\frac{11}{2}$이므로

$3(M+m)=3\times\left(\frac{13}{2}+\frac{11}{2}\right)=36$

124 답 ①

$y=\sin 4x-\frac{3}{4}$에서 주기는 $\frac{2\pi}{4}=\frac{\pi}{2}$이고 최댓값은 $1-\frac{3}{4}=\frac{1}{4}$,

최솟값은 $-1-\frac{3}{4}=-\frac{7}{4}$이므로 함수 $y=\left|\sin 4x-\frac{3}{4}\right|$의 그래프는 다음과 같다.

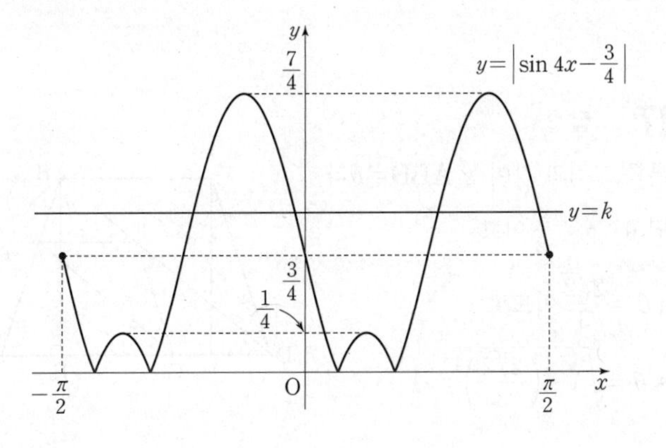

함수 $y=f(x)$의 그래프가 직선 $y=k$와 만나는 서로 다른 점의 개수는

$0<k<\frac{1}{4}$일 때 8, $k=\frac{1}{4}$일 때 6,

$\frac{1}{4}<k<\frac{3}{4}$일 때 4, $k=\frac{3}{4}$일 때 5,

$\frac{3}{4}<k<\frac{7}{4}$일 때 4, $k=\frac{7}{4}$일 때 2,

$k>\frac{7}{4}$일 때 0

$4k>k$이므로 $|m-n|=3$을 만족시키는 m, n의 값은

$m=2$, $n=5$ 또는 $m=5$, $n=8$

(i) $m=2$, $n=5$인 경우

$m=2$이면 $4k=\frac{7}{4}$이므로 $k=\frac{7}{16}$

이때 $\frac{1}{4}<\frac{7}{16}<\frac{3}{4}$이므로

$n=4$가 되어 $n\ne5$이므로 조건을 만족시키지 않는다.

(ii) $m=5$, $n=8$인 경우

$m=5$이면 $4k=\frac{3}{4}$이므로 $k=\frac{3}{16}$

이때 $0<\frac{3}{16}<\frac{1}{4}$이므로 $n=8$이 되어 조건을 만족시킨다.

(i), (ii)에서 $k=\frac{3}{16}$

방정식 $\left|\sin 4x-\frac{3}{4}\right|=\frac{3}{16}$의 실근은 함수 $y=\left|\sin 4x-\frac{3}{4}\right|$의 그래프와 직선 $y=\frac{3}{16}$의 그래프의 교점의 x좌표와 같다.

방정식 $\left|\sin 4x-\frac{3}{4}\right|=\frac{3}{16}$의 모든 실근을 x의 값이 작은 것부터 차례대로 $x_1, x_2, x_3, \cdots, x_8$이라 하자.

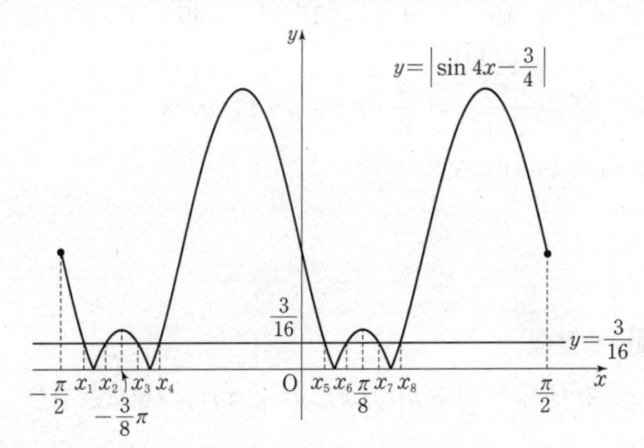

함수 $y=f(x)$의 그래프는 두 직선 $x=-\frac{3}{8}\pi$, $x=\frac{\pi}{8}$에 대하여 대칭이므로

$\frac{x_1+x_4}{2}=-\frac{3}{8}\pi$, $\frac{x_2+x_3}{2}=-\frac{3}{8}\pi$,

$\frac{x_5+x_8}{2}=\frac{\pi}{8}$, $\frac{x_6+x_7}{2}=\frac{\pi}{8}$

$\therefore x_1+x_2+x_3+x_4=4\times\left(-\frac{3}{8}\pi\right)=-\frac{3}{2}\pi$

$x_5+x_6+x_7+x_8=4\times\frac{\pi}{8}=\frac{\pi}{2}$

따라서 구하는 모든 실근의 합은

$-\frac{3}{2}\pi+\frac{\pi}{2}=-\pi$

125 답 53

$\overline{O_1O_2}=1+2=3$, $\overline{O_2O_3}=2+4=6$, $\overline{O_3O_1}=4+1=5$

이므로 삼각형 $O_1O_2O_3$에서 코사인법칙에 의하여

$$\cos(\angle O_1O_2O_3)=\frac{3^2+6^2-5^2}{2\times3\times6}=\frac{5}{9}$$

$$\therefore \sin(\angle O_1O_2O_3)=\sqrt{1-\cos^2(\angle O_1O_2O_3)}$$

$$=\sqrt{1-\left(\frac{5}{9}\right)^2}=\frac{2\sqrt{14}}{9}$$

삼각형 $O_1O_2O_3$의 넓이 S_1은

$$S_1=\frac{1}{2}\times3\times6\times\sin(\angle O_1O_2O_3)$$

$$=\frac{1}{2}\times3\times6\times\frac{2\sqrt{14}}{9}=2\sqrt{14}$$

이때 삼각형 $O_1O_2O_3$의 넓이가 $2\sqrt{14}$이므로

$\frac{1}{2}\times3\times5\times\sin(\angle O_3O_1O_2)=2\sqrt{14}$,

$\frac{1}{2}\times6\times5\times\sin(\angle O_2O_3O_1)=2\sqrt{14}$

에서 $\sin(\angle O_3O_1O_2)=\frac{4\sqrt{14}}{15}$, $\sin(\angle O_2O_3O_1)=\frac{2\sqrt{14}}{15}$

즉, 세 삼각형 O_1AC, O_2BA, O_3CB의 넓이는

(삼각형 O_1AC의 넓이)$=\frac{1}{2}\times1\times1\times\sin(\angle O_3O_1O_2)=\frac{2\sqrt{14}}{15}$

(삼각형 O_2BA의 넓이)$=\frac{1}{2}\times2\times2\times\sin(\angle O_1O_2O_3)=\frac{4\sqrt{14}}{9}$

(삼각형 O_3CB의 넓이)$=\frac{1}{2}\times4\times4\times\sin(\angle O_2O_3O_1)=\frac{16\sqrt{14}}{15}$

이므로 삼각형 ABC의 넓이 S_2는

$$S_2=S_1-(\triangle O_1AC+\triangle O_2BA+\triangle O_3CB)$$

$$=2\sqrt{14}-\left(\frac{2\sqrt{14}}{15}+\frac{4\sqrt{14}}{9}+\frac{16\sqrt{14}}{15}\right)=\frac{16\sqrt{14}}{45}$$

따라서 $\frac{S_2}{S_1}=\frac{\frac{16\sqrt{14}}{45}}{2\sqrt{14}}=\frac{8}{45}$이므로 $p=45$, $q=8$

$\therefore p+q=45+8=53$

126 답 ②

$0\le x\le 2\pi$에서 두 함수 $y=f(x)$, $y=g(x)$의 그래프는 다음 그림과 같다.

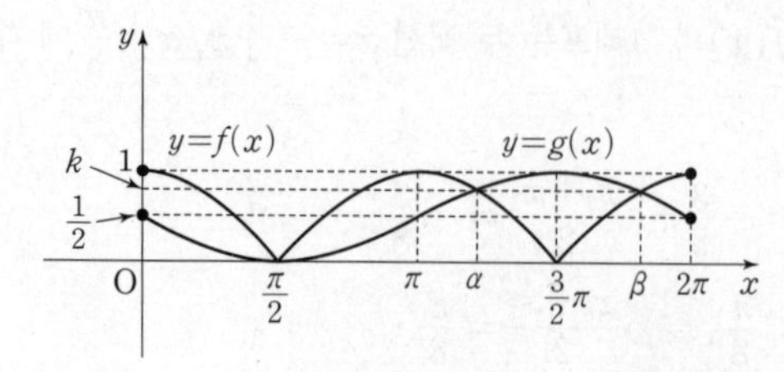

ㄱ. 두 함수 $y=f(x)$, $y=g(x)$의 그래프의 교점의 개수가 3이므로 방정식 $f(x)=g(x)$의 서로 다른 실근의 개수는 3이다. (참)

ㄴ. 다음 그림과 같이 함수 $y=f(x)$의 그래프와 직선 $y=\frac{1}{2}$이 만나는 점의 x좌표를 크기가 작은 것부터 차례로 a_1, a_2, a_3, a_4라 하자.

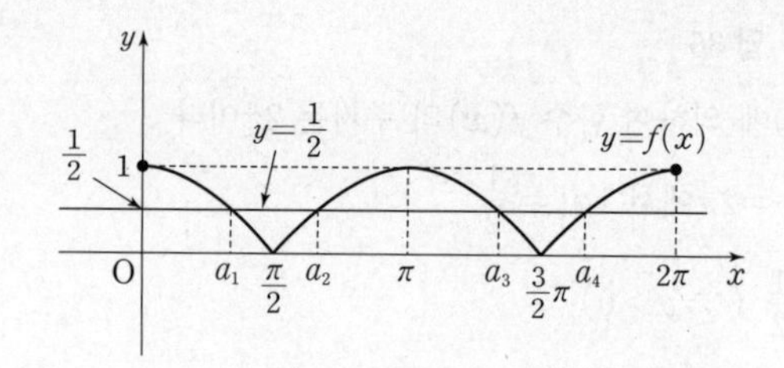

함수 $y=f(x)$의 그래프는 두 직선 $x=\frac{\pi}{2}$, $x=\frac{3}{2}\pi$에 대하여 각각 대칭이므로 방정식 $f(x)=\frac{1}{2}$의 모든 실근의 합은

$(a_1+a_2)+(a_3+a_4)=\frac{\pi}{2}\times2+\frac{3}{2}\pi\times2=4\pi$

또한, 함수 $y=g(x)$의 그래프와 직선 $y=\frac{1}{2}$이 만나는 점의 x좌표는 0, π, 2π이므로 방정식 $g(x)=\frac{1}{2}$의 모든 실근의 합은

$0+\pi+2\pi=3\pi$

두 방정식 $f(x)=\frac{1}{2}$, $g(x)=\frac{1}{2}$의 근은 모두 서로 다르므로 $t=\frac{1}{2}$일 때 집합 A의 모든 원소의 합은

$4\pi+3\pi=7\pi$ (참)

ㄷ. 두 함수 $y=f(x)$, $y=g(x)$의 그래프의 교점의 x좌표를 $\frac{\pi}{2}$, α, β $\left(\pi<\alpha<\frac{3}{2}\pi<\beta<2\pi\right)$라 하고, $f(\alpha)=g(\alpha)=k$라 하면 $f(\beta)=g(\beta)=k$이므로 $n(A)=4$를 만족시키는 경우는 $t=k$ 또는 $t=1$일 때이다.

$f(\alpha)=g(\alpha)$, 즉 $-\cos\alpha=\frac{1}{2}(1-\sin\alpha)$에서

$-2\cos\alpha=1-\sin\alpha$

위의 식의 양변을 제곱하면

$4\cos^2\alpha=1-2\sin\alpha+\sin^2\alpha$

$4(1-\sin^2\alpha)=1-2\sin\alpha+\sin^2\alpha$

$5\sin^2\alpha-2\sin\alpha-3=0$

$(5\sin\alpha+3)(\sin\alpha-1)=0$

$\therefore \sin\alpha=-\frac{3}{5}$ $\left(\because \pi<\alpha<\frac{3}{2}\pi\text{에서 } \sin\alpha<0\right)$

$\therefore k=g(\alpha)=\frac{1}{2}(1-\sin\alpha)=\frac{1}{2}\times\frac{8}{5}=\frac{4}{5}$

즉, $n(A)=4$를 만족시키는 모든 실수 t의 값의 합은

$k+1=\frac{4}{5}+1=\frac{9}{5}$ (거짓)

따라서 옳은 것은 ㄱ, ㄴ이다.

127 답 ③

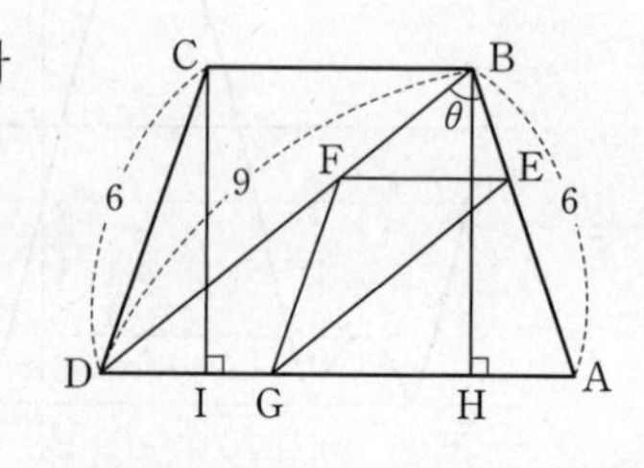

오른쪽 그림과 같이 $\angle ABD=\theta$라 하면 $0<\theta<\frac{\pi}{2}$이고

$\sin\theta=\frac{2\sqrt{2}}{3}$이므로

$\cos\theta=\sqrt{1-\left(\frac{2\sqrt{2}}{3}\right)^2}=\frac{1}{3}$

삼각형 ABD에서 코사인법칙에 의하여

$\overline{AD}^2=\overline{AB}^2+\overline{BD}^2-2\times\overline{AB}\times\overline{BD}\times\cos\theta$

$=6^2+9^2-2\times6\times9\times\frac{1}{3}=81$

$\therefore\ \overline{AD}=9$

즉, 삼각형 ABD는 $\overline{AD}=\overline{BD}=9$인 이등변삼각형이므로

$\angle BAD=\theta$

점 B에서 변 AD에 내린 수선의 발을 H라 하면

$\overline{AH}=\overline{AB}\cos\theta=6\times\frac{1}{3}=2$

점 C에서 변 AD에 내린 수선의 발을 I라 하면

$\overline{DI}=\overline{AH}=2$이므로

$\overline{BC}=\overline{HI}=\overline{AD}-(\overline{AH}+\overline{DI})=9-4=5$

이때 $\overline{AE}:\overline{EF}=\overline{AB}:\overline{BC}=6:5$이므로

$\overline{AE}=6a$, $\overline{EF}=5a$ $(a>0)$이라 하자.

삼각형 BFE와 삼각형 BDA는 서로 닮음(AA 닮음)이므로

$\overline{EF}:\overline{AD}=\overline{BE}:\overline{BA}$에서

$5a:9=(6-6a):6$

$54(1-a)=30a \qquad \therefore\ a=\frac{9}{14}$

$\therefore\ \overline{AE}=\frac{27}{7},\ \overline{EF}=\frac{45}{14}$

또한, 삼각형 BDA와 삼각형 EGA는 서로 닮음(AA 닮음)이므로

$\overline{BD}:\overline{EG}=\overline{BA}:\overline{EA}$에서

$9:\overline{EG}=6:\frac{27}{7}$

$\therefore\ \overline{EG}=\frac{1}{6}\times9\times\frac{27}{7}=\frac{81}{14}$

한편, $\angle BDA=\pi-2\theta$이고 두 변 AD와 BC가 평행하므로

$\angle CBD=\angle BDA=\pi-2\theta$

즉, $\angle ABC=\angle ABD+\angle CBD=\theta+(\pi-2\theta)=\pi-\theta$이고

사각형 EFGA는 등변사다리꼴이므로

$\angle EFG=\angle BCD=\angle ABC=\pi-\theta$

$\therefore\ \sin(\angle EFG)=\sin(\pi-\theta)=\sin\theta=\frac{2\sqrt{2}}{3}$

삼각형 EFG의 외접원의 반지름의 길이를 R라 하면

사인법칙에 의하여

$\frac{\overline{EG}}{\sin(\angle EFG)}=2R$

$\therefore\ R=\frac{1}{2}\times\frac{\overline{EG}}{\sin(\angle EFG)}=\frac{1}{2}\times\frac{81}{14}\times\frac{3}{2\sqrt{2}}=\frac{243\sqrt{2}}{112}$

참고

$\triangle ABC\backsim\triangle AEF$ (AA 닮음)이므로

$\overline{AB}:\overline{AE}=\overline{AC}:\overline{AF}$에서

$6:\frac{27}{7}=9:\overline{AF}$

$6\overline{AF}=\frac{27}{7}\times9$

$\therefore\ \overline{AF}=\frac{1}{6}\times\frac{27}{7}\times9=\frac{81}{14}$

따라서 두 선분 FE, GA가 평행하고 $\overline{EG}=\overline{AF}$이므로

사각형 EFGA는 등변사다리꼴이다.

128 답 109

점 P의 좌표를 삼각함수로 나타내면 $P(\cos\theta,\ \sin\theta)$

원 $x^2+y^2=1$ 위의 점 P에서의 접선의 방정식은

$(\cos\theta)x+(\sin\theta)y=1$

이므로 점 Q의 좌표는 $\left(\frac{1}{\cos\theta},\ 0\right)$이다.

또한, 직선 AP의 방정식은

$y=\frac{\sin\theta-1}{\cos\theta}x+1$

이므로 점 R의 좌표는 $\left(\frac{\cos\theta}{1-\sin\theta},\ 0\right)$이다.

한편,

$\overline{QR}=\overline{OR}-\overline{OQ}$

$=\frac{\cos\theta}{1-\sin\theta}-\frac{1}{\cos\theta}=\frac{\cos^2\theta-(1-\sin\theta)}{(1-\sin\theta)\cos\theta}$

$=\frac{(\cos^2\theta-1)+\sin\theta}{(1-\sin\theta)\cos\theta}=\frac{-\sin^2\theta+\sin\theta}{(1-\sin\theta)\cos\theta}$

$=\frac{(1-\sin\theta)\sin\theta}{(1-\sin\theta)\cos\theta}=\frac{\sin\theta}{\cos\theta}=\tan\theta$

이고, 삼각형 PQR의 넓이가 $\frac{3}{8}\sin\theta$이므로

$\frac{1}{2}\times\tan\theta\times\sin\theta=\frac{3}{8}\sin\theta \qquad \therefore\ \tan\theta=\frac{3}{4}$

즉, $\sin\theta=\frac{3}{5}$, $\cos\theta=\frac{4}{5}$이므로

$P\left(\frac{4}{5},\ \frac{3}{5}\right)$, $R(2,\ 0)$

$\therefore\ \overline{PR}=\sqrt{\left(2-\frac{4}{5}\right)^2+\left(0-\frac{3}{5}\right)^2}=\frac{3\sqrt{5}}{5}$

이때 $\angle OPQ=\frac{\pi}{2}$이므로 $\angle PQO=\frac{\pi}{2}-\theta$이고

$\angle PQR=\pi-\left(\frac{\pi}{2}-\theta\right)=\frac{\pi}{2}+\theta$

삼각형 PQR의 외접원의 반지름의 길이를 R라 하면

사인법칙에 의하여

$\frac{\overline{PR}}{\sin(\angle PQR)}=2R,\ \frac{\frac{3\sqrt{5}}{5}}{\sin\left(\frac{\pi}{2}+\theta\right)}=2R$

$\therefore\ R=\frac{\frac{3\sqrt{5}}{5}}{2\sin\left(\frac{\pi}{2}+\theta\right)}=\frac{\frac{3\sqrt{5}}{5}}{2\cos\theta}=\frac{\frac{3\sqrt{5}}{5}}{2\times\frac{4}{5}}=\frac{3\sqrt{5}}{8}$

따라서 삼각형 PQR의 외접원의 넓이는

$\pi R^2=\pi\times\left(\frac{3\sqrt{5}}{8}\right)^2=\frac{45}{64}\pi$

즉, $p=64$, $q=45$이므로

$p+q=109$

129 답 ⑤

삼각형 ABC에서 코사인법칙에 의하여

$\cos(\angle ABC)=\frac{4^2+5^2-7^2}{2\times4\times5}=-\frac{1}{5}$

$\frac{\pi}{2}<\angle ABC<\pi$이므로 $\sin(\angle ABC)>0$이고

$\sin(\angle ABC)=\sqrt{1-\cos^2(\angle ABC)}$

$=\sqrt{1-\left(-\frac{1}{5}\right)^2}=\frac{2\sqrt{6}}{5}$

삼각형 ABC의 넓이는

$\frac{1}{2}\times\overline{AB}\times\overline{BC}\times\sin(\angle ABC)=\frac{1}{2}\times4\times5\times\frac{2\sqrt{6}}{5}=4\sqrt{6}$

$\overline{AP}=x$, $\overline{BP}=y$ $(x>0,\ y>0)$이라 하면

$\overline{PA}^2=\overline{PB}\times\overline{PC}$이므로

$x^2=y(y+5)$ …… ㉠

두 삼각형 PAB, PCA에서

$\angle PAB=\angle PCA$, $\angle P$는 공통이므로

$\triangle PAB \backsim \triangle PCA$ (AA 닮음)

$\overline{PB}:\overline{AB}=\overline{PA}:\overline{CA}$에서 $y:4=x:7$

$4x=7y$ $\therefore x=\frac{7}{4}y$ …… ㉡

㉠, ㉡을 연립하여 풀면

$x=\frac{140}{33}$, $y=\frac{80}{33}$

또한, 삼각형 APB의 넓이는

$\frac{1}{2}\times\overline{AB}\times\overline{PB}\times\sin(\angle ABP)$

$=\frac{1}{2}\times\overline{AB}\times\overline{PB}\times\sin(\pi-\angle ABC)$

$=\frac{1}{2}\times\overline{AB}\times\overline{PB}\times\sin(\angle ABC)$

$=\frac{1}{2}\times4\times\frac{80}{33}\times\frac{2\sqrt{6}}{5}$

$=\frac{64\sqrt{6}}{33}$

따라서 삼각형 APC의 넓이 S_1은

$S_1=$(삼각형 ABC의 넓이)$+$(삼각형 APB의 넓이)

$=4\sqrt{6}+\frac{64\sqrt{6}}{33}=\frac{196\sqrt{6}}{33}$

한편, 삼각형 ABC의 외접원의 반지름의 길이를 R라 하면

사인법칙에 의하여

$\frac{\overline{CA}}{\sin(\angle ABC)}=2R$, $\frac{7}{\frac{2\sqrt{6}}{5}}=2R$

$\therefore R=\frac{35\sqrt{6}}{24}$

따라서 외접원 O의 넓이 S_2는

$S_2=\pi R^2=\pi\times\left(\frac{35\sqrt{6}}{24}\right)^2=\frac{1225}{96}\pi$

$\therefore \frac{S_2}{\pi\times S_1}=\frac{\frac{1225}{96}\pi}{\pi\times\frac{196\sqrt{6}}{33}}=\frac{275\sqrt{6}}{768}$

130 답 6

함수 $y=a\sin(b\pi x)$의 주기는 $\frac{2\pi}{|b\pi|}=\frac{2}{b}$ ($\because b>0$)이므로

점 A의 좌표는 $\left(\frac{1}{b},\ 0\right)$이다.

또한, 함수 $y=a\sin(b\pi x)$의 최댓값은 a이므로

함수 $y=a\sin(b\pi x)$의 그래프와 직선 $y=a$가 만나는 점 중 x좌표의 값이 가장 작은 양수일 때 $x=\frac{1}{2b}$이다.

$\therefore B\left(\frac{1}{2b},\ a\right)$

$\cos(\angle ABO)=0$에서 $\angle ABO=\frac{\pi}{2}$이므로

$\overline{OH}=\overline{AH}=\overline{BH}=a$ $\therefore \frac{1}{b}=2a$ …… ㉠

삼각형 OAB의 넓이가 9이므로

$\frac{1}{2}\times\frac{1}{b}\times a=9$ $\therefore \frac{a}{b}=18$ …… ㉡

㉠을 ㉡에 대입하면

$2a^2=18$, $a^2=9$ $\therefore a=3$ ($\because a>0$)

$a=3$을 ㉠에 대입하면

$\frac{1}{b}=6$ $\therefore b=\frac{1}{6}$

자연수 n에 대하여 $0\le x\le12$일 때 방정식 $3\sin\frac{n\pi x}{6}=\frac{1}{n}$의 실근은 $0\le x\le12$에서 함수 $y=3\sin\frac{n\pi x}{6}$의 그래프와 직선 $y=\frac{1}{n}$이 만나는 점의 x좌표와 같다.

이때 함수 $y=3\sin\frac{n\pi x}{6}$의 주기는 $\frac{2\pi}{\frac{n\pi}{6}}=\frac{12}{n}$이다.

(i) $n=1$일 때

$3\sin\frac{\pi x}{6}=1$이고, 함수 $y=3\sin\frac{\pi x}{6}$의 주기는 12이다.

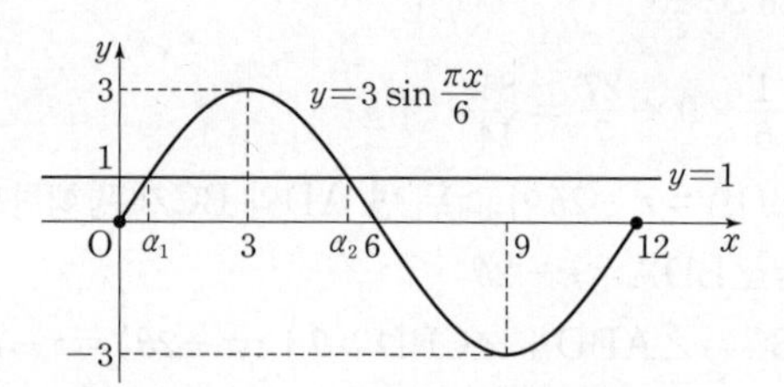

함수 $y=3\sin\frac{\pi x}{6}$의 그래프와 직선 $y=1$은 서로 다른 두 점에서 만나고, 두 교점의 x좌표를 작은 것부터 차례대로 α_1, α_2라 하면

$\frac{\alpha_1+\alpha_2}{2}=3$ $\therefore \alpha_1+\alpha_2=6$

$\therefore f(1)=6$

(ii) $n=2$일 때

$3\sin\frac{\pi x}{3}=\frac{1}{2}$이고, 함수 $y=3\sin\frac{\pi x}{3}$의 주기는 6이다.

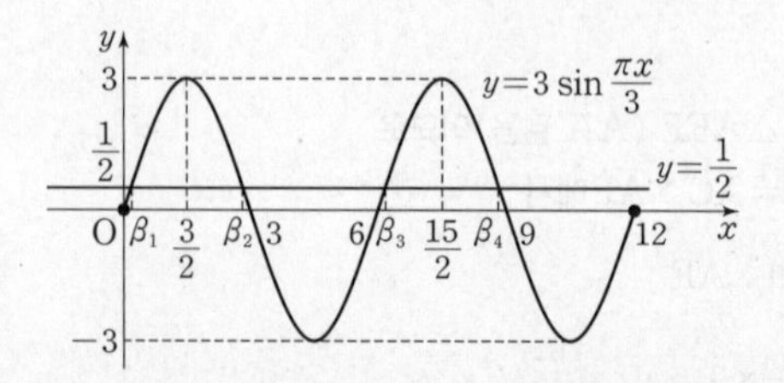

함수 $y=3\sin\frac{\pi x}{3}$의 그래프와 직선 $y=\frac{1}{2}$은 서로 다른 네 점에서 만나고, 네 교점의 x좌표를 작은 것부터 차례대로 β_1, β_2, β_3, β_4라 하면

$\frac{\beta_1+\beta_2}{2}=\frac{3}{2}$, $\frac{\beta_3+\beta_4}{2}=\frac{15}{2}$ $\qquad \therefore \beta_1+\beta_2=3$, $\beta_3+\beta_4=15$

$\therefore f(2)=3+15=18$

(iii) $n=3$일 때

$3\sin\frac{\pi x}{2}=\frac{1}{3}$이고, 함수 $y=3\sin\frac{\pi x}{2}$의 주기는 4이다.

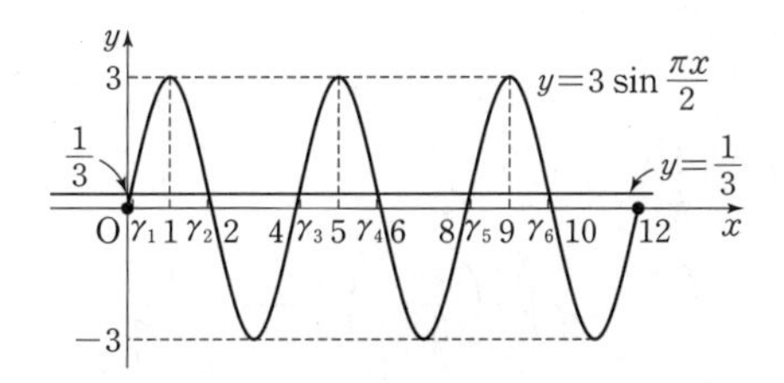

함수 $y=3\sin\frac{\pi x}{2}$의 그래프와 직선 $y=\frac{1}{3}$은 서로 다른 6개의 점에서 만나고, 6개의 교점의 x좌표를 작은 것부터 차례대로 γ_1, γ_2, γ_3, γ_4, γ_5, γ_6이라 하면

$\frac{\gamma_1+\gamma_2}{2}=1$, $\frac{\gamma_3+\gamma_4}{2}=5$, $\frac{\gamma_5+\gamma_6}{2}=9$

$\therefore \gamma_1+\gamma_2=2$, $\gamma_3+\gamma_4=10$, $\gamma_5+\gamma_6=18$

$\therefore f(3)=2+10+18=30$

(iv) $n\geq 4$일 때, $f(n)>30$

(i)~(iv)에서 부등식 $f(n)\leq 30$을 만족시키는 모든 자연수 n의 값은 1, 2, 3이므로 그 합은

$1+2+3=6$

Ⅲ 수열

기출문제로 개념 확인하기

본문 60~61쪽

131 답 ③

등차수열 $\{a_n\}$의 첫째항을 a, 공차를 d라 하면

$d=-3$이므로

$a_3=a+2d=a-6$

$a_7=a+6d=a-18$

$a_3a_7=64$에서 $(a-6)(a-18)=64$

$a^2-24a+44=0$

$(a-2)(a-22)=0$

$\therefore a=2$ 또는 $a=22$

(i) $a=2$일 때

$a_8=a+7d=2-21=-19<0$

이것은 $a_8>0$이라는 조건을 만족시키지 않는다.

(ii) $a=22$일 때

$a_8=a+7d=22-21=1>0$

(i), (ii)에서 $a=22$

$\therefore a_2=a+d=22+(-3)=19$

132 답 ②

등차수열 $\{a_n\}$의 공차를 d라 하면

$S_7-S_4=0$에서 $a_7+a_6+a_5=0$

$(a_6+d)+a_6+(a_6-d)=0$

$3a_6=0 \qquad \therefore a_6=0$

$S_6=30$에서

$\frac{6(a_1+a_6)}{2}=30$

$3a_1=30 \qquad \therefore a_1=10$

이때 $a_6=0$에서

$a_1+5d=0$, $10+5d=0$

$\therefore d=-2$

$\therefore a_2=a_1+d=10+(-2)=8$

133 답 ①

등비수열 $\{a_n\}$의 첫째항을 a, 공비를 r $(r>0)$이라 하면

$a_2+a_4=30$에서 $ar+ar^3=30$

$\therefore ar(1+r^2)=30 \qquad \cdots\cdots$ ㉠

$a_4+a_6=\frac{15}{2}$에서 $ar^3+ar^5=\frac{15}{2}$

$\therefore ar^3(1+r^2)=\frac{15}{2} \qquad \cdots\cdots$ ㉡

㉡÷㉠을 하면

$r^2=\frac{1}{4} \qquad \therefore r=\frac{1}{2}$ $(\because r>0)$

$r=\frac{1}{2}$을 ㉠에 대입하면

$\frac{a}{2}\times\frac{5}{4}=30$ $\quad\therefore a=48$

$\therefore a_1=48$

134 답 12

$\sum_{k=1}^{10}a_k-\sum_{k=1}^{7}\frac{a_k}{2}=56$에서

$\sum_{k=1}^{10}a_k-\frac{1}{2}\sum_{k=1}^{7}a_k=56$

위의 식의 양변에 2를 곱하면

$2\sum_{k=1}^{10}a_k-\sum_{k=1}^{7}a_k=112$ ...... ㉠

$\sum_{k=1}^{10}2a_k-\sum_{k=1}^{8}a_k=100$에서

$2\sum_{k=1}^{10}a_k-\sum_{k=1}^{8}a_k=100$ ...... ㉡

㉠−㉡을 하면

$\left(2\sum_{k=1}^{10}a_k-\sum_{k=1}^{7}a_k\right)-\left(2\sum_{k=1}^{10}a_k-\sum_{k=1}^{8}a_k\right)=112-100$

$\sum_{k=1}^{8}a_k-\sum_{k=1}^{7}a_k=12$ $\quad\therefore a_8=12$

135 답 427

이차방정식 $x^2-5nx+4n^2=0$의 두 근이 α_n, β_n이므로 이차방정식의 근과 계수의 관계에 의하여

$\alpha_n+\beta_n=5n$, $\alpha_n\beta_n=4n^2$

$$\begin{aligned}\therefore \sum_{n=1}^{7}(1-\alpha_n)(1-\beta_n)&=\sum_{n=1}^{7}\{1-(\alpha_n+\beta_n)+\alpha_n\beta_n\}\\&=\sum_{n=1}^{7}(1-5n+4n^2)\\&=\sum_{n=1}^{7}1-5\sum_{n=1}^{7}n+4\sum_{n=1}^{7}n^2\\&=1\times7-5\times\frac{7\times8}{2}+4\times\frac{7\times8\times15}{6}\\&=427\end{aligned}$$

136 답 ⑤

$S_n=\frac{1}{n(n+1)}=\frac{1}{n}-\frac{1}{n+1}$

이므로

$$\begin{aligned}&\sum_{k=1}^{10}(S_k-a_k)\\&=\sum_{k=1}^{10}S_k-\sum_{k=1}^{10}a_k\\&=\sum_{k=1}^{10}\left(\frac{1}{k}-\frac{1}{k+1}\right)-S_{10}\\&=\left\{\left(\frac{1}{1}-\frac{1}{2}\right)+\left(\frac{1}{2}-\frac{1}{3}\right)+\left(\frac{1}{3}-\frac{1}{4}\right)+\cdots+\left(\frac{1}{10}-\frac{1}{11}\right)\right\}\\&\qquad-\left(\frac{1}{10}-\frac{1}{11}\right)\\&=\left(1-\frac{1}{11}\right)-\left(\frac{1}{10}-\frac{1}{11}\right)=\frac{9}{10}\end{aligned}$$

다른 풀이

$$\begin{aligned}&\sum_{k=1}^{10}(S_k-a_k)\\&=(S_1-a_1)+\sum_{k=2}^{10}(S_k-a_k)\\&=\sum_{k=2}^{10}S_{k-1}\ (\because S_1=a_1)\\&=\sum_{k=2}^{10}\frac{1}{(k-1)k}\\&=\sum_{k=2}^{10}\left(\frac{1}{k-1}-\frac{1}{k}\right)\\&=\left(\frac{1}{1}-\frac{1}{2}\right)+\left(\frac{1}{2}-\frac{1}{3}\right)+\left(\frac{1}{3}-\frac{1}{4}\right)+\cdots+\left(\frac{1}{9}-\frac{1}{10}\right)\\&=1-\frac{1}{10}=\frac{9}{10}\end{aligned}$$

137 답 ④

$a_{n+1}+a_n=(-1)^{n+1}\times n$에서

$a_{n+1}=-a_n+(-1)^{n+1}\times n$ ...... ㉠

이때 $a_1=12$이므로 ㉠의 n에 1, 2, 3, ⋯을 차례로 대입하면

$a_2=-a_1+1=-12+1=-11$

$a_3=-a_2-2=-(-11)-2=9$

$a_4=-a_3+3=-9+3=-6$

$a_5=-a_4-4=-(-6)-4=2$

$a_6=-a_5+5=-2+5=3$

$a_7=-a_6-6=-3-6=-9$

$a_8=-a_7+7=-(-9)+7=16$

따라서 $a_k>a_1$인 자연수 k의 최솟값은 8이다.

138 답 ⑤

수열 $\{a_n\}$의 첫째항을 a라 하면

$a_1=a$

$a_2=\frac{1}{a_1}=\frac{1}{a}$

$a_3=8a_2=8\times\frac{1}{a}=\frac{8}{a}$

$a_4=\frac{1}{a_3}=\frac{a}{8}$

$a_5=8a_4=8\times\frac{a}{8}=a$

⋮

즉, 수열 $\{a_n\}$은 모든 자연수 n에 대하여 $a_{n+4}=a_n$이다.

$a_{12}=a_8=a_4=\frac{a}{8}$이므로

$a_{12}=\frac{1}{2}$에서

$\frac{a}{8}=\frac{1}{2}$ $\quad\therefore a=4$

$\therefore a_1+a_4=a+\frac{a}{8}=4+\frac{1}{2}=\frac{9}{2}$

다른 풀이

$a_{12}=\frac{1}{2}$이고

$a_{12}=\frac{1}{a_{11}}$이므로 $a_{11}=2$

$a_{11}=8a_{10}$이므로 $a_{10}=\frac{a_{11}}{8}=\frac{2}{8}=\frac{1}{4}$

$a_{10}=\frac{1}{a_9}$이므로 $a_9=\frac{1}{a_{10}}=4$

$a_9=8a_8$이므로 $a_8=\frac{a_9}{8}=\frac{4}{8}=\frac{1}{2}$

⋮

즉, 수열 $\{a_n\}$은 모든 자연수 n에 대하여 $a_{n+4}=a_n$이다.

따라서 $a_1=a_5=a_9=4$, $a_4=a_8=a_{12}=\frac{1}{2}$이므로

$a_1+a_4=4+\frac{1}{2}=\frac{9}{2}$

유형별 문제로 수능 대비하기

본문 62~75쪽

139 답 ⑤

등차수열 $\{a_n\}$의 공차를 d $(d\neq0)$이라 하면

수열 $\{b_n\}$은

$b_{n+1}-b_n=(a_{n+1}+a_{n+2})-(a_n+a_{n+1})$

$=a_{n+2}-a_n=2d$

에서 공차가 $2d$인 등차수열이므로

$A=\{-4-d,\ -4,\ -4+d,\ -4+2d,\ -4+3d\}$,

$B=\{-8-d,\ -8+d,\ -8+3d,\ -8+5d,\ -8+7d\}$

$n(A\cap B)=3$이 되려면

$\{a_1,\ a_3,\ a_5\}=\{b_1,\ b_2,\ b_3\}$ 또는

$\{a_1,\ a_3,\ a_5\}=\{b_2,\ b_3,\ b_4\}$ 또는

$\{a_1,\ a_3,\ a_5\}=\{b_3,\ b_4,\ b_5\}$

이어야 한다.

(i) $\{a_1,\ a_3,\ a_5\}=\{b_1,\ b_2,\ b_3\}$인 경우

$a_1=b_1$에서 $-4-d=-8-d$

그런데 위의 식을 만족시키는 실수 d는 존재하지 않는다.

(ii) $\{a_1,\ a_3,\ a_5\}=\{b_2,\ b_3,\ b_4\}$인 경우

$a_1=b_2$에서 $-4-d=-8+d$

$2d=4$ $\therefore d=2$

$\therefore A=\{-6,\ -4,\ -2,\ 0,\ 2\}$, $B=\{-10,\ -6,\ -2,\ 2,\ 6\}$

즉, $n(A\cap B)=3$을 만족시킨다.

$\therefore a_{20}=a_2+18d=-4+18\times2=32$

(iii) $\{a_1,\ a_3,\ a_5\}=\{b_3,\ b_4,\ b_5\}$인 경우

$a_1=b_3$에서 $-4-d=-8+3d$

$4d=4$ $\therefore d=1$

$\therefore A=\{-5,\ -4,\ -3,\ -2,\ -1\}$,

$B=\{-9,\ -7,\ -5,\ -3,\ -1\}$

즉, $n(A\cap B)=3$을 만족시킨다.

$\therefore a_{20}=a_2+18d=-4+18\times1=14$

(i), (ii), (iii)에서 $a_{20}=32$ 또는 $a_{20}=14$

따라서 a_{20}의 값의 합은

$32+14=46$

140 답 ③

등차수열 $\{a_n\}$의 첫째항을 a, 공차를 d라 하면

$a_2=-25$에서 $a+d=-25$

$\therefore a=-25-d$ …… ㉠

$a_{11}+a_{12}+a_{13}+\cdots+a_{20}=20$에서

$a_{11}+a_{12}+a_{13}+\cdots+a_{20}$

$=(a_1+a_2+a_3+\cdots+a_{20})-(a_1+a_2+a_3+\cdots+a_{10})$

$=\frac{20(2a+19d)}{2}-\frac{10(2a+9d)}{2}$

$=20a+190d-10a-45d$

$=10a+145d=20$

$\therefore 2a+29d=4$ …… ㉡

㉠을 ㉡에 대입하면

$2(-25-d)+29d=4$, $27d=54$ $\therefore d=2$

$d=2$를 ㉠에 대입하면 $a=-25-2=-27$

$\therefore a_n=-27+(n-1)\times2=2n-29$

$a_n\geq0$에서 $2n-29\geq0$

$2n\geq29$ $\therefore n\geq\frac{29}{2}=14.5$

이때 수열 $\{a_n\}$은 제15항부터 양수이므로 첫째항부터 제14항까지의 합이 최소이다.

따라서 구하는 자연수 n의 값은 14이다.

다른 풀이

$S_n=\frac{n\{2\times(-27)+(n-1)\times2\}}{2}$

$=n(n-28)=(n-14)^2-196$

따라서 S_n은 $n=14$일 때 최소이므로 구하는 자연수 n의 값은 14이다.

141 답 ②

등차수열 $\{a_n\}$의 공차를 d (d는 정수)라 하면

조건 (가)에서

$5a_5-a_{21}=144$이므로

$5(a_1+4d)-(a_1+20d)=144$

$4a_1=144$ $\therefore a_1=36$

(i) $d\geq0$일 때

모든 자연수 m에 대하여 $a_m>0$이므로

$a_ma_{m+2}>0$

즉, $d\geq0$이면 조건 (나)를 만족시키지 않는다.

(ii) $d<0$일 때

모든 자연수 m에 대하여

$a_m>a_{m+1}$

이때 $a_m a_{m+2}<0$을 만족시키는 자연수 m의 최솟값이 12이므로 $a_{12}a_{14}<0$에서 $a_{12}>0$이고 $a_{14}<0$이어야 한다.

즉, $36+11d>0$에서 $d>-\frac{36}{11}$

$36+13d<0$에서 $d<-\frac{36}{13}$

$\therefore -\frac{36}{11}<d<-\frac{36}{13}$

이때 d가 정수이므로

$d=-3$

따라서 등차수열 $\{a_n\}$은 첫째항이 36이고 공차가 -3이므로

$a_8=36+7\times(-3)=15$

142 답 520

두 등차수열 $\{a_n\}$, $\{b_n\}$의 공차를 각각 p, q라 하면

조건 (가)에서 $a_1=-5$, $b_1=-21$이므로

$a_n=-5+(n-1)p$, $b_n=-21+(n-1)q$

조건 (나)에서 $a_5=b_5$이므로

$-5+4p=-21+4q \quad \therefore p-q=-4 \quad \cdots\cdots$ ㉠

조건 (다)에서 $a_5-a_2=b_8-b_7$이므로 $3p=q \quad \cdots\cdots$ ㉡

㉡을 ㉠에 대입하면

$p-3p=-4$, $-2p=-4 \quad \therefore p=2$

$p=2$를 ㉡에 대입하면

$q=3\times2=6$

$\therefore a_n=-5+(n-1)\times2=2n-7$,

$b_n=-21+(n-1)\times6=6n-27$

이때

$a_{2n-1}=2(2n-1)-7=4n-9$,

$b_{2n}=6\times2n-27=12n-27$

이므로 수열 $\{a_{2n-1}\}$은 첫째항이 -5이고 공차가 4인 등차수열이고, 수열 $\{b_{2n}\}$은 첫째항이 -15이고 공차가 12인 등차수열이다.

$\therefore (a_1+b_2)+(a_3+b_4)+(a_5+b_6)+\cdots+(a_{19}+b_{20})$

$=(a_1+a_3+a_5+\cdots+a_{19})+(b_2+b_4+b_6+\cdots+b_{20})$

$=\frac{10\{2\times(-5)+(10-1)\times4\}}{2}+\frac{10\{2\times(-15)+(10-1)\times12\}}{2}$

$=130+390=520$

다른 풀이

$a_{2n-1}+b_{2n}=2(2n-1)-7+6\times2n-27=16n-36$

$\therefore (a_1+b_2)+(a_3+b_4)+(a_5+b_6)+\cdots+(a_{19}+b_{20})$

$=\sum_{k=1}^{10}(a_{2k-1}+b_{2k})$

$=\sum_{k=1}^{10}(16k-36)=16\sum_{k=1}^{10}k-360$

$=16\times\frac{10\times11}{2}-360=880-360=520$

143 답 80

세 수 a, b, c는 삼차방정식 $x^3-12x^2+12x+k=0$의 근이므로

$x^3-12x^2+12x+k$

$=(x-a)(x-b)(x-c)$

$=x^3-(a+b+c)x^2+(ab+bc+ca)x-abc \quad \cdots\cdots$ ㉠

세 수 a, b, c $(a<b<c)$가 이 순서대로 등차수열을 이루므로 공차를 d $(d>0)$이라 하면

$a=b-d$, $c=b+d$

㉠에서

$a+b+c=(b-d)+b+(b+d)=3b=12$

$\therefore b=4$

$ab+bc+ca=4(4-d)+4(4+d)+(4+d)(4-d)$

$=48-d^2=12$

$d^2=36 \quad \therefore d=6$ ($\because d>0$)

따라서 $a=-2$, $b=4$, $c=10$이므로 ㉠에서

$k=-abc=-(-2)\times4\times10=80$

144 답 ③

조건 (가)에서 $S_{k+3}-S_k=a_{k+2}+124$이고

$S_{k+3}-S_k=a_{k+3}+a_{k+2}+a_{k+1}$이므로

$a_{k+3}+a_{k+2}+a_{k+1}=a_{k+2}+124$

$a_{k+3}+a_{k+1}=124$

이때 수열 $\{a_n\}$이 등차수열이므로

$2a_{k+2}=124 \quad \therefore a_{k+2}=62 \quad \cdots\cdots$ ㉠

조건 (나)에서 $S_{k+1}=450$이므로

$S_{k+2}=S_{k+1}+a_{k+2}=450+62=512$

한편, $a_1=2$이므로

$S_{k+2}=\frac{(k+2)(a_1+a_{k+2})}{2}$

$=\frac{(k+2)(2+62)}{2}$ ($\because$ ㉠)

$=32k+64$

즉, $32k+64=512$이므로 $k=14$

㉠에 $k=14$를 대입하면

$a_{16}=62$

등차수열 $\{a_n\}$의 공차를 d라 하면

$a_{16}=2+15d=62 \quad \therefore d=4$

$\therefore a_k=a_{14}=2+13\times4=54$

145 답 9

$S_{n+3}-S_n$

$=(a_1+a_2+\cdots+a_n+a_{n+1}+a_{n+2}+a_{n+3})-(a_1+a_2+\cdots+a_n)$

$=a_{n+1}+a_{n+2}+a_{n+3}$

이므로 $S_{n+3}-S_n=13\times3^{n-1}$에서

$a_{n+1}+a_{n+2}+a_{n+3}=13\times3^{n-1} \quad \cdots\cdots$ ㉠

$n=1$을 ㉠에 대입하면

$a_2+a_3+a_4=13$

이므로 등비수열 $\{a_n\}$의 첫째항을 a, 공비를 r라 하면

$ar+ar^2+ar^3=13$에서 $ar(1+r+r^2)=13 \quad \cdots\cdots$ ㉡

또한, $n=2$를 ㉠에 대입하면 $a_3+a_4+a_5=39$이므로

$ar^2+ar^3+ar^4=39$에서 $ar^2(1+r+r^2)=39$ …… ㉢

㉢÷㉡을 하면 $r=3$

$r=3$을 ㉡에 대입하면

$39a=13 \quad \therefore a=\frac{1}{3}$

$\therefore a_4=\frac{1}{3}\times 3^3=9$

146 답 ①

$a_5=b_4$, $a_7=b_5$이므로 $a_6=4(b_4+b_5)$에서

$a_6=4(a_5+a_7)$

등차수열 $\{a_n\}$의 첫째항을 a, 공차를 d라 하면

$a+5d=4(a+4d+a+6d)$

$7a+35d=0 \quad \therefore a=-5d$

등비수열 $\{b_n\}$의 첫째항을 b, 공비를 r라 하면

$$r=\frac{b_5}{b_4}=\frac{a_7}{a_5}=\frac{a+6d}{a+4d}$$

$$=\frac{-5d+6d}{-5d+4d}=\frac{d}{-d}=-1$$

따라서 $5b_5=kb_2$에서

$$k=\frac{5b_5}{b_2}=\frac{5br^4}{br}=5r^3$$

$$=5\times(-1)^3=-5$$

다른 풀이

수열 $\{a_n\}$은 등차수열이므로

$2a_6=a_5+a_7$ …… ㉠

이때 $a_5=b_4$, $a_7=b_5$, $a_6=4(b_4+b_5)$이므로 ㉠에 대입하면

$8(b_4+b_5)=b_4+b_5$

이를 만족시키려면 $b_4+b_5=0$, 즉 $b_5=-b_4$이므로 수열 $\{b_n\}$은 공비가 -1인 등비수열이다.

따라서 $5b_5=kb_2$에서

$$k=\frac{5b_5}{b_2}=\frac{5b_1\times(-1)^4}{b_1\times(-1)}=-5$$

147 답 49

$$S_5-S_2=(a_1+a_2+a_3+a_4+a_5)-(a_1+a_2)$$

$$=a_3+a_4+a_5$$

이므로 $S_5-S_2={a_3}^2$에서

$a_3+a_4+a_5={a_3}^2$

등비수열 $\{a_n\}$의 첫째항이 3이므로 공비를 r $(r<0)$이라 하면

$3r^2+3r^3+3r^4=(3r^2)^2$

$3r^2(1+r+r^2)=(3r^2)^2$

$1+r+r^2=3r^2$, $2r^2-r-1=0$

$(2r+1)(r-1)=0 \quad \therefore r=-\frac{1}{2}$ ($\because r<0$)

$$\therefore S_5=\frac{3\left\{1-\left(-\frac{1}{2}\right)^5\right\}}{1-\left(-\frac{1}{2}\right)}=2\times\left(1+\frac{1}{32}\right)=\frac{33}{16}$$

따라서 $p=16$, $q=33$이므로

$p+q=16+33=49$

148 답 59

등비수열 $\{a_n\}$의 공비를 r라 하면 모든 항이 양수이므로 $r>0$이다.

$\frac{S_7-S_5}{S_4-S_2}=\frac{4a_8}{a_3}$에서

$$\frac{S_7-S_5}{S_4-S_2}=\frac{a_7+a_6}{a_4+a_3}=\frac{r^3(a_4+a_3)}{a_4+a_3}=r^3,$$

$$\frac{4a_8}{a_3}=\frac{4r^5a_3}{a_3}=4r^5$$

이므로 $r^3=4r^5$

$4r^2=1 \quad \therefore r=\frac{1}{2}$ ($\because r>0$)

$$\therefore \frac{S_5}{S_3}=\frac{\frac{8\left\{1-\left(\frac{1}{2}\right)^5\right\}}{1-\frac{1}{2}}}{\frac{8\left\{1-\left(\frac{1}{2}\right)^3\right\}}{1-\frac{1}{2}}}=\frac{1-\left(\frac{1}{2}\right)^5}{1-\left(\frac{1}{2}\right)^3}=\frac{\frac{31}{32}}{\frac{7}{8}}=\frac{31}{28}$$

따라서 $p=28$, $q=31$이므로

$p+q=28+31=59$

149 답 40

등비수열 $\{a_n\}$의 첫째항을 a, 공비를 r $(r>0)$이라 하면

$$S_2+S_4=\frac{a(r^2-1)}{r-1}+\frac{a(r^4-1)}{r-1}$$

$$=\frac{a(r^4+r^2-2)}{r-1}$$

$$=\frac{a(r^2-1)(r^2+2)}{r-1}$$

$$=\frac{a(r+1)(r-1)(r^2+2)}{r-1}$$

$$=a(r+1)(r^2+2)$$

이므로 $S_2+S_4=10$에서

$a(r+1)(r^2+2)=10$ …… ㉠

$$S_4+S_6=\frac{a(r^4-1)}{r-1}+\frac{a(r^6-1)}{r-1}$$

$$=\frac{a(r^6+r^4-2)}{r-1}$$

$$=\frac{a(r^2-1)(r^4+2r^2+2)}{r-1}$$

$$=\frac{a(r+1)(r-1)(r^4+2r^2+2)}{r-1}$$

$$=a(r+1)(r^4+2r^2+2)$$

이므로 $S_4+S_6=34$에서

$a(r+1)(r^4+2r^2+2)=34$ …… ㉡

㉠÷㉡을 하면

$$\frac{r^2+2}{r^4+2r^2+2}=\frac{5}{17}$$

$5r^4+10r^2+10=17r^2+34$
$5r^4-7r^2-24=0$
$(5r^2+8)(r^2-3)=0$
$r>0$이므로 $r^2=3$에서 $r=\sqrt{3}$
따라서 $S_8=kS_2$에서

$$k=\frac{S_8}{S_2}=\frac{\frac{a\{(\sqrt{3})^8-1\}}{\sqrt{3}-1}}{\frac{a\{(\sqrt{3})^2-1\}}{\sqrt{3}-1}}=\frac{3^4-1}{3-1}=40$$

150 답 ③

ㄱ. 다섯 개의 실수 a, x, y, z, b는 이 순서대로 등차수열을 이루므로 세 수 a, y, b도 이 순서대로 등차수열을 이룬다.
$\therefore a+b=2y$ (참)

ㄴ. 다섯 개의 실수 a, p, q, r, b는 이 순서대로 등비수열을 이루므로 세 수 p, q, r와 세 수 a, q, b도 각각 이 순서대로 등비수열을 이룬다.
따라서 $q^2=pr$, $q^2=ab$이므로
$aprb=q^4$ (참)

ㄷ. ㄱ, ㄴ에서 $x+z=2y=a+b$, $pr=q^2=ab$이므로
$(x+z)^2-4pr=(a+b)^2-4ab=(a-b)^2$
이때 $(x+z)^2=4pr$이면 $(a-b)^2=0$에서 $a=b$이므로
공차는 0, 공비는 -1 또는 1이다.
그런데 a, x, y, z, a에서 공차가 0이면 $y=a$이고,
a, p, q, r, a에서 공비가 -1이면 $r=-a$이므로 $y\neq r$이다.
(거짓)

따라서 옳은 것은 ㄱ, ㄴ이다.

151 답 ③

등차수열 $\{a_n\}$의 공차를 d (d는 자연수)라 하면
조건 (가)에서
$a_3-a_2=a_4-a_3=d$
이므로
$d<k<3d$ …… ㉠
조건 (나)에서 세 수 12, a_{k+1}, a_{4k+1}이 이 순서대로 등비수열을 이루므로
$(a_{k+1})^2=12\times a_{4k+1}$
$(12+kd)^2=12(12+4kd)$
$kd(kd-24)=0$
$kd>0$이므로 $kd=24$ …… ㉡
이때 k와 d가 모두 자연수이므로 ㉡을 만족시키는 두 자연수 k, d의 순서쌍 (k, d)는
(1, 24), (2, 12), (3, 8), (4, 6),
(6, 4), (8, 3), (12, 2), (24, 1)
이 중에서 ㉠을 만족시키는 순서쌍 (k, d)는 (6, 4), (8, 3)이다.
(i) $k=6$, $d=4$일 때
$a_k=12+5\times4=32$
(ii) $k=8$, $d=3$일 때
$a_k=12+7\times3=33$
(i), (ii)에서 구하는 a_k의 최댓값은 33이다.

152 답 10

등비수열 $\{a_n\}$의 첫째항을 a, 공비를 r라 하면 모든 항이 양수이므로 $a>0$, $r>0$이다.
$S_4-S_3=a_4=2$에서
$ar^3=2$ …… ㉠
$S_6-S_5=a_6=50$에서
$ar^5=50$ …… ㉡
㉡÷㉠을 하면
$\frac{ar^5}{ar^3}=\frac{50}{2}$, $r^2=25$
$\therefore r=5$ ($\because r>0$)
$\therefore a_5=ar^4=ar^3\times r=2\times5=10$

153 답 ②

두 등차수열 $\{a_n\}$, $\{b_n\}$의 첫째항부터 제n항까지의 합은 상수항이 없는 n에 대한 이차식이고, 수열 $\{a_n\}$의 모든 항은 양수이므로
$S_nT_n=n^2(n^2-16)$
$=n^2(n+4)(n-4)$
에서 양수 p에 대하여
$S_n=pn(n+4)$, $T_n=\frac{1}{p}n(n-4)$
라 할 수 있다.
$a_3=S_3-S_2=21p-12p=9p$
$b_3=T_3-T_2=-\frac{3}{p}-\left(-\frac{4}{p}\right)=\frac{1}{p}$
$\frac{a_3}{b_3}=36$에서 $\frac{9p}{\frac{1}{p}}=9p^2=36$
$p^2=4$ $\therefore p=2$ ($\because p>0$)
$\therefore a_1+b_1=S_1+T_1$
$=5p+\left(-\frac{3}{p}\right)=10+\left(-\frac{3}{2}\right)=\frac{17}{2}$

154 답 6

주어진 식의 양변에 $n=1$을 대입하면
$S_3-S_1=p\times3^2$
$\therefore a_2+a_3=9p$
이때 $a_2+a_3=63$이므로
$9p=63$ $\therefore p=7$
$\therefore S_{n+2}-S_n=7\times3^{n+1}$ …… ㉠
㉠의 양변에 $n=6$을 대입하면
$S_8-S_6=7\times3^7$

$\therefore\ a_8+a_7=7\times3^7$ ...... ㉡

㉠의 양변에 $n=5$를 대입하면

$S_7-S_5=7\times3^6$

$\therefore\ a_7+a_6=7\times3^6$ ...... ㉢

㉡$-$㉢을 하면

$a_8-a_6=14\times3^6$

㉠의 양변에 $n=4$를 대입하면

$S_6-S_4=7\times3^5$

$\therefore\ a_6+a_5=7\times3^5$

$\therefore\ \frac{a_8-a_6}{a_6+a_5}=\frac{14\times3^6}{7\times3^5}=6$

155 답 ②

(i) $n=1$일 때

$a_1=S_1$이므로 $2S_n=a_n+\frac{4}{a_n}$에 $n=1$을 대입하면

$2a_1=a_1+\frac{4}{a_1},\ a_1=\frac{4}{a_1}$

${a_1}^2=4 \quad \therefore\ a_1=2\ (\because\ a_n>0)$

(ii) $n\geq2$일 때

$a_n=S_n-S_{n-1}$이므로 $2S_n=a_n+\frac{4}{a_n}$에 대입하면

$2S_n=S_n-S_{n-1}+\frac{4}{S_n-S_{n-1}}$

$S_n+S_{n-1}=\frac{4}{S_n-S_{n-1}}$

양변에 S_n-S_{n-1}을 곱하면

${S_n}^2-{S_{n-1}}^2=4$

이므로 n에 2, 3, 4, $\cdots$, n을 차례로 대입하면

${S_2}^2-{S_1}^2=4$

${S_3}^2-{S_2}^2=4$

${S_4}^2-{S_3}^2=4$

$\vdots$

${S_n}^2-{S_{n-1}}^2=4$

위의 식을 각 변끼리 더하면

${S_n}^2-{S_1}^2=4(n-1)$

이때 ${S_1}^2={a_1}^2=4$이므로

${S_n}^2=4+4(n-1)=4n \quad \therefore\ S_n=2\sqrt{n}\ (\because\ a_n>0)$

$\therefore\ a_n=S_n-S_{n-1}=2\sqrt{n}-2\sqrt{n-1}$

$=2(\sqrt{n}-\sqrt{n-1})\ (n\geq2)$ ...... ㉠

이때 $a_1=2$는 ㉠에 $n=1$을 대입한 것과 같으므로

$a_n=2(\sqrt{n}-\sqrt{n-1})\ (n\geq1)$

$\therefore\ 2a_2+a_9=4(\sqrt{2}-1)+2(3-2\sqrt{2})=2$

156 답 ③

m^{12}의 n제곱근은 x에 대한 방정식 $x^n=m^{12}$의 근이다.

위의 방정식에서 $x=m^{\frac{12}{n}}$이고, x가 정수이려면

$m^{12}=p^q$ (p는 제곱수가 아닌 자연수, q는 자연수)

꼴로 나타내었을 때 n은 q의 1이 아닌 양의 약수이어야 한다.

(i) $m=2$일 때

2^{12}에서 12의 양의 약수의 개수는 6이므로 조건을 만족시키는 자연수 n의 개수는

$6-1=5$

(ii) $m=3$일 때, (i)과 같은 방법으로 자연수 n의 개수는 5

(iii) $m=4$일 때

$4^{12}=2^{24}$에서 24의 양의 약수의 개수는 8이므로 조건을 만족시키는 자연수 n의 개수는

$8-1=7$

(iv) $m=5$일 때, (i)과 같은 방법으로 자연수 n의 개수는 5

(v) $m=6$일 때, (i)과 같은 방법으로 자연수 n의 개수는 5

(vi) $m=7$일 때, (i)과 같은 방법으로 자연수 n의 개수는 5

(vii) $m=8$일 때

$8^{12}=2^{36}$에서 36의 양의 약수의 개수는 9이므로 조건을 만족시키는 자연수 n의 개수는

$9-1=8$

(viii) $m=9$일 때, (iii)과 같은 방법으로 자연수 n의 개수는 7

(i)~(viii)에서

$\sum_{m=2}^{9}f(m)=f(2)+f(3)+f(4)+\cdots+f(9)$

$=5+5+7+5+5+5+8+7$

$=47$

157 답 ⑤

등차수열 $\{a_n\}$의 공차를 d라 하면

$\sum_{k=1}^{10}(a_{k+1}-a_k)=\sum_{k=1}^{20}\left(\frac{k}{7}+\frac{1}{2}\right)$에서

$\sum_{k=1}^{10}(a_{k+1}-a_k)=\sum_{k=1}^{10}d=10d,$

$\sum_{k=1}^{20}\left(\frac{k}{7}+\frac{1}{2}\right)=\frac{1}{7}\times\frac{20\times21}{2}+\frac{1}{2}\times20=40$

이므로

$10d=40 \quad \therefore\ d=4$

이때 $a_1=8$이므로

$a_n=8+(n-1)\times4=4n+4$이고

$a_m=4m+4$

$\therefore\ \sum_{k=1}^{10}(a_{k+1}a_k-{a_k}^2)=\sum_{k=1}^{10}(a_{k+1}-a_k)a_k$

$=4\sum_{k=1}^{10}a_k$

$=4\sum_{k=1}^{10}(4k+4)$

$=16\sum_{k=1}^{10}(k+1)$

$=16\times\left(\frac{10\times11}{2}+10\right)$

$=1040$

이때 $\sum_{k=1}^{10}(a_{k+1}a_k-{a_k}^2)=a_m$이므로

$4m+4=1040$

$\therefore\ m=259$

158 답 73

$3a_n-a_{n+3}=3(2n+1)$에 $n=1$을 대입하면

$3a_1-a_4=9$

이때 $a_1=9$이므로

$a_4=18$

등차수열 $\{a_n\}$의 공차를 d라 하면

$a_4=a_1+3d=9+3d=18$

$\therefore\ d=3$

따라서 $a_n=9+(n-1)\times3=3n+6$이므로

$$\sum_{k=1}^{10}a_k=\sum_{k=1}^{10}(3k+6)$$
$$=3\times\frac{10\times11}{2}+6\times10$$
$$=225$$

$\sum_{k=1}^{10}a_k=a_m$에서

$225=3m+6$

$3m=219 \quad \therefore\ m=73$

159 답 ④

$\sqrt[3]{-64}=\sqrt[3]{(-4)^3}=-4$이므로

$(-4)^{n+1}$의 n제곱근 중 실수인 것의 개수를 구하면 된다.

(i) n이 짝수일 때

$(-4)^{n+1}<0$이므로

$(\sqrt[3]{-64})^{n+1}$의 n제곱근 중 실수인 것은 없다.

$\therefore\ f(n)=0$

(ii) n이 3 이상의 홀수일 때

$(-4)^{n+1}>0$이므로

$(\sqrt[3]{-64})^{n+1}$의 n제곱근 중 실수인 것은 1개이므로

$f(n)=1$

(i), (ii)에서

$$f(n)=\begin{cases}0 & (n\text{이 짝수인 경우})\\ 1 & (n\text{이 3 이상의 홀수인 경우})\end{cases}$$

$$\therefore\ \sum_{k=2}^{20}kf(k)=\sum_{m=1}^{9}(2m+1)f(2m+1)$$
$$=\sum_{m=1}^{9}(2m+1)\ (\because f(2m+1)=1)$$
$$=2\times\frac{9\times10}{2}+9$$
$$=99$$

160 답 ②

$f(n)=\sum_{k=1}^{n}a_k=a_1+a_2+a_3+\cdots+a_n$이므로

$$\sum_{k=m+1}^{24}a_k=a_{m+1}+a_{m+2}+a_{m+3}+\cdots+a_{24}$$
$$=(a_1+a_2+a_3+\cdots+a_{24})-(a_1+a_2+a_3+\cdots+a_m)$$
$$=f(24)-f(m)>0$$

즉, $f(24)>f(m)$을 만족시키는 자연수 $m\ (m<24)$의 개수를 구하면 된다.

최고차항의 계수가 양수이고 $f(6)=f(24)$인 이차함수 $y=f(x)$의 그래프의 개형은 오른쪽 그림과 같으므로 $f(24)>f(m)$을 만족시키는 자연수 m은

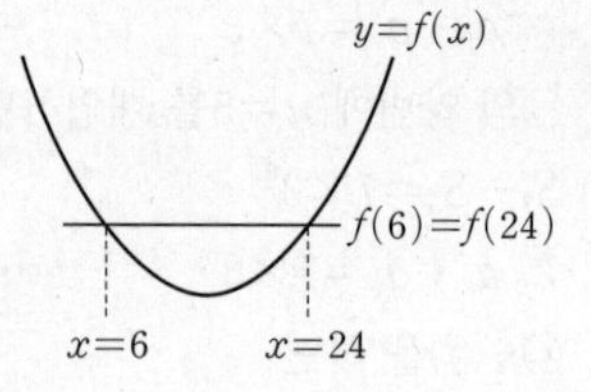

7, 8, 9, ⋯, 23

따라서 구하는 자연수 m의 개수는 17이다.

161 답 ②

$a_n+a_{n+1}\le|a_n|+a_{n+1}=2n+3 \quad \cdots\cdots$ ㉠

㉠에서 $n=2k-1$일 때,

$a_{2k-1}+a_{2k}\le|a_{2k-1}|+a_{2k}=4k+1$이므로

$$\sum_{n=1}^{20}a_n=\sum_{k=1}^{10}(a_{2k-1}+a_{2k})$$
$$\le\sum_{k=1}^{10}(|a_{2k-1}|+a_{2k})$$
$$=\sum_{k=1}^{10}(4k+1)$$
$$=4\times\frac{10\times11}{2}+10=230$$

이때 $\sum_{n=1}^{20}a_n=230$이므로

$a_{2k-1}=|a_{2k-1}|\ (k=1, 2, 3, \cdots, 10)$

즉, $a_{2k-1}\ge0$이므로 $a_{2k-1}+a_{2k}=4k+1$

$$\therefore\ \sum_{n=1}^{10}a_n=\sum_{k=1}^{5}(a_{2k-1}+a_{2k})=\sum_{k=1}^{5}(4k+1)$$
$$=4\times\frac{5\times6}{2}+5=65$$

162 답 ①

두 조건 (가), (나)에 의하여

(i) $k=3n$ (n은 자연수)일 때, $f(k)=1$

(ii) $k\ne3n$ (n은 자연수)일 때, $f(k)=4$

(i), (ii)에서

$$f(k)=\begin{cases}1 & (k=3n)\\ 4 & (k=3n-2,\ k=3n-1)\end{cases}\ (n\text{은 자연수})$$

$$\therefore\ \sum_{k=1}^{50}\frac{k\times\sqrt{f(k)}}{6}$$
$$=\sum_{m=1}^{17}\frac{(3m-2)\sqrt{f(3m-2)}}{6}+\sum_{m=1}^{17}\frac{(3m-1)\sqrt{f(3m-1)}}{6}+\sum_{m=1}^{16}\frac{3m\sqrt{f(3m)}}{6}$$
$$=\sum_{m=1}^{17}\frac{3m-2}{3}+\sum_{m=1}^{17}\frac{3m-1}{3}+\sum_{m=1}^{16}\frac{m}{2}$$
$$=\sum_{m=1}^{17}\left(\frac{3m-2}{3}+\frac{3m-1}{3}\right)+\sum_{m=1}^{16}\frac{m}{2}$$
$$=\sum_{m=1}^{17}(2m-1)+\sum_{m=1}^{16}\frac{m}{2}$$
$$=\left\{2\times\frac{17\times18}{2}-17\right\}+\frac{1}{2}\times\frac{16\times17}{2}$$
$$=289+68$$
$$=357$$

163 답 ④

원 C_n은 중심이 점 $A_n\left(n, \frac{10}{n}\right)$이고 반지름의 길이가 n이므로 원 C_n의 방정식은

$(x-n)^2+\left(y-\frac{10}{n}\right)^2=n^2$

원 C_n의 중심 $A_n\left(n, \frac{10}{n}\right)$과 직선 $x-ny-1=0$ 사이의 거리를 d_n이라 하면

$$d_n=\frac{\left|n-n\times\frac{10}{n}-1\right|}{\sqrt{1+n^2}}=\frac{|n-11|}{\sqrt{1+n^2}}$$

(i) 원 C_n과 직선 $x-ny-1=0$이 만나지 않는 경우

$d_n>n$이므로 $\frac{|n-11|}{\sqrt{1+n^2}}>n$

$|n-11|>n\sqrt{1+n^2}$

양변을 제곱하면

$n^2-22n+121>n^2+n^4$

$-22n+121>n^4$

이때 이 부등식을 만족시키는 자연수 n은 1, 2이다.

$\therefore a_1=a_2=0$

(ii) 원 C_n과 직선 $x-ny-1=0$이 서로 다른 두 점에서 만나는 경우

$d_n<n$이므로 $\frac{|n-11|}{\sqrt{1+n^2}}<n$

$|n-11|<n\sqrt{1+n^2}$

양변을 제곱하면

$n^2-22n+121<n^2+n^4$

$-22n+121<n^4$

이때 이 부등식을 만족시키는 자연수 n은 3, 4, 5, …이다.

$\therefore a_3=a_4=a_5=\cdots=2$

(i), (ii)에서 수열 $\{a_n\}$은

$a_1=a_2=0,\ a_n=2\ (n\geq 3)$

$$\therefore \sum_{n=1}^{10}a_n=a_1+a_2+\sum_{n=3}^{10}2=0+0+2\times 8=16$$

164 답 ①

등차수열 $\{a_n\}$의 공차를 $d\ (d\neq 0)$이라 하자.

$|a_6|=a_8$에서

$a_6=a_8$이면 $a_6=a_6+2d$이므로 $d=0$이 되어 조건을 만족시키지 않는다.

즉, $-a_6=a_8$이므로 $a_6+a_8=0$

a_7은 a_6과 a_8의 등차중항이므로

$a_7=\frac{a_6+a_8}{2}=0$

이때 $a_6=-d,\ a_8=d$이고

$a_8=|a_6|>0$에서 $d>0$

또한, $a_6=a_1+5d$이므로

$-d=a_1+5d \qquad \therefore a_1=-6d$

$\sum_{k=1}^{5}\frac{1}{a_ka_{k+1}}=\frac{5}{96}$에서

$$\frac{1}{a_{k+1}-a_k}\sum_{k=1}^{5}\left(\frac{1}{a_k}-\frac{1}{a_{k+1}}\right)$$
$$=\frac{1}{d}\left\{\left(\frac{1}{a_1}-\frac{1}{a_2}\right)+\left(\frac{1}{a_2}-\frac{1}{a_3}\right)+\left(\frac{1}{a_3}-\frac{1}{a_4}\right)+\left(\frac{1}{a_4}-\frac{1}{a_5}\right)+\left(\frac{1}{a_5}-\frac{1}{a_6}\right)\right\}$$
$$=\frac{1}{d}\left(\frac{1}{a_1}-\frac{1}{a_6}\right)=\frac{1}{d}\left(\frac{1}{-6d}-\frac{1}{-d}\right)$$
$$=\frac{1}{d}\times\frac{5}{6d}$$
$$=\frac{5}{6d^2}=\frac{5}{96}$$

이므로 $d^2=16 \qquad \therefore d=4\ (\because d>0)$

따라서 $a_1=-6d=-6\times 4=-24$이고

$\sum_{k=1}^{15}a_k$는 등차수열 $\{a_n\}$의 첫째항부터 제15항까지의 합이므로

$$\sum_{k=1}^{15}a_k=\frac{15\times\{2\times(-24)+14\times 4\}}{2}=60$$

165 답 ④

등비수열 $\{a_n\}$의 첫째항을 a_1, 공비를 r라 하면 모든 항이 양수이므로 $a_1>0,\ r>0$이다.

$\frac{S_3}{S_1}=7$에서 $\frac{a_1+a_1r+a_1r^2}{a_1}=7$

$r^2+r-6=0\ (\because a_1>0)$

$(r+3)(r-2)=0 \qquad \therefore r=2\ (\because r>0)$

이때 $S_n=\frac{a_1(2^n-1)}{2-1}=a_1(2^n-1)$이므로

$\log_4\frac{S_n+S_1}{S_1}=\log_4\frac{a_1\times 2^n}{a_1}=\log_4 2^n=\frac{n}{2}$

$\log_4\frac{S_{n+1}+S_1}{S_1}=\log_4\frac{a_1\times 2^{n+1}}{a_1}=\log_4 2^{n+1}=\frac{n+1}{2}$

$$\therefore \sum_{k=1}^{15}\frac{1}{\log_4\frac{S_{n+1}+S_1}{S_1}\times\log_4\frac{S_n+S_1}{S_1}}$$
$$=\sum_{k=1}^{15}\frac{1}{\frac{k+1}{2}\times\frac{k}{2}}$$
$$=\sum_{k=1}^{15}\frac{1}{\frac{k(k+1)}{4}}$$
$$=\sum_{k=1}^{15}\frac{4}{k(k+1)}$$
$$=4\sum_{k=1}^{15}\left(\frac{1}{k}-\frac{1}{k+1}\right)$$
$$=4\times\left\{\left(1-\frac{1}{2}\right)+\left(\frac{1}{2}-\frac{1}{3}\right)+\left(\frac{1}{3}-\frac{1}{4}\right)+\cdots+\left(\frac{1}{15}-\frac{1}{16}\right)\right\}$$
$$=4\times\left(1-\frac{1}{16}\right)$$
$$=\frac{15}{4}$$

166 답 ①

$S_n=\sum_{k=1}^{n}\frac{a_k}{2k-1}=n^2+2n$이라 하자.

(i) $n=1$일 때

$S_1=\frac{a_1}{2-1}=1+2=3$이므로

$a_1=3$

(ii) $n\geq2$일 때

$\frac{a_n}{2n-1}=S_n-S_{n-1}$

$=(n^2+2n)-\{(n-1)^2+2(n-1)\}$

$=2n+1$

$\therefore a_n=(2n-1)(2n+1)\ (n\geq2)$ …… ㉠

이때 $a_1=3$은 ㉠에 $n=1$을 대입한 것과 같으므로

$a_n=(2n-1)(2n+1)\ (n\geq1)$

$\therefore \sum_{k=1}^{20}\frac{1}{a_k}=\sum_{k=1}^{20}\frac{1}{(2k-1)(2k+1)}$

$=\frac{1}{2}\sum_{k=1}^{20}\left(\frac{1}{2k-1}-\frac{1}{2k+1}\right)$

$=\frac{1}{2}\times\left\{\left(1-\frac{1}{3}\right)+\left(\frac{1}{3}-\frac{1}{5}\right)+\left(\frac{1}{5}-\frac{1}{7}\right)+\cdots+\left(\frac{1}{39}-\frac{1}{41}\right)\right\}$

$=\frac{1}{2}\times\left(1-\frac{1}{41}\right)=\frac{20}{41}$

167 답 ③

원 $(x-\sqrt{4n^2-1})^2+(y-1)^2=1$을 C_1,

원 $(x+\sqrt{4n^2-1})^2+(y+1)^2=1$을 C_2라 하면

원 C_1의 중심의 좌표는 $(\sqrt{4n^2-1},\ 1)$, 반지름의 길이는 1이고,

원 C_2의 중심의 좌표는 $(-\sqrt{4n^2-1},\ -1)$, 반지름의 길이는 1이다.

이때 두 원 C_1, C_2의 중심 $(\sqrt{4n^2-1},\ 1)$, $(-\sqrt{4n^2-1},\ -1)$ 사이의 거리는

$\sqrt{\{\sqrt{4n^2-1}-(-\sqrt{4n^2-1})\}^2+\{1-(-1)\}^2}$

$=\sqrt{4(4n^2-1)+4}$

$=4n\ (\because n>0)$

이고, 두 원 C_1, C_2의 중심이 각각 제1사분면, 제3사분면 위에 있고 x축에 접하므로 두 원은 서로 만나지 않는다.

따라서 선분 PQ의 길이의 최댓값 $a_n=4n+2$이고, 최솟값 $b_n=4n-2$이므로

$\sum_{k=1}^{60}\frac{\sqrt{2}}{\sqrt{a_k}+\sqrt{b_k}}=\sum_{k=1}^{60}\frac{\sqrt{2}}{\sqrt{4k+2}+\sqrt{4k-2}}$

$=\frac{\sqrt{2}}{4}\sum_{k=1}^{60}(\sqrt{4k+2}-\sqrt{4k-2})$

$=\frac{\sqrt{2}}{4}\times\{(\sqrt{6}-\sqrt{2})+(\sqrt{10}-\sqrt{6})+(\sqrt{14}-\sqrt{10})+\cdots+(\sqrt{242}-\sqrt{238})\}$

$=\frac{\sqrt{2}\times(11\sqrt{2}-\sqrt{2})}{4}$

$=5$

168 답 ②

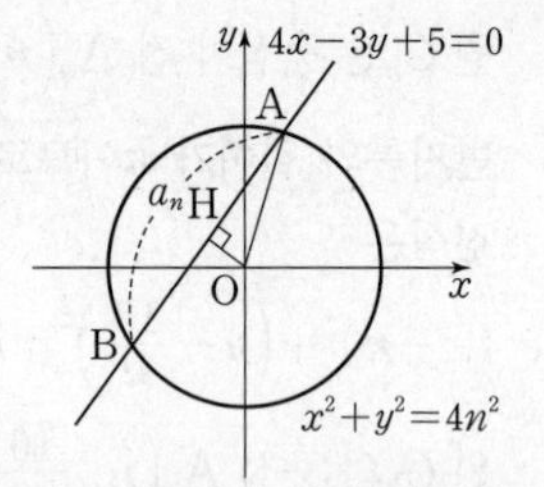

오른쪽 그림과 같이 직선과 원이 만나는 두 점을 각각 A, B라 하고, 원점 O에서 직선에 내린 수선의 발을 H라 하자.

원점과 직선 $4x-3y+5=0$ 사이의 거리인 선분 OH의 길이는

$\overline{OH}=\frac{|0-0+5|}{\sqrt{4^2+(-3)^2}}=1$

또한, 선분 OA의 길이는 원 $x^2+y^2=4n^2$의 반지름의 길이인 $2n$이므로 직각삼각형 OAH에서 피타고라스 정리에 의하여

$\overline{AH}=\sqrt{4n^2-1}$

이때 $\overline{AH}=\overline{BH}$이므로

$a_n=2\sqrt{4n^2-1}$

따라서 ${a_n}^2=4(4n^2-1)$이므로

$\sum_{n=1}^{10}\left(\frac{1}{a_n}\right)^2=\sum_{n=1}^{10}\frac{1}{4(4n^2-1)}$

$=\frac{1}{4}\sum_{n=1}^{10}\frac{1}{(2n-1)(2n+1)}$

$=\frac{1}{8}\sum_{n=1}^{10}\left(\frac{1}{2n-1}-\frac{1}{2n+1}\right)$

$=\frac{1}{8}\times\left\{\left(1-\frac{1}{3}\right)+\left(\frac{1}{3}-\frac{1}{5}\right)+\left(\frac{1}{5}-\frac{1}{7}\right)+\cdots+\left(\frac{1}{19}-\frac{1}{21}\right)\right\}$

$=\frac{1}{8}\times\left(1-\frac{1}{21}\right)$

$=\frac{5}{42}$

169 답 ①

(i) a_2가 홀수이면

$a_3=a_2+1$

즉, a_3이 짝수이므로

$a_4=\frac{1}{2}a_3=\frac{1}{2}(a_2+1)$

이때 $a_2+a_4=40$에서

$a_2+\frac{1}{2}(a_2+1)=40$, $\frac{3}{2}a_2+\frac{1}{2}=40$

$\frac{3}{2}a_2=\frac{79}{2}$ $\quad\therefore a_2=\frac{79}{3}$

그런데 a_2가 홀수라는 조건을 만족시키지 않는다.

(ii) a_2가 짝수이면

$a_3=\frac{1}{2}a_2$

ⓐ a_3이 홀수일 때

$a_4=a_3+1=\frac{1}{2}a_2+1$

이때 $a_2+a_4=40$에서

$a_2+\left(\frac{1}{2}a_2+1\right)=40$

$\frac{3}{2}a_2=39$ $\quad\therefore a_2=26$

$\therefore a_1=25$ 또는 $a_1=52$

ⓑ a_3이 짝수일 때

$a_4=\frac{1}{2}a_3=\frac{1}{4}a_2$

이때 $a_2+a_4=40$에서

$a_2+\frac{1}{4}a_2=40$

$\frac{5}{4}a_2=40$ $\quad\therefore a_2=32$

$\therefore a_1=31$ 또는 $a_1=64$

ⓐ, ⓑ에서

$a_1=25$ 또는 $a_1=31$ 또는 $a_1=52$ 또는 $a_1=64$

따라서 $a_1=25$ 또는 $a_1=31$ 또는 $a_1=52$ 또는 $a_1=64$이므로 그 합은

$25+31+52+64=172$

170 답 ④

이차방정식 $4x^2+2a_nx+a_{n+1}=0$의 두 근이 α_n, β_n이므로 이차방정식의 근과 계수의 관계에 의하여

$\alpha_n+\beta_n=-\frac{a_n}{2}$, $\alpha_n\beta_n=\frac{a_{n+1}}{4}$ $\quad\cdots\cdots$ ㉠

$(2\alpha_n+1)(2\beta_n+1)=4$에서

$4\alpha_n\beta_n+2(\alpha_n+\beta_n)=3$이므로 ㉠을 대입하면

$4\times\frac{a_{n+1}}{4}+2\times\left(-\frac{a_n}{2}\right)=3$

$a_{n+1}-a_n=3$

$\therefore a_{n+1}=a_n+3$

즉, 수열 $\{a_n\}$은 첫째항이 29이고 공차가 3인 등차수열이므로

$a_n=29+(n-1)\times3=3n+26$

$a_n>58$에서 $3n+26>58$

$3n>32$

$\therefore n>\frac{32}{3}=10.\times\times\times$

따라서 구하는 자연수 n의 최솟값은 11이다.

171 답 ④

(i) $a_1<6$일 때

$a_2=2a_1+1$에서 $2=2a_1+1$

$\therefore a_1=\frac{1}{2}$

이때 a_1이 정수가 아니므로 주어진 조건을 만족시키지 않는다.

(ii) $a_1\geq6$일 때

$a_2=a_1-p$에서 $2=a_1-p$

$\therefore a_1=2+p$ $\quad\cdots\cdots$ ㉠

$a_2=2<6$이므로

$a_3=2a_2+1=2\times2+1=5$

$a_3<6$이므로

$a_4=2a_3+1=2\times5+1=11$

$a_4=11\geq6$이므로

$a_5=a_4-p=11-p$

이때 $a_5=4$이므로

$11-p=4$ $\quad\therefore p=7$

$p=7$을 ㉠에 대입하면

$a_1=2+p=9$

한편, $a_5=4<6$이므로

$a_6=2a_5+1=2\times4+1=9$

⋮

이므로 수열 $\{a_n\}$은

$a_1=9$, $a_2=2$, $a_3=5$, $a_4=11$, $a_5=4$, $a_6=9$, $\cdots$

따라서 수열 $\{a_n\}$은 모든 자연수 n에 대하여

$a_{n+5}=a_n$

을 만족시킨다.

(i), (ii)에서 $a_1=9$, $a_{13}=a_3=5$

$\therefore a_1+a_{13}=9+5=14$

172 답 ④

$na_{n+1}=\sum_{k=1}^{n}(k+1)a_k$ $\quad\cdots\cdots$ ㉠

㉠에 $n=1$을 대입하면

$a_2=2a_1$이고 $a_2=6$이므로

$6=2a_1$ $\quad\therefore a_1=3$

한편, $n\geq2$일 때 ㉠에서

$(n-1)a_n=\sum_{k=1}^{n-1}(k+1)a_k$ $\quad\cdots\cdots$ ㉡

㉠$-$㉡을 하면

$na_{n+1}-(n-1)a_n=\sum_{k=1}^{n}(k+1)a_k-\sum_{k=1}^{n-1}(k+1)a_k$

$na_{n+1}-(n-1)a_n=(n+1)a_n$

즉, $na_{n+1}=2na_n$에서

$a_{n+1}=2a_n$ $\quad\cdots\cdots$ ㉢

이때 $a_1=3$, $a_2=6$은 ㉢에 $n=1$을 대입한 것과 같으므로

$a_{n+1}=2a_n\ (n\geq1)$

따라서 수열 $\{a_n\}$은 첫째항이 3이고 공비가 2인 등비수열이다.

$\therefore a_1+\frac{a_{10}}{a_6}=3+\frac{3\times2^9}{3\times2^5}=3+2^4=19$

173 답 ⑤

조건 (가)에서 n이 홀수일 때, $a_{n+2}=2a_n$이므로

자연수 m에 대하여 수열 $\{a_{2m-1}\}$은 공비가 2인 등비수열이다.

이때 $a_1=1$이므로 수열 $\{a_{2m-1}\}$은 첫째항이 1이고 공비가 2인 등비수열이다.

$\therefore a_{2m-1}=1\times2^{m-1}=2^{m-1}$

조건 (다)에서 세 수 $a_3=2$, a_6, $a_9=16$이 이 순서대로 등비수열을 이루므로

$a_6^2=2\times16=32$ $\quad\therefore a_6=4\sqrt{2}\ (\because a_6>0)$

조건 (나)에서 n이 짝수일 때, $a_{n+2}=\frac{1}{2}a_n$이므로

자연수 m에 대하여 수열 $\{a_{2m}\}$은 공비가 $\frac{1}{2}$인 등비수열이다.

이때 $a_6=\frac{1}{2}\times a_4=\left(\frac{1}{2}\right)^2\times a_2=4\sqrt{2}$이므로

$a_2=4\sqrt{2}\times4=16\sqrt{2}$

즉, 수열 $\{a_{2m}\}$은 첫째항이 $16\sqrt{2}$이고 공비가 $\frac{1}{2}$인 등비수열이므로

$a_{2m}=16\sqrt{2}\times\left(\frac{1}{2}\right)^{m-1}$

$$\begin{aligned}\therefore \sum_{k=1}^{11}a_k&=\sum_{k=1}^{6}a_{2k-1}+\sum_{k=1}^{5}a_{2k}\\&=\sum_{k=1}^{6}2^{k-1}+16\sqrt{2}\sum_{k=1}^{5}\left(\frac{1}{2}\right)^{k-1}\\&=\frac{2^6-1}{2-1}+16\sqrt{2}\times\frac{1-\left(\frac{1}{2}\right)^5}{1-\frac{1}{2}}\\&=63+32\sqrt{2}\times\left(1-\frac{1}{32}\right)\\&=63+31\sqrt{2}\end{aligned}$$

따라서 $p=63$, $q=31$이므로

$p+q=63+31=94$

174 답 ②

$a_1=1$이고,

$a_na_{n+1}=\sum_{k=1}^{n}{a_k}^2$의 n에 1, 2, 3, …을 차례로 대입하면

$a_1a_2=\sum_{k=1}^{1}{a_k}^2$에서

$1\times a_2=1^2=1 \qquad \therefore a_2=1$

$a_2a_3=\sum_{k=1}^{2}{a_k}^2$에서

$1\times a_3={a_1}^2+{a_2}^2=1^2+1^2=2 \qquad \therefore a_3=2$

$a_3a_4=\sum_{k=1}^{3}{a_k}^2$에서

$2\times a_4={a_1}^2+{a_2}^2+{a_3}^2=1^2+1^2+2^2=6 \qquad \therefore a_4=3$

$a_4a_5=\sum_{k=1}^{4}{a_k}^2$에서

$3\times a_5={a_1}^2+{a_2}^2+{a_3}^2+{a_4}^2=1^2+1^2+2^2+3^2=15$

$\therefore a_5=5$

$a_5a_6=\sum_{k=1}^{5}{a_k}^2$에서

$$\begin{aligned}5\times a_6&={a_1}^2+{a_2}^2+{a_3}^2+{a_4}^2+{a_5}^2\\&=1^2+1^2+2^2+3^2+5^2=40\end{aligned}$$

$\therefore a_6=8$

175 답 21

수열 $\{a_n\}$은 첫째항이 $a_1=95$이고

$a_n\geq29$이면 $a_{n+1}=a_n-4$에서

$a_{n+1}-a_n=-4$

즉, 수열 $\{a_n\}$은 $a_n\geq29$인 제n항까지 공차가 -4인 등차수열이므로

$$\begin{aligned}a_n&=95+(n-1)\times(-4)\\&=-4n+99\geq29\end{aligned}$$

$\therefore n\leq\frac{70}{4}=17.5$

(i) $n\leq17$일 때

$a_n=-4n+99\ (n\leq17)$

(ii) $n\geq18$일 때

$a_{18}=a_{17}-4=31-4=27$이고

$a_{n+1}=\frac{1}{3}a_n\ (n\geq18)$

(i), (ii)에서 수열 $\{a_n\}$의 각 항을 차례로 나열하면

$a_1=95$, $a_2=91$, …, $a_{17}=31$,

$a_{18}=27$, $a_{19}=9$, $a_{20}=3$, $a_{21}=1$, $a_{22}=\frac{1}{3}$, …

즉, $1\leq m\leq21$인 자연수 m에 대하여 $\sum_{n=1}^{m}a_n$의 값은 자연수이지만 $\sum_{n=1}^{22}a_n$의 값은 자연수가 아니다.

따라서 구하는 자연수 m의 최댓값은 21이다.

176 답 ③

조건 (가)에서 $x_1=-\frac{3}{2}$이고,

조건 (나)에서 $x_{n+1}-x_n=\left(\frac{1}{3}\right)^{n-1}$이므로 n에 1, 2, 3, …, $n-1$을 차례로 대입하면

$x_2-x_1=\left(\frac{1}{3}\right)^0$

$x_3-x_2=\left(\frac{1}{3}\right)^1$

$x_4-x_3=\left(\frac{1}{3}\right)^2$

⋮

$x_n-x_{n-1}=\left(\frac{1}{3}\right)^{n-2}$

위의 식을 각 변끼리 더하면

$x_n-x_1=\sum_{k=1}^{n-1}\left(\frac{1}{3}\right)^{k-1}$이므로

$$\begin{aligned}x_n&=x_1+\sum_{k=1}^{n-1}\left(\frac{1}{3}\right)^{k-1}=-\frac{3}{2}+\frac{1-\left(\frac{1}{3}\right)^{n-1}}{1-\frac{1}{3}}\\&=-\frac{3}{2}+\frac{3}{2}\left\{1-\left(\frac{1}{3}\right)^{n-1}\right\}=-\frac{3}{2}\left(\frac{1}{3}\right)^{n-1}\end{aligned}$$

조건 (가)에서 $y_1=4$이고,

조건 (나)에서 $y_{n+1}-y_n=2^{n+1}$이므로 n에 1, 2, 3, …, $n-1$을 차례로 대입하면

$y_2-y_1=2^2$

$y_3-y_2=2^3$

$y_4-y_3=2^4$

⋮

$y_n-y_{n-1}=2^n$

위의 식을 각 변끼리 더하면

$y_n-y_1=\sum_{k=1}^{n-1}2^{k+1}$이므로

$y_n=y_1+\sum_{k=1}^{n-1}2^{k+1}=4+\frac{4(2^{n-1}-1)}{2-1}=2^{n+1}$

따라서 삼각형 OA_nB_n의 넓이 a_n은

$$a_n=\frac{1}{2}\times\overline{OA_n}\times\overline{OB_n}$$
$$=\frac{1}{2}\times\frac{3}{2}\left(\frac{1}{3}\right)^{n-1}\times2^{n+1}$$
$$=3\left(\frac{2}{3}\right)^{n-1}$$
$$\therefore a_{10}=3\times\left(\frac{2}{3}\right)^9=\frac{2^9}{3^8}$$

177 답 37

점 A_n의 좌표는 $(n, 2n)$이고, 점 B_n의 y좌표는 점 A_n의 y좌표와 같다.

즉, 점 B_n은 곡선 $y=\frac{1}{x}$ 위의 점이므로

$2n=\frac{1}{x}$에서 $x=\frac{1}{2n}$ $\quad\therefore B_n\left(\frac{1}{2n}, 2n\right)$

점 C_n의 x좌표는 점 B_n의 x좌표와 같고 점 C_n은 직선 $y=2x$ 위의 점이므로

$y=2\times\frac{1}{2n}=\frac{1}{n}$ $\quad\therefore C_n\left(\frac{1}{2n}, \frac{1}{n}\right)$

또한, 점 D_n의 y좌표는 점 C_n의 y좌표와 같고 점 D_n은 곡선 $y=\frac{1}{x}$ 위의 점이므로

$\frac{1}{n}=\frac{1}{x}$에서 $x=n$ $\quad\therefore D_n\left(n, \frac{1}{n}\right)$

이때 $\overline{A_nB_n}=n-\frac{1}{2n}$, $\overline{A_nD_n}=2n-\frac{1}{n}$ ($\because$ n은 자연수)이고,

$\overline{A_nB_n}$은 x축과 평행하고 $\overline{A_nD_n}$은 y축과 평행하므로

$$S_n=\frac{1}{2}\times\overline{A_nB_n}\times\overline{A_nD_n}$$
$$=\frac{1}{2}\times\left(n-\frac{1}{2n}\right)\times\left(2n-\frac{1}{n}\right)$$
$$=\frac{(2n^2-1)^2}{4n^2}$$

n은 자연수이므로 $\sqrt{S_n}=\frac{2n^2-1}{2n}$

$$\therefore \sum_{k=1}^{12}\frac{1}{2k^2+2k\sqrt{S_k}}=\sum_{k=1}^{12}\frac{1}{2k^2+2k^2-1}$$
$$=\sum_{k=1}^{12}\frac{1}{4k^2-1}$$
$$=\sum_{k=1}^{12}\frac{1}{(2k-1)(2k+1)}$$
$$=\frac{1}{2}\sum_{k=1}^{12}\left(\frac{1}{2k-1}-\frac{1}{2k+1}\right)$$
$$=\frac{1}{2}\times\left\{\left(1-\frac{1}{3}\right)+\left(\frac{1}{3}-\frac{1}{5}\right)+\left(\frac{1}{5}-\frac{1}{7}\right)+\cdots+\left(\frac{1}{23}-\frac{1}{25}\right)\right\}$$
$$=\frac{1}{2}\times\left(1-\frac{1}{25}\right)$$
$$=\frac{12}{25}$$

따라서 $p=25$, $q=12$이므로

$p+q=25+12=37$

178 답 ④

$a_4=4$이고 $a_4=\begin{cases}a_3 & (a_3\geq4)\\8-a_3 & (a_3<4)\end{cases}$이므로

$a_3\geq4$라 가정하면 $a_4=a_3=4$에서

$a_3=4$

이는 $a_3\geq4$를 만족시킨다.

$a_3<4$라 가정하면 $a_4=8-a_3$에서

$4=8-a_3$ $\quad\therefore a_3=4$

이는 $a_3<4$를 만족시키지 않는다.

즉, $a_3=4$

$a_3=4$이고 $a_3=\begin{cases}a_2 & (a_2\geq3)\\6-a_2 & (a_2<3)\end{cases}$이므로

$a_2\geq3$이라 가정하면 $a_3=a_2=4$에서

$a_2=4$

이는 $a_2\geq3$을 만족시킨다.

$a_2<3$이라 가정하면 $a_3=6-a_2$에서

$4=6-a_2$ $\quad\therefore a_2=2$

이는 $a_2<3$을 만족시킨다.

즉, $a_2=2$ 또는 $a_2=4$

(i) $a_2=2$일 때

$a_2=\begin{cases}a_1 & (a_1\geq2)\\4-a_1 & (a_1<2)\end{cases}$이므로

$a_1\geq2$라 가정하면 $a_2=a_1=2$에서

$a_1=2$

이는 $a_1\geq2$를 만족시킨다.

$a_1<2$라 가정하면 $a_2=4-a_1$에서

$2=4-a_1$ $\quad\therefore a_1=2$

이는 $a_1<2$를 만족시키지 않는다.

즉, $a_1=2$

(ii) $a_2=4$일 때

$a_2=\begin{cases}a_1 & (a_1\geq2)\\4-a_1 & (a_1<2)\end{cases}$이므로

$a_1\geq2$라 가정하면 $a_2=a_1=4$에서

$a_1=4$

이는 $a_1\geq2$를 만족시킨다.

$a_1<2$라 가정하면 $a_2=4-a_1$에서

$4=4-a_1$ $\quad\therefore a_1=0$

이는 $a_1<2$를 만족시킨다.

즉, $a_1=0$ 또는 $a_1=4$

따라서 수열 $\{a_n\}$의 첫째항이 될 수 있는 모든 수는 0, 2, 4이므로 그 합은

$0+2+4=6$

179 답 ④

(i) $n=1$일 때

(좌변)$=a_1=(2^{2\times1}-1)\times2^{1\times0}+(1-1)\times2^{-1}=3$,

(우변)$=2^{1\times2}-(1+1)\times2^{-1}=3$

이므로 (＊)이 성립한다.

(ⅱ) $n=m$일 때, $(*)$이 성립한다고 가정하면

$$\sum_{k=1}^{m} a_k = 2^{m(m+1)} - (m+1) \times 2^{-m}$$

이다. $n=m+1$일 때,

$$\begin{aligned}\sum_{k=1}^{m+1} a_k &= \sum_{k=1}^{m} a_k + a_{m+1} \\ &= 2^{m(m+1)} - (m+1) \times 2^{-m} \\ &\quad + \{2^{2(m+1)} - 1\} \times 2^{(m+1)m} + m \times 2^{-(m+1)} \\ &= 2^{m(m+1)} - (m+1) \times 2^{-m} \\ &\quad + (2^{2m+2} - 1) \times \boxed{2^{m(m+1)}} + m \times 2^{-m-1} \\ &= \boxed{2^{m(m+1)}} \times \boxed{2^{2m+2}} - \frac{m+2}{2} \times 2^{-m} \\ &= 2^{(m+1)(m+2)} - (m+2) \times 2^{-(m+1)}\end{aligned}$$

이다. 따라서 $n=m+1$일 때도 $(*)$이 성립한다.

(ⅰ), (ⅱ)에 의하여 모든 자연수 n에 대하여

$$\sum_{k=1}^{n} a_k = 2^{n(n+1)} - (n+1) \times 2^{-n}$$

이다.

따라서 $f(m) = 2^{m(m+1)}$, $g(m) = 2^{2m+2}$이므로

$$\frac{g(7)}{f(3)} = \frac{2^{16}}{2^{12}} = 2^4 = 16$$

180 답 ①

(ⅰ) $n=1$일 때

$$(\text{좌변}) = a_1 = b_1 = \frac{1+3}{3 \times (1+1)} = \frac{2}{3},$$

$$(\text{우변}) = \frac{1 \times (1+1)}{1+2} = \frac{2}{3}$$

이므로 $(*)$이 성립한다.

(ⅱ) $n=m$일 때, $(*)$이 성립한다고 가정하면

$$\sum_{k=1}^{m} a_k = \frac{m(m+1)}{m+2}$$

이다.

$$\begin{aligned}a_{m+1} &= \frac{a_1 \times a_2 \times a_3 \times \cdots \times a_{m+1}}{a_1 \times a_2 \times a_3 \times \cdots \times a_m} \\ &= \frac{b_{m+1}}{b_m} = \frac{\boxed{\dfrac{m+4}{3(m+2)}}}{\dfrac{m+3}{3(m+1)}} \\ &= \frac{\boxed{(m+1)(m+4)}}{(m+2)(m+3)} \ (m \ge 1)\end{aligned}$$

이므로 $n=m+1$일 때,

$$\begin{aligned}\sum_{k=1}^{m+1} a_k &= \sum_{k=1}^{m} a_k + a_{m+1} \\ &= \boxed{\frac{m(m+1)}{m+2}} + \frac{\boxed{(m+1)(m+4)}}{(m+2)(m+3)} \\ &= \frac{(m+1)\{m(m+3)+m+4\}}{(m+2)(m+3)} \\ &= \frac{(m+1)(m+2)^2}{(m+2)(m+3)} \\ &= \frac{(m+1)(m+2)}{m+3}\end{aligned}$$

이다. 따라서 $n=m+1$일 때도 $(*)$이 성립한다.

(ⅰ), (ⅱ)에 의하여 모든 자연수 n에 대하여

$$\sum_{k=1}^{n} a_k = \frac{n(n+1)}{n+2}$$

이다.

따라서 $f(m) = \frac{m+4}{3(m+2)}$, $g(m) = (m+1)(m+4)$,

$h(m) = \frac{m(m+1)}{m+2}$이므로

$$\frac{g(3)h(5)}{f(2)} = (4 \times 7) \times \frac{5 \times 6}{7} \times \frac{3 \times 4}{6} = 240$$

최고 등급 도전하기

본문 76~84쪽

181 답 ②

$a_3 = p$라 하자.

조건 (나)에서 모든 자연수 n에 대하여 $a_{n+3} = 2a_n$ …… ㉠

$a_1 = 3$, $a_2 = -1$, $a_3 = p$이므로 ㉠의 n에 1, 2, 3, …을 차례로 대입하면

$$\begin{aligned}a_4 &= 2a_1 = 2 \times 3 \\ a_5 &= 2a_2 = 2 \times (-1) \\ a_6 &= 2a_3 = 2p \\ a_7 &= 2a_4 = 2^2 \times 3 \\ a_8 &= 2a_5 = 2^2 \times (-1) \\ a_9 &= 2a_6 = 2^2 p \\ &\vdots\end{aligned}$$

따라서

$$\begin{aligned}a_4 + a_5 + a_6 &= 2(a_1 + a_2 + a_3) \\ a_7 + a_8 + a_9 &= 2(a_4 + a_5 + a_6) = 2^2(a_1 + a_2 + a_3) \\ &\vdots\end{aligned}$$

이므로

$$\begin{aligned}\sum_{k=1}^{20} a_k &= (a_1 + a_2 + a_3) + (a_4 + a_5 + a_6) + (a_7 + a_8 + a_9) + \cdots \\ &\quad + (a_{16} + a_{17} + a_{18}) + a_{19} + a_{20} \\ &= (a_1 + a_2 + a_3) + 2(a_1 + a_2 + a_3) + 2^2(a_1 + a_2 + a_3) + \cdots \\ &\quad + 2^5(a_1 + a_2 + a_3) + 2^6(a_1 + a_2)\end{aligned}$$

이때

$$a_1 + a_2 + a_3 = 3 + (-1) + p = p + 2$$
$$a_1 + a_2 = 3 + (-1) = 2$$

이므로

$$\begin{aligned}\sum_{k=1}^{20} a_k &= \sum_{k=1}^{18} a_k + \sum_{k=19}^{20} a_k \\ &= (p+2) \sum_{k=1}^{6} 2^{k-1} + 2^6 \times 2 \\ &= (p+2) \times \frac{2^6 - 1}{2 - 1} + 128 \\ &= 63(p+2) + 128 = 63p + 254\end{aligned}$$

조건 (다)에서 $\sum_{k=1}^{20} a_k = 695$이므로

$63p + 254 = 695$, $63p = 441$

$\therefore a_3 = p = 7$

182 답 420

(i) $1\le n\le 7$일 때, $1^3\le n<2^3$이므로 $a_n=1$이고

$b_n=10$ (단, $n=1, 2, 3, \cdots, 6$)

$\therefore \sum_{n=1}^{6} b_n=10\times 6=60$

(ii) $8\le n\le 26$일 때, $2^3\le n<3^3$이므로 $a_n=2$이고

$b_7=a$, $b_n=10$ (단, $n=8, 9, 10, \cdots, 25$)

$\therefore \sum_{n=1}^{25} b_n=10\times 24+a\times 1=240+a$

(iii) $27\le n\le 63$일 때, $3^3\le n<4^3$이므로 $a_n=3$이고

$b_{26}=a$, $b_n=10$ (단, $n=27, 28, 29, \cdots, 62$)

$\therefore \sum_{n=1}^{62} b_n=10\times 60+a\times 2=600+2a$

(iv) $64\le n\le 124$일 때, $4^3\le n<5^3$이므로 $a_n=4$이고

$b_{63}=a$, $b_n=10$ (단, $n=64, 65, 66, \cdots, 123$)

$\therefore \sum_{n=1}^{123} b_n=10\times 120+a\times 3=1200+3a$

(v) $n=125$일 때, $5^3\le n<6^3$이므로 $a_n=5$이고

$b_{124}=a$

$\therefore \sum_{n=1}^{124} b_n=10\times 120+a\times 4=1200+4a$

이때 $\sum_{n=1}^{124} b_n=1320$이므로

$1200+4a=1320$, $4a=120$ $\quad\therefore a=30$

$$\begin{aligned}\therefore \sum_{n=26}^{63} b_n&=\sum_{n=1}^{63} b_n-\sum_{n=1}^{25} b_n\\&=\left(\sum_{n=1}^{62} b_n+b_{63}\right)-\sum_{n=1}^{25} b_n\\&=(600+2a+a)-(240+a)\\&=360+2a=360+2\times 30=420\end{aligned}$$

183 답 ①

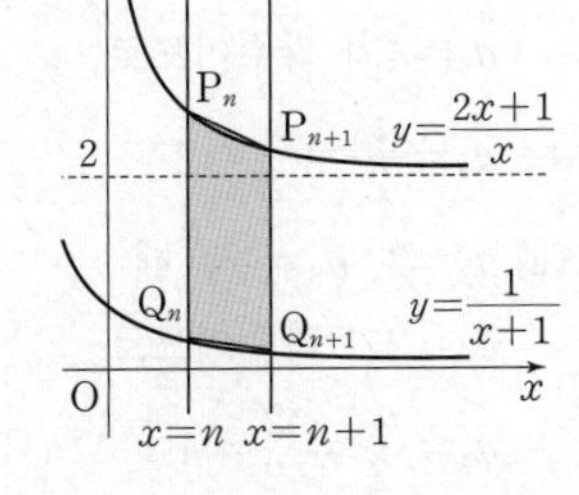

오른쪽 그림과 같이 두 점 P_n, Q_n은 각각 직선 $x=n$이 두 곡선 $y=\frac{2x+1}{x}$, $y=\frac{1}{x+1}$과 만나는 점이므로 두 점 P_n, Q_n은 각각

$P_n\left(n, \frac{2n+1}{n}\right)$, $Q_n\left(n, \frac{1}{n+1}\right)$

이고, 두 점 P_{n+1}, Q_{n+1}은 각각

$P_{n+1}\left(n+1, \frac{2n+3}{n+1}\right)$, $Q_{n+1}\left(n+1, \frac{1}{n+2}\right)$

즉, 사각형 $P_nQ_nQ_{n+1}P_{n+1}$은 두 변 P_nQ_n, $P_{n+1}Q_{n+1}$이 서로 평행한 사다리꼴이므로 그 사다리꼴의 넓이 S_n은

$$\begin{aligned}S_n&=\frac{1}{2}\times(\overline{P_nQ_n}+\overline{P_{n+1}Q_{n+1}})\times\{(n+1)-n\}\\&=\frac{1}{2}\left\{\left(\frac{2n+1}{n}-\frac{1}{n+1}\right)+\left(\frac{2n+3}{n+1}-\frac{1}{n+2}\right)\right\}\\&=\frac{1}{2}\left\{\left(2+\frac{1}{n}-\frac{1}{n+1}\right)+\left(2+\frac{1}{n+1}-\frac{1}{n+2}\right)\right\}\\&=\frac{1}{2}\left(4+\frac{1}{n}-\frac{1}{n+2}\right)\\&=2+\frac{1}{2}\left(\frac{1}{n}-\frac{1}{n+2}\right)\end{aligned}$$

따라서 $S_n-2=\frac{1}{2}\left(\frac{1}{n}-\frac{1}{n+2}\right)$이므로

$$\begin{aligned}\sum_{n=1}^{10}(S_n-2)&=\frac{1}{2}\sum_{n=1}^{10}\left(\frac{1}{n}-\frac{1}{n+2}\right)\\&=\frac{1}{2}\times\left\{\left(1-\frac{1}{3}\right)+\left(\frac{1}{2}-\frac{1}{4}\right)+\left(\frac{1}{3}-\frac{1}{5}\right)+\cdots\right.\\&\qquad\left.+\left(\frac{1}{9}-\frac{1}{11}\right)+\left(\frac{1}{10}-\frac{1}{12}\right)\right\}\\&=\frac{1}{2}\times\left(1+\frac{1}{2}-\frac{1}{11}-\frac{1}{12}\right)\\&=\frac{1}{2}\times\frac{175}{132}=\frac{175}{264}\end{aligned}$$

184 답 31

조건 (나)에서

$$\begin{aligned}&\sum_{k=1}^{n} k(a_{k+1}-a_k)\\&=(a_2-a_1)+2(a_3-a_2)+3(a_4-a_3)+\cdots+n(a_{n+1}-a_n)\\&=na_{n+1}-(a_1+a_2+a_3+\cdots+a_n)\\&=na_{n+1}-S_n\end{aligned}$$

이므로

$na_{n+1}-S_n=2n^2+2n$ $\quad\cdots\cdots$ ㉠

즉, $a_{n+1}=S_{n+1}-S_n$이므로

㉠에서

$n(S_{n+1}-S_n)-S_n=2n^2+2n$

$nS_{n+1}-(n+1)S_n=2n(n+1)$

$\therefore \frac{S_{n+1}}{n+1}-\frac{S_n}{n}=2$ ($\because n>0$)

이때 수열 $\left\{\frac{S_n}{n}\right\}$은 공차가 2인 등차수열이고

조건 (가)에서 $\frac{S_1}{1}=a_1=2$이므로

$\frac{S_n}{n}=2n$에서 $S_n=2n^2$ ($n\ge 1$)

$$\begin{aligned}\therefore \sum_{k=1}^{24}\frac{k(k+1)}{S_kS_{k+1}}&=\sum_{k=1}^{24}\frac{k(k+1)}{2k^2\times 2(k+1)^2}\\&=\sum_{k=1}^{24}\frac{1}{4k(k+1)}\\&=\frac{1}{4}\sum_{k=1}^{24}\left(\frac{1}{k}-\frac{1}{k+1}\right)\\&=\frac{1}{4}\times\left\{\left(1-\frac{1}{2}\right)+\left(\frac{1}{2}-\frac{1}{3}\right)+\left(\frac{1}{3}-\frac{1}{4}\right)+\cdots\right.\\&\qquad\left.+\left(\frac{1}{24}-\frac{1}{25}\right)\right\}\\&=\frac{1}{4}\times\left(1-\frac{1}{25}\right)=\frac{6}{25}\end{aligned}$$

따라서 $p=25$, $q=6$이므로

$p+q=25+6=31$

185 답 ③

$A(-1, 1)$, $C(1, 0)$이므로 직선 AC의 기울기는 $-\frac{1}{2}$이고,

$P_1(0, 0)$, $Q_1\left(1, \frac{1}{3}\right)$이므로 직선 P_1Q_1의 기울기는 $\frac{1}{3}$이다.

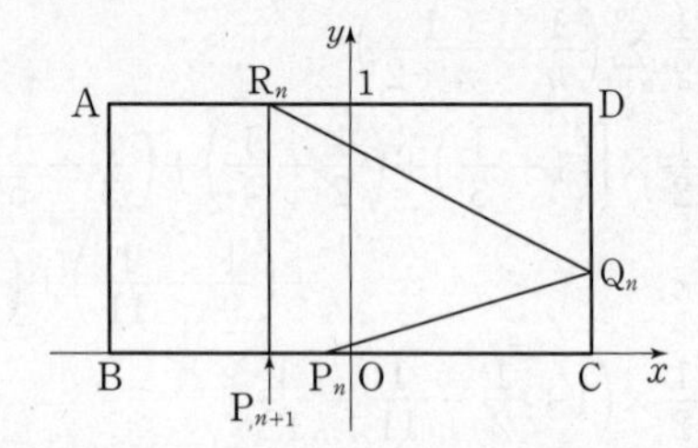

점 $P_n(p_n, 0)$에서 주어진 규칙에 따라 점 P_{n+1}의 x좌표, 즉 p_{n+1}을 구해 보자.

점 P_n을 지나고 직선 P_1Q_1에 평행한 직선의 방정식은

$y=\frac{1}{3}(x-p_n)$

이 직선이 직선 $x=1$과 만나는 점이 Q_n이므로

$Q_n\left(1, \frac{1-p_n}{3}\right)$

점 Q_n을 지나고 직선 AC에 평행한 직선의 방정식은

$y=-\frac{1}{2}(x-1)+\frac{1-p_n}{3}$

이 직선이 직선 $y=1$과 만나는 점이 R_n이므로

$1=-\frac{1}{2}(x-1)+\frac{1-p_n}{3}$

$\frac{1}{2}(x-1)=-\frac{p_n}{3}-\frac{2}{3}$, $x-1=-\frac{2}{3}p_n-\frac{4}{3}$

$\therefore x=-\frac{2}{3}p_n-\frac{1}{3}$

즉, $R_n\left(-\frac{2}{3}p_n-\frac{1}{3}, 1\right)$

이때 $P_{n+1}\left(-\frac{2}{3}p_n-\frac{1}{3}, 0\right)$이므로

$p_{n+1}=-\frac{2}{3}p_n-\frac{1}{3}$

따라서 $a=-\frac{2}{3}$, $b=-\frac{1}{3}$이므로

$a+b=-\frac{2}{3}+\left(-\frac{1}{3}\right)=-1$

186 답 145

등차수열 $\{a_n\}$의 첫째항을 a, 공차를 d_a라 하고,

등차수열 $\{b_n\}$의 첫째항을 b, 공차를 d_b라 하면

$\sum_{k=1}^{n}a_k=\frac{n\{2a+d_a(n-1)\}}{2}=\frac{n(d_an+2a-d_a)}{2}$

$\sum_{k=1}^{n}b_k=\frac{n\{2b+d_b(n-1)\}}{2}=\frac{n(d_bn+2b-d_b)}{2}$

이때 조건 (나)에 의하여

$\frac{n(d_an+2a-d_a)}{2}:\frac{n(d_bn+2b-d_b)}{2}=(2n-1):(3n+1)$

$(d_an+2a-d_a):(d_bn+2b-d_b)=(2n-1):(3n+1)$

$(2n-1)(d_bn+2b-d_b)=(3n+1)(d_an+2a-d_a)$

$2d_bn^2+(4b-3d_b)n-2b+d_b=3d_an^2+(6a-2d_a)n+2a-d_a$

위의 식은 모든 자연수 n에 대하여 성립해야 하므로

$2d_b=3d_a$, $4b-3d_b=6a-2d_a$, $-2b+d_b=2a-d_a$

이때 $2d_b=3d_a$이므로 $d_a=2m$, $d_b=3m$ (m은 상수)라 하면

$4b-3d_b=6a-2d_a$에서

$4b-9m=6a-4m$

$\therefore 6a-4b=-5m$ ...... ㉠

$-2b+d_b=2a-d_a$에서

$-2b+3m=2a-2m$

$\therefore 2a+2b=5m$ ...... ㉡

㉠$+2\times$㉡을 하면

$10a=5m$ $\therefore a=\frac{m}{2}$

$a=\frac{m}{2}$을 ㉡에 대입하면

$m+2b=5m$ $\therefore b=2m$

이때 조건 (가)에 의하여

$a_5+b_7=(a+4d_a)+(b+6d_b)$

$=\frac{m}{2}+8m+2m+18m$

$=\frac{57}{2}m$

$=57$

$\therefore m=2$

따라서 $a=1$, $b=4$, $d_a=4$, $d_b=6$이므로

$a_{21}+b_{11}=(1+20\times4)+(4+10\times6)=145$

187 답 ③

수열 $\{a_n\}$의 모든 항이 자연수이고

$a_3+a_5=3$이므로

$a_3=1$, $a_5=2$ 또는 $a_3=2$, $a_5=1$

(i) $a_3=1$, $a_5=2$일 때

$a_3=1$이 홀수이므로

$a_4=a_3+3=1+3=4$

$a_4=4$가 짝수이므로

$a_5=\frac{a_4}{2}=\frac{4}{2}=2$

(ii) $a_3=2$, $a_5=1$일 때

$a_3=2$가 짝수이므로

$a_4=\frac{a_3}{2}=\frac{2}{2}=1$

$a_4=1$이 홀수이므로

$a_5=a_4+3=1+3=4\neq1$

즉, $a_5=1$이라는 가정을 만족시키지 않는다.

(i), (ii)에서

$a_3=1$, $a_4=4$, $a_5=2$

(iii) a_2가 짝수이면

$a_3=\frac{a_2}{2}$에서 $1=\frac{a_2}{2}$ $\therefore a_2=2$

(iv) a_2가 홀수이면

$a_3=a_2+3$에서 $1=a_2+3$ $\therefore a_2=-2$

그런데 a_2가 자연수라는 조건을 만족시키지 않는다.

(iii), (iv)에서 $a_2=2$

(v) a_1이 짝수이면

$a_2=\frac{a_1}{2}$에서

$2=\frac{a_1}{2}\quad \therefore a_1=4$

(vi) a_1이 홀수이면

$a_2=a_1+3$에서

$2=a_1+3\quad \therefore a_1=-1$

그런데 a_1이 자연수라는 조건을 만족시키지 않는다.

(v), (vi)에서 $a_1=4$

따라서 $a_1=4$, $a_2=2$, $a_3=1$, $a_4=4$, $\cdots$이므로 수열 $\{a_n\}$은 모든 자연수 n에 대하여 $a_{n+3}=a_n$을 만족시킨다.

$\therefore \sum_{k=1}^{25}a_k=8(a_1+a_2+a_3)+a_1$

$=8\times(4+2+1)+4=60$

188 답 451

등차수열 $\{a_n\}$의 공차를 d라 하자.

조건 (나)에서

$|a_{n+1}-a_n|=|d|=4$

$\therefore d=-4$ 또는 $d=4$

(i) $d=-4$일 때

모든 자연수 n에 대하여

$a_n>a_{n+1}$

조건 (가)에서 $a_7\times a_8<0$이므로

$a_8<0<a_7$

조건 (다)에서

$\sum_{k=1}^{10}(|a_k|+a_k)=\sum_{k=1}^{7}(a_k+a_k)+\sum_{k=8}^{10}(-a_k+a_k)$

$=2\sum_{k=1}^{7}a_k=30$

$\therefore \sum_{k=1}^{7}a_k=15$

이때 $\sum_{k=1}^{7}a_k=\frac{7\{2a_1+6\times(-4)\}}{2}=15$에서

$7(2a_1-24)=30$, $14a_1=198$

$\therefore a_1=\frac{99}{7}$

그런데 a_1이 정수라는 조건을 만족시키지 않는다.

(ii) $d=4$일 때

모든 자연수 n에 대하여

$a_n<a_{n+1}$

조건 (나)에서 $a_7\times a_8<0$이므로

$a_7<0<a_8$

조건 (다)에서

$\sum_{k=1}^{10}(|a_k|+a_k)=\sum_{k=1}^{7}(-a_k+a_k)+\sum_{k=8}^{10}(a_k+a_k)$

$=2\sum_{k=8}^{10}a_k=2(a_8+a_9+a_{10})$

$=6a_9=30$

$\therefore a_9=5$

이때 $a_9=a_1+8\times4=5$이므로

$a_1=-27$

(i), (ii)에서 $a_1=-27$, $d=4$이므로

$a_n=-27+(n-1)\times4=4n-31$

$\therefore \sum_{k=1}^{10}|ka_k|$

$=-\sum_{k=1}^{7}ka_k+\sum_{k=8}^{10}ka_k$

$=-2\sum_{k=1}^{7}ka_k+\sum_{k=1}^{10}ka_k$

$=-2\sum_{k=1}^{7}k(4k-31)+\sum_{k=1}^{10}k(4k-31)$

$=-2\sum_{k=1}^{7}(4k^2-31k)+\sum_{k=1}^{10}(4k^2-31k)$

$=-2\times\left(4\times\frac{7\times8\times15}{6}-31\times\frac{7\times8}{2}\right)$

$+\left(4\times\frac{10\times11\times21}{6}-31\times\frac{10\times11}{2}\right)$

$=616+(-165)$

$=451$

189 답 33

원 C_n은 중심이 $\mathrm{A}_n\left(n,\ \frac{1}{4}n^2\right)$이고 반지름의 길이가 $\frac{1}{8}n^3$이므로

원 C_n의 방정식은

$(x-n)^2+\left(y-\frac{1}{4}n^2\right)^2=\frac{n^6}{64}$

오른쪽 그림과 같이 원 C_n의 중심 A_n에서 x축, y축에 내린 수선의 발을 각각 P_n, Q_n이라 하면

$\mathrm{P}_n(n,\ 0)$, $\mathrm{Q}_n\left(0,\ \frac{1}{4}n^2\right)$

이때 원 C_n의 반지름의 길이를 r_n이라 하면 x축 및 y축에 의하여 나누어지는 조각의 개수는 세 선분 $\mathrm{A}_n\mathrm{P}_n$, $\mathrm{A}_n\mathrm{Q}_n$, $\mathrm{A}_n\mathrm{O}$와 원 C_n의 반지름의 길이 r_n의 대소 관계에 의하여 결정된다.

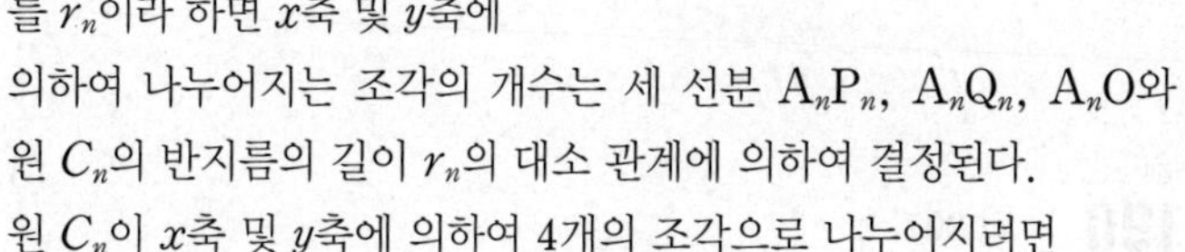

원 C_n이 x축 및 y축에 의하여 4개의 조각으로 나누어지려면 $\overline{\mathrm{A}_n\mathrm{O}}<r_n$이어야 하므로

$\sqrt{n^2+\left(\frac{1}{4}n^2\right)^2}<\frac{1}{8}n^3$

양변을 제곱하면

$n^2+\frac{1}{16}n^4<\frac{1}{64}n^6$

즉, $n^4-4n^2-64>0$이어야 한다.

$n^4-4n^2-64=(n^2-2)^2-68>0$에서

$n=3$일 때, $(3^2-2)^2-68=-19<0$

$n=4$일 때, $(4^2-2)^2-68=128>0$

이므로

$n\ge4$

$\therefore a_n=4\ (n\ge4)$

(i) $n=1$일 때

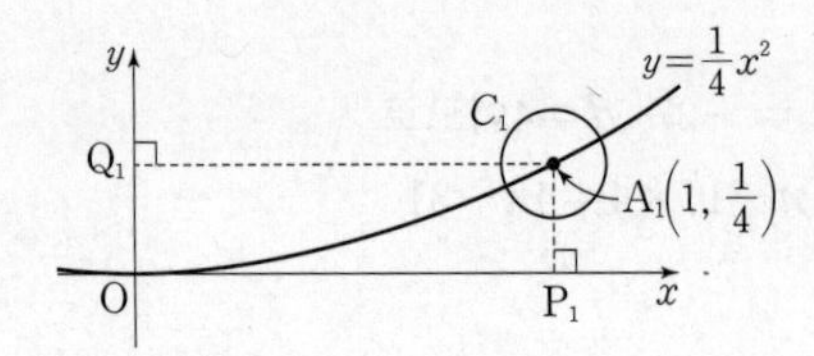

$\overline{A_1Q_1}=1>\frac{1}{8}=r_1$, $\overline{A_1P_1}=\frac{1}{4}>\frac{1}{8}=r_1$

이므로 원 C_1이 x축 및 y축에 의하여 나누어지는 조각의 개수는 1이다.

즉, $a_1=1$

(ii) $n=2$일 때

$\overline{A_2Q_2}=2>1=r_2$,

$\overline{A_2P_2}=1=r_2$

이므로 원 C_2가 x축 및 y축에 의하여 나누어지는 조각의 개수는 1이다.

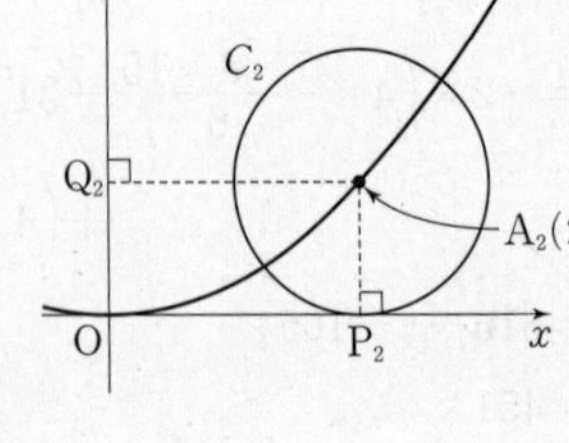

즉, $a_2=1$

(iii) $n=3$일 때

$\overline{A_3Q_3}=3<\frac{27}{8}=r_3$,

$\overline{A_3P_3}=\frac{9}{4}<\frac{27}{8}=r_3$

이므로 원 C_3이 x축 및 y축에 의하여 나누어지는 조각의 개수는 3이다.

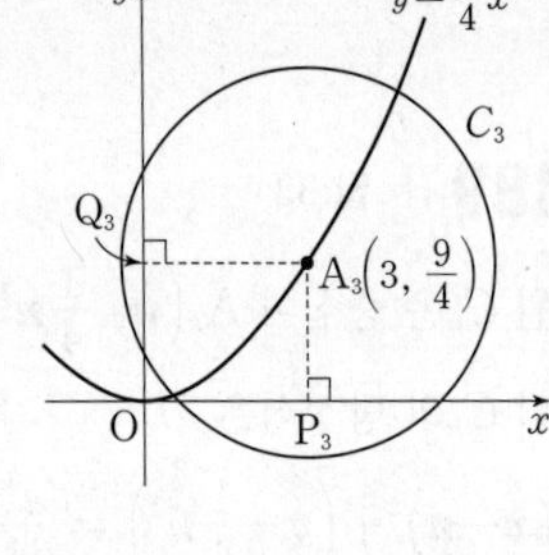

즉, $a_3=3$

(i), (ii), (iii)에서 수열 $\{a_n\}$은

$a_1=a_2=1$, $a_3=3$, $a_n=4\ (n\geq4)$

$\therefore \sum_{n=1}^{10} a_n=a_1+a_2+a_3+\sum_{n=4}^{10} a_n$

$=1+1+3+\sum_{n=4}^{10} 4$

$=5+4\times7=33$

190 답 207

a_{16}의 값을 알고 있으므로 a_{15}가 자연수라 가정하면

$\frac{5}{3}\times2^{12}+1=1+\frac{5}{a_{15}}$에서

$a_{15}=\frac{3}{2^{12}}$

이것은 a_{15}가 자연수라는 가정에 모순이므로

$\frac{5}{3}\times2^{12}+1=2a_{15}-1$에서

$a_{15}=\frac{5}{3}\times2^{11}+1$

a_{14}가 자연수라 가정하면

$\frac{5}{3}\times2^{11}+1=1+\frac{5}{a_{14}}$에서

$a_{14}=\frac{3}{2^{11}}$

이것은 a_{14}가 자연수라는 가정에 모순이므로

$\frac{5}{3}\times2^{11}+1=2a_{14}-1$에서

$a_{14}=\frac{5}{3}\times2^{10}+1$

⋮

a_4가 자연수라 가정하면

$\frac{5}{3}\times2+1=1+\frac{5}{a_4}$에서 $a_4=\frac{3}{2}$

이것은 a_4가 자연수라는 가정에 모순이므로

$\frac{5}{3}\times2+1=2a_4-1$에서

$a_4=\frac{5}{3}+1=\frac{8}{3}$

a_3이 자연수라 가정하면

$\frac{8}{3}=1+\frac{5}{a_3}$에서 $a_3=3$

a_2가 자연수라 가정하면

$3=1+\frac{5}{a_2}$에서 $a_2=\frac{5}{2}$

이것은 a_2가 자연수라는 가정에 모순이므로

$3=2a_2-1$에서 $a_2=2$

이것은 a_2가 자연수가 아니라는 가정에도 모순이므로 a_3은 자연수가 아니다.

즉, $\frac{8}{3}=2a_3-1$에서 $a_3=\frac{11}{6}$

(i) a_2가 자연수라 가정하면

$\frac{11}{6}=1+\frac{5}{a_2}$에서 $a_2=6$

a_1이 자연수라 가정하면

$6=1+\frac{5}{a_1}$에서 $a_1=1$

a_1이 자연수가 아니라 가정하면

$6=2a_1-1$에서 $a_1=\frac{7}{2}$

즉, $a_2=6$인 경우 a_1이 될 수 있는 값은 1 또는 $\frac{7}{2}$이다.

(ii) a_2가 자연수가 아니라 가정하면

$\frac{11}{6}=2a_2-1$에서 $a_2=\frac{17}{12}$

a_1이 자연수라 가정하면

$\frac{17}{12}=1+\frac{5}{a_1}$에서 $a_1=12$

a_1이 자연수가 아니라 가정하면

$\frac{17}{12}=2a_1-1$에서 $a_1=\frac{29}{24}$

즉, $a_2=\frac{17}{12}$인 경우 a_1이 될 수 있는 값은 12 또는 $\frac{29}{24}$이다.

(i), (ii)에서 가능한 모든 a_1의 값은 1, $\frac{7}{2}$, 12, $\frac{29}{24}$이므로

$1\times\frac{7}{2}\times12\times\frac{29}{24}=\frac{203}{4}$

따라서 $p=4$, $q=203$이므로

$p+q=4+203=207$

MEMO

MEMO